数理・データサイエンス・AI のための数学基礎

Excel演習付き

著者：岡田 朋子

近代科学社 Digital

まえがき

　本書は，数理・データサイエンス・AI（応用基礎レベル）モデルカリキュラム「1-6. 数学基礎」に準拠している．対象は数学が苦手な学生である．内容が多岐にわたっているので，基本的なことだけでもしっかり学習しようと思うと半期ではおわらないし，一生でもおわらないこともある．そこで本書では，半期で基礎の部分だけでもひととおり知って，その先の内容を理解する土台づくりをすることを目標にしている．そして，15 回分の授業で使うことを想定し，各章が授業 1 回分に相当するよう書かれている．分量が多めなので，例題を予習してきて問題を授業で取り組むなどし，各章を授業 2 回分以上の時間をとって学習するのが理想である．

　本書の大きな特徴として，**Excel を使った演習が各章にある**ことであり，手を動かして実践することができる．たとえば，Excel でサイコロを 1000 回振って，1 の目が出る割合を実際に計算して，確率の計算結果と比べてみる．統計学については，平均値，標準偏差，また，相関係数などの統計量を Excel 関数で求めたり，折れ線グラフや散布図を作成して相関を調べたりもおこなう．指数関数，対数関数などのさまざまな関数についてもグラフを作成して，その形状を確認する．そして，微分係数の近似値を求め，接線のグラフを作成し，さらに接点を変化させることにより，導関数の意味を理解する．不定積分のグラフも，定積分の近似値を求めることにより作成する．このような Excel 演習により，飽きずにたのしく取り組むことができ，理解も深まることが期待できる．また，**文章のところどころに空欄があることにより，しっかり考えながら，ていねいに読まざるをえないようになっている**．授業においては，学生は集中して説明を聞く必要があり，教員は授業を運営しやすいという利点もある．

　なお本書では，知識がなくても読めることを厳密に書かれることよりも優先している．受講している数学が苦手な学生たちから「この説明なら読める」「この問題ならわかる」というような承認がとれた内容のみがまとめられている．

　データや AI などを活用するためには数学・統計学の基礎知識を修得することが不可欠である．本書では，データの特徴や傾向を把握したり，データを分析したりするために使われる統計学も学習する．また，現代数学においてもっとも基本的な概念である集合について学び，その上で定義される指数関数，対数関数などの身のまわりの現象によくあらわれるさまざまな関数について，関数とはなにか，グラフとはなにか，というところから学習する．そして，関数の傾き，最大値や最小値を求めるために使われる微分や，確率などの累積量を求めるために使われる積分についても，その基本をよく理解したうえで，計算演習をおこなう．さらに，データを縦と横に並べ，まとめて計算をおこなうことで，変数が多いデータを分析しやすくするために役に立つ，行列の計算についても学習する．

　なお，本文の空欄の解答は本書の付録に記載されている．また，問題の解答は近代科学社のサポートページからダウンロードできる．

　本書を通じて，数学のことばや論理を身につけ，それをデータサイエンスの学習に応用できるようになることを期待する．

2024 年 9 月

岡田 朋子

目次

第3章 確率

第4章 代表値

第5章　分散，標準偏差

第6章　相関

第7章　ベクトルの演算

第8章　行列の演算

第9章　多項式関数

第10章 指数関数

第11章 対数関数

第12章　微分係数

第13章　1変数関数の微分法

第14章　1変数関数の積分法

第15章　まとめの演習

付録　　空欄の答え

第1章

順列，組み合わせ

本章では，順列，組み合わせについて学習する．どちらについても，相異なる n 個のものから k 個を選ぶ方法は何通りあるかを数え上げる問題をあつかう．選ぶ順番を考慮するのが順列で，順番を考慮しないのは組み合わせである．まずは具体例を使って実際に数え上げ，一般的な法則を理解しよう．

組み合わせの総数 $_n\mathrm{C}_k$ は二項係数ともよばれ，コインを n 回投げたときに k 回だけ表が出る確率などを求める式にあらわれる．また，$(a+b)^2 = {}_2\mathrm{C}_0\, a^2 + {}_2\mathrm{C}_1\, ab + {}_2\mathrm{C}_2\, b^2$ というように，$(a+b)^n$ を展開したときの各項の係数にあらわれる．このことは二項定理とよばれ，たとえば整数論においても諸定理の証明に使われるなど，汎用性がとても高い．

「なにか」から「なにか」を選択するときの選び方を考えることや候補を考えることは，さまざまな状況で頻繁に出現する．確率を求める際にも必要である．順列，組み合わせの考え方はあらゆる分野において必須であるといえる．

1.1　順列

n 個のものから k 個を選んで並べたものを**順列**という．順列の総数の求め方を考えよう．

例題 1.1　5 つの旅行先候補から 3 回分の旅行先を選ぶときの選び方は何通りあるか

1 年に 1 回旅行に行くとする．今年，来年，再来年の旅行先を

> 日本，香港，イギリス，フランス，ルーマニア

の 5 つからそれぞれ選ぶとき，何通りの選び方があるのかを考えよう（行く順番が異なれば異なる選び方とする）．ただし，どの旅行先も多くとも一度しか選ばれないとする．

解説

まず，今年の旅行先の選び方は，

（　①　），（　②　），（　③　），（　④　），（　⑤　）

の 5 通りある．

もし今年は「日本」を選んだとすると，来年の旅行先の選び方は，

（　⑥　），（　⑦　），（　⑧　），（　⑨　）

の 4 通りある．ここで，今年はほかの旅行先を選んだときでも，同じように，来年の旅行先の選び方はそれぞれ 4 通りずつあることがわかる．そして，もし今年は「日本」，来年は「香港」を選んだとすると，再来年の旅行先の選び方は，

（　⑩　），（　⑪　），（　⑫　）

の 3 通りある．

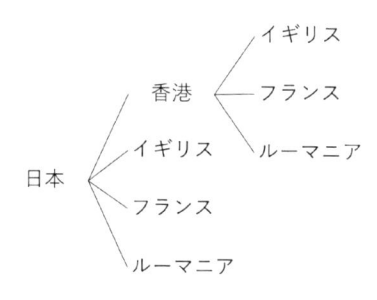

図 1.1　今年は「日本」，来年は「香港」を選んだときの樹形図

このように，来年の旅行先候補 4 つに対して，再来年の旅行先の選び方は 3 通りずつあるので，この部分全部で 4×3 通りあるということが確認できる．

この 4×3 通りが，今年の旅行先候補 5 つに対してそれぞれ同様に起こると考えられるので，全体で，$5 \times 4 \times 3$ 通り（つまり 60 通り）あることがわかる．たとえば下記は，今年の旅行先を「ルーマニア」にしたときの樹形図である．

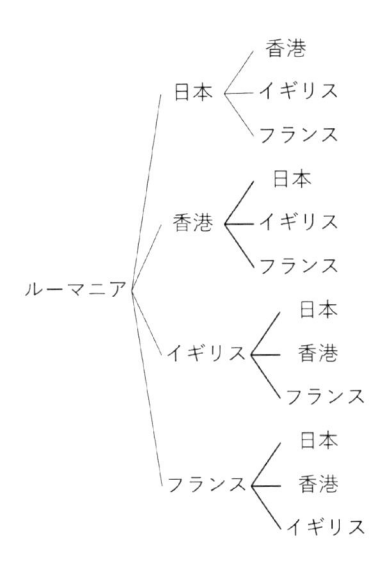

上記の「$5 \times 4 \times 3$」は，一般に，相異なる 5 つのものから 3 つ選んで並べたものの総数（順列の総数）であり，$_5\mathrm{P}_3$ とあらわされる．つまり，次のようになる．

$$_5\mathrm{P}_3 = 5 \times 4 \times 3 \quad （\text{5 から順に 1 ずつ減らしながら 3 つの整数をかける}）$$

なお，相異なる 5 つのものを並べたものの総数については，相異なる 5 つのものから 5 つ選んで並べたものの総数ということになるので，$_n\mathrm{P}_k$ の形では（　⑬　）とあらわすことができる．これは 5!（5 の**階乗**と読む）とも書かれる．つまり，次のようになる．

$$5! = {}_5\mathrm{P}_5 = 5 \times 4 \times 3 \times 2 \times 1$$

この例の場合，もし 5 年分の旅行先を選ぶなら，5! 通りになる．今年，来年，再来年までの旅行先を選んだあと，その翌年の旅行先の選び方は，再来年の旅行先に対してそれぞれ 2 通りある．さらに，その次の年の旅行先の選び方は，その 2 通りに対してそれぞれ 1 通りあるので（つまり残りもの 1 択なので），全体で，$5 \times 4 \times 3 \times 2 \times 1$ 通り（つまり 120 通り）あることがわかる．

相異なる（または区別可能な）n 個のものから k 個を重複なく選んで並べたものの総数（順列の総数）の求め方

$$_n\mathrm{P}_k = n \times (n-1) \times (n-2) \times \cdots \times (n-k+1)$$
（n から順に 1 ずつ減らしながら k 個の整数をかける）

$_n\mathrm{P}_n$ を $n!$ とも書く．なお，$_n\mathrm{P}_0 = 1$ と定められている．

問題 1.1

上記の例において，今年は「日本」を選んだとして，来年は「香港」以外の旅行先を選んだ場合も，再来年の旅行先の選び方はそれぞれ 3 通りずつある．このことを図 1.1 の樹形図に追加せよ．つまり，この樹形図の真ん中の列の「イギリス」，「フランス」，「ルーマニア」について，それぞれの右側を追加せよ．

例題 1.2　7 つのものから 4 つ選んで並べたものの総数を求める

大学の授業履修で，月曜日，火曜日，水曜日，木曜日のそれぞれ 1 限目に履修する授業を，数学，統計学，情報科学，物理，化学，生物，地学の 7 つの授業からそれぞれ重複なく選ぶとき，選び方は何通りあるか考えよう（履修する曜日が異なれば異なる選び方とする）．

解答

相異なる 7 つのものから 4 つ選んで並べたものの総数を求めればいい．つまり，

$$_7\mathrm{P}_4 = 7 \times 6 \times 5 \times 4 = 840 \quad （7 から順に 1 ずつ減らしながら 4 つの整数をかける）$$

より，840 通りあることがわかる．

問題 1.2

大学の授業履修で，月曜日，火曜日，水曜日，木曜日のそれぞれ 1 限目に履修する授業を，数学，統計学，情報科学，物理，化学，生物の 6 つの授業からそれぞれ重複なく選ぶとき，選び方は何通りあるか答えよ（履修する曜日が異なれば異なる選び方とする）．

問題 1.3

次の値を求めよ．

(1) $_5\mathrm{P}_2$ 　　　　(2) $_7\mathrm{P}_3$ 　　　　(3) $_6\mathrm{P}_6$ 　　　　(4) 4!

問題 1.4

5 つの数字 $1, 2, 3, 4, 5$ を並べ替えてできる 5 けたの整数は何通りあるか答えよ．

問題 1.5

6 つの数字 $1, 2, 3, 4, 5, 6$ のなかから相異なる 3 つの数字を選んでできる 3 けたの整数は何通りあるか答えよ．

例題 1.3　並べ方に条件があるときの並べ方の総数を求める

6 つの数字 $1, 2, 3, 4, 5, 6$ のなかから相異なる 3 つの数字を選んでできる 3 けたの偶数は何通りあるか考えてみよう．

解答

　偶数なので，一の位は 2, 4, 6 の 3 通りのどれかでなければならない．

　一の位が 2 のとき，百の位は（　⑭　）の 5 通りのどれかである．そして，もし一の位が 2 で，百の位を 1 とすると，十の位は（　⑮　）の 4 通りのどれかである．百の位がほかの場合でも同様であり，百の位の候補 5 つに対して，十の位の選び方は 4 通りずつある．

　よって，この部分全部で，5×4 通りあるということになる．

　その 5×4 通りがさらに，一の位の候補 3 つに対してそれぞれ同様に起こると考えられるので，全体で，$3 \times 5 \times 4$ 通り，つまり，60 通りあることがわかる．

問題 1.6

6 つの数字 1, 2, 3, 4, 5, 6 のなかから相異なる 3 つの数字を選んでできる 3 けたの 5 の倍数は何通りあるか答えよ（ヒント：5 の倍数なので，一の位は 5 でなければならない）．

1.2　組み合わせ

　n 個のものから k 個を選んだものを**組み合わせ**という．組み合わせの総数の求め方を考えよう．

　一般に，相異なる 5 つのものから 3 つ選んで並べたもの総数を $_5\mathrm{P}_3$ とあらわしたが，選んだあと並べない場合，つまり，相異なる **5** つのものから **3** つ選んだものの総数（組み合わせの総数）を $_5\mathrm{C}_3$，または，$\dbinom{5}{3}$ とあらわす．

例題 1.4　5 つの旅行先候補から 3 つ選ぶときの選び方は何通りあるか

　上記（例題 1.1）の旅行先の例でいうと，

> 日本，香港，イギリス，フランス，ルーマニア

の 5 つから行く順番を気にせずただ 3 つを選ぶときの，選び方の総数が $_5\mathrm{C}_3$ である．

　5 つの旅行先から 3 つを選んだとき，そのそれぞれの組（たとえば，{ 日本，香港，イギリス }）に対して，今年行くところ，来年行くところ，再来年行くところというように順番を決めると，$3 \times 2 \times 1$ 通り，つまり，3! 通りある．

　このように考えると，$_5\mathrm{P}_3$（順列の総数，順番を気にする）は $_5\mathrm{C}_3$（組み合わせの総数，順番は気にしない）の 3! 倍になることがわかる．組み合わせは「順列の束」のようなものなのである．

$$_5\mathrm{P}_3 = {}_5\mathrm{C}_3 \times 3! \quad \text{つまり} \quad {}_5\mathbf{C_3} = \frac{_5\mathbf{P_3}}{\mathbf{3!}} = \frac{5 \times 4 \times 3}{3 \times 2 \times 1} = (\quad ⑯\quad)$$

ということになり，5 つの旅行先からの 3 つの選び方の総数は 10 通りとなることがわかる．

相異なる（または区別可能な）n 個のものから k 個を重複なく選んだものの総数（組み合わせの総数）の求め方

$$_n\mathrm{C}_k = \frac{_n\mathrm{P}_k}{k!}$$

なお，$_n\mathrm{C}_0 = 1$ と定められている．

問題 1.7

3 つの旅行先 { 日本，香港，イギリス } に対して，今年行くところ，来年行くところ，再来年行くところという順番を決めるとき，その順番をすべて書き出せ．

問題 1.8

上記（例題 1.1，例題 1.4）において，5 つの旅行先から 3 つ選ぶときの選び方（$_5\mathrm{C}_3$ つまり 10 通り）は，たとえば，
{ 日本，香港，イギリス }，{ 日本，香港，フランス }，{ 日本，香港，ルーマニア }，$\cdots$
などがあるが，これらをすべて書き出せ．

例題 1.5　5 つの科目から 2 つ選ぶときの組み合わせを書き出す

大学入試において，数学，物理，化学，生物，地学から 2 つの科目を選んで受験するとき，何通りの選び方があるのか考えよう（選ぶ順番は気にしないとする）．また，その組み合わせをすべて書き出してみよう．

解答

相異なる 5 つのものから 2 つ選んだものの総数を求めればいい．つまり，

$$_5\mathrm{C}_2 = \frac{_5\mathrm{P}_2}{2!} = \frac{5 \times 4}{2 \times 1} = (\quad ⑰ \quad)$$

より，10 通りであることがわかる．10 通りの組み合わせを全部書き出すと，下記のようになる．

{数学，物理}，{数学，化学}，{数学，生物}，{数学，地学}，
{物理，化学}，{物理，生物}，{物理，地学}，
{ (　⑱　) }，{ (　⑲　) }，
{ (　⑳　) }

ここで，上記（例題 1.4，例題 1.5）より，

$$_5\mathrm{C}_2 = {}_5\mathrm{C}_3 \qquad \left(\frac{5 \times 4}{2 \times 1} = \frac{5 \times 4 \times \cancel{3}}{\cancel{3} \times 2 \times 1} \right)$$

であることがたしかめられる．これはたとえば，「5 科目から受験する科目を 2 つ選ぶ」ことと「5 科目から受験しない科目を 3 つ選ぶ」ことが同じ，と考えると明らかである．

> **問題 1.9**
>
> 大学入試において，数学，物理，化学，生物から 2 つの科目を選んで受験するとき，何通り
> の選び方があるのか答えよ（選ぶ順番は気にしないとする）．また，その組み合わせをすべ
> て書き出せ．

> **問題 1.10**
>
> 次の値を求めよ.
>
> (1) $_6\mathrm{C}_4$ (2) $_6\mathrm{C}_2$ (3) $_7\mathrm{C}_6$ (4) $_7\mathrm{C}_1$

上記（問題 1.10）より，

$$_6\mathrm{C}_4 = {}_6\mathrm{C}_2, \quad また, \quad {}_7\mathrm{C}_6 = {}_7\mathrm{C}_1$$

であることもたしかめられる．たとえば，「6 つから 4 つ選ぶ」ことと「6 つから選ばないものを
2 つ選ぶ」ことは同じである．このことは一般にも成り立つ．

二項係数の性質

正の整数 n，0 以上 n 以下の整数 k について，次が成り立つ.

$$_n\mathrm{C}_k = {}_n\mathrm{C}_{n-k}$$

例題 1.6 $(a+b)^2$ を展開したときの係数を求める

$(a+b)^2$ を展開したときの係数を，組み合わせの考え方を使って求めよう．

解説

まずは展開のしくみを確認しよう．

展開するためには，$(a+b)(a+b)$ において，2 つの $(a+b)$ からそれぞれ a または b のどちら
かをひとつずつを取ってきて，その 2 つをかけ合わせるという作業をする（そして，それらを全
部たすと展開が完了する）．

$$(a+b)(a+b) = a \cdot a + a \cdot b + b \cdot a + b \cdot b$$
$$= a^2 + 2ab + b^2 \quad (a^2 \text{ の係数は 1, } ab \text{ の係数は 2, } b^2 \text{ の係数は 1})$$

たとえば，展開したときの ab の項は，どちらかの $(a+b)$ から a を 1 つ，残りの $(a+b)$ から
は b を 1 つ取ってきて，その 2 つをかけ合わせたものである．そうしてできたものの個数が ab
の係数ということになる．つまり，**2 つの $(a+b)$ のなかから b を取ってくるほうを 1 つ選ぶと
きの選び方の総数が ab の係数**なのである．それは，区別可能な 2 つのものから 1 つ選んだもの
の総数なので

$$_2\mathrm{C}_1 = (\quad ㉑\quad)$$

より 2 であることがわかる．

また，b^2 の係数は 1 である．なぜならば，展開したときの b^2 は，どちらの $(a+b)$ からもそれぞれ b を 1 つずつ取ってきて，その 2 つをかけ合わせたものであるからである．つまり，**2 つの $(a+b)$ のなかから b を取ってくるものを 2 つ選ぶときの選び方の総数 ${}_2\mathrm{C}_2$ つまり 1 が b^2 の係数**なのである．同様に，a^2 の係数も，$({}_2\mathrm{C}_2 =) {}_2\mathrm{C}_0 = 1$ より，1 である．

$(a+b)^2$ の展開

$$(a+b)^2 = {}_2\mathrm{C}_0\, a^2 + {}_2\mathrm{C}_1\, ab + {}_2\mathrm{C}_2\, b^2 = a^2 + 2ab + b^2$$

例題 1.7　$(a+b)^3$ を展開したときの係数を求める

$(a+b)^3$ を展開したときの係数を，組み合わせの考え方を使って求めよう．

解説

展開するためには，$(a+b)(a+b)(a+b)$ において，3 つの $(a+b)$ からそれぞれ a または b のどちらかひとつを取ってきて，その 3 つをかけ合わせるという作業をする（そして，それらを全部たすと展開が完了する）．

展開したときの $a^2 b$ の項は，2 つの $(a+b)$ からそれぞれ a を 1 つずつ，そして，残りの $(a+b)$ からは b を 1 つ取ってきて，その 3 つをかけ合わせたものである．そうしてできたものの個数が $a^2 b$ の係数ということになる．つまり，**3 つの $(a+b)$ のなかから b を取ってくるものを 1 つ選ぶときの選び方の総数が $a^2 b$ の係数**なのである．それは，区別可能な 3 つのものから 1 つ選んだものの総数なので

$$_3\mathrm{C}_1 = (\quad ㉒ \quad)$$

より 3 であることがわかる．同様に，ab^2 の係数も

$$_3\mathrm{C}_2 = (\quad ㉓ \quad)$$

より 3 であることがわかる．

また，b^3 の係数は 1 である．なぜならば，展開したときの b^3 は，どの $(a+b)$ からもそれぞれ b を 1 つずつ取ってきて，その 3 つをかけ合わせたものであるからである．つまり，**3 つの $(a+b)$ のなかから b を取ってくるものを 3 つ選ぶときの選び方の総数 ${}_3\mathrm{C}_3$ つまり 1 が b^3 の係数**なのである．同様に，a^3 の係数も，$({}_3\mathrm{C}_3 =) {}_3\mathrm{C}_0 = 1$ より，1 である．

$(a+b)^3$ の展開

$$(a+b)^3 = {}_3\mathrm{C}_0\, a^3 + {}_3\mathrm{C}_1\, a^2 b + {}_3\mathrm{C}_2\, ab^2 + {}_3\mathrm{C}_3\, b^3 = a^3 + 3a^2 b + 3ab^2 + b^3$$

一般にも，次のようになる．

二項定理

正の整数 n について次が成り立つ.

$$(a+b)^n = {}_nC_0\,a^n + {}_nC_1\,a^{n-1}b + {}_nC_2\,a^{n-2}b^2 + \cdots + {}_nC_{n-1}\,ab^n + {}_nC_n\,b^n$$

問題 1.11

$(a+b)^4$, つまり, $(a+b)(a+b)(a+b)(a+b)$ を展開したときの a^3b の係数を求めよ.

問題 1.12

$(a+b)^4$, つまり, $(a+b)(a+b)(a+b)(a+b)$ を展開したときの a^2b^2 の係数を求めよ.

問題 1.13

$(a+b)^4$, つまり, $(a+b)(a+b)(a+b)(a+b)$ について, まず a^4, a^3b, a^2b^2, ab^3, b^4 の係数を ${}_nC_k$ の形であらわした展開式を書け. そのあと, それぞれの係数を数値にした展開式を書け.

1.3 Excel による演習

${}_nP_k$ の値, また, ${}_nC_k$ の値を Excel を使って求めてみよう.

例題 1.8 関数を使って ${}_5P_3$ を求める

順列の総数を返す PERMUT 関数を使って, ${}_5P_3$ の値を求めよう.

入力モードを「半角英数字」にし, あるセルに「=p」と入力すると, 予測変換で関数の候補の一覧が出てくる.

そこから「PERMUT」をダブルクリックし選択する．すると，「=PURMUT(」と入力されるので，続けて，「5,3」と入力する．

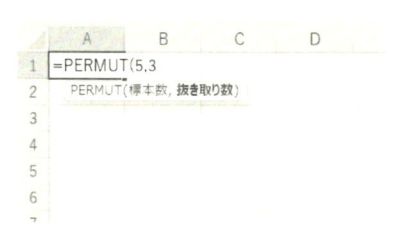

Enter キーを押すと $_5P_3$ の値 60 が計算される．セルには「=PERMUT(5,3)」と入力される．

例題 1.9　関数を使って $_9P_1$ から $_9P_9$ を求める

9 つの数字 1, 2, 3, 4, 5, 6, 7, 8, 9 のなかから数字を選んでできる 1 けたの整数，2 けたの整数，$\cdots$，9 けたの整数はそれぞれ何通りあるかを PERMUT 関数を使って求めよう．

まず，次のように入力しよう．

	A	B	C	D	E	F	G	H	I
1	9つの数字 1, 2, 3, 4, 5, 6, 7, 8, 9 のなかからn個の数字を選んでできるnけたの整数は何通りあるか								
2									
3	数字の個数	けた数n	何通りか						
4	9	1							
5	9	2							
6	9	3							
7	9	4							
8	9	5							
9	9	6							
10	9	7							
11	9	8							
12	9	9							
13									
14									

ここで，A 列の数値の入力については次のようにおこなう．まず，セル A4 に「9」と入力し，ふたたびセル A4 を選択する．そのセルの右下あたりにマウスポインタを合わせると，マウスポインタが「+」の形になるので，この状態のままセル A12 まで下にドラッグし，オートフィルする．

B 列についても同様で，セル B4 に「1」，セル B5 に「2」を入力したあと，セル範囲 B4:B5 を選択する．そのセル範囲の右下あたりにマウスポインタを合わせると，マウスポインタが「+」の形になるので，この状態のままセル B12 まで下にドラッグし，オートフィルする．

また，格子の罫線をつけるには，セル範囲 A3:C12 を選択したあとホームタブの（フォントグループにある）［罫線］ボタンのドロップダウンリストから「格子」を選択すればいい．

セル C4 には「=PERMUT(」と入力し，セル A4 をクリックして指定する．続けて，「,」を入力し，セル B4 をクリックして指定する．

	A	B	C	D	E	F	G	H	I
1	9つの数字 1, 2, 3, 4, 5, 6, 7, 8, 9 のなかからn個の数字を選んでできるnけたの整数は何通りあるか								
2									
3	数字の個数	けた数n	何通りか						
4	9	1	=PERMUT(A4,B4						
5	9	2	PERMUT(標本数, 抜き取り数)						
6	9	3							
7	9	4							
8	9	5							
9	9	6							
10	9	7							
11	9	8							
12	9	9							
13									
14									

Enter キーを押すと $_9P_1$ の値 9 が計算される．セルには「=PERMUT(A4,B4)」と入力される．セル C4 をふたたび選択し，セルの右下あたりにマウスポインタを合わせると，マウスポインタが「＋」の形になる．この状態のままセル C12 まで下にドラッグし，オートフィルする．

	A	B	C	D	E	F	G	H	I
1	9つの数字 1, 2, 3, 4, 5, 6, 7, 8, 9 のなかからn個の数字を選んでできるnけたの整数は何通りあるか								
2									
3	数字の個数	けた数n	何通りか						
4	9	1	9						
5	9	2							
6	9	3							
7	9	4							
8	9	5							
9	9	6							
10	9	7							
11	9	8							
12	9	9							
13									
14									

すると，$_9P_2$ から $_9P_9$ までの値も PERMUT 関数で求められる．

	A	B	C	D	E	F	G	H	I
1	9つの数字 1, 2, 3, 4, 5, 6, 7, 8, 9 のなかからn個の数字を選んでできるnけたの整数は何通りあるか								
2									
3	数字の個数	けた数n	何通りか						
4	9	1	9						
5	9	2	72						
6	9	3	504						
7	9	4	3024						
8	9	5	15120						
9	9	6	60480						
10	9	7	181440						
11	9	8	362880						
12	9	9	362880						
13									
14									

> **問題 1.14**
>
> 9 つの数字 1, 2, 3, 4, 5, 6, 7, 8, 9 のなかから相異なる 6 つの数字を選んでできる 6 けたの整数は何通りあるかを Excel 関数を使って求めよ．

> **問題 1.15**
>
> m を 3 から 9 の整数とする．このとき，各 m について，m 個の数字 1, 2, ... , m のなかから相異なる 3 つの数字を選んでできる 3 けたの整数は何通りあるかを Excel 関数を使ってそれぞれ求めよ．

例題 1.10　関数を使って $_5\mathrm{C}_3$ を求める

組み合わせの総数を返す COMBIN 関数を使って，$_5\mathrm{C}_3$ の値を求めよう．

入力モードを「半角英数字」にし，あるセルに「=co」と入力すると，予測変換で関数の候補の一覧が出てくる．

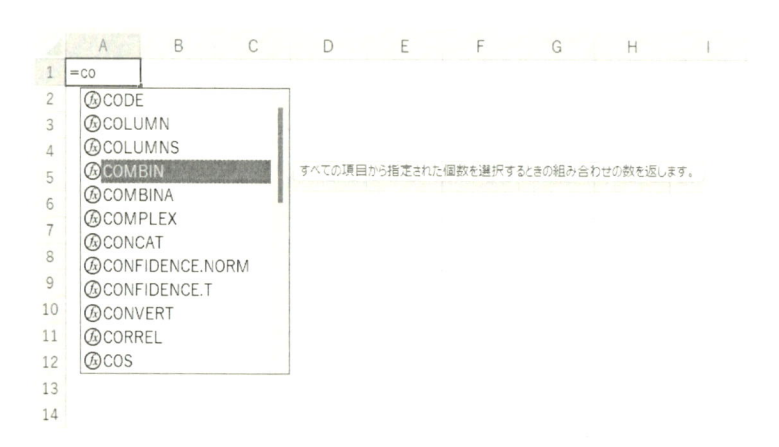

そこから「COMBIN」をダブルクリックし選択する．すると，「=COMBIN(」と入力されるので，続けて，「5,3」と入力する．

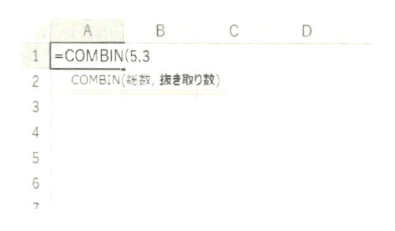

Enter キーを押すと $_5\mathrm{C}_3$ の値 10 が計算される．セルには「=COMBIN(5,3)」と入力される．

例題 1.11　関数を使って $_5C_0$ から $_5C_5$ を求める

$_5C_0$，$_5C_1$，$_5C_2$，$_5C_3$，$_5C_4$，$_5C_5$ の値を COMBIN 関数を使って求めよう．

まず，次のように表を入力する．セル C2 には「=COMBIN(」と入力し，セル A2 をクリックして指定する．続けて，「,」を入力し，セル B2 をクリックして指定する．

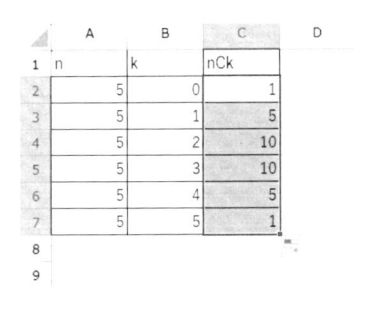

Enter キーを押すと $_5C_0$ の値 1 が計算される．セルには「=COMBIN(A2,B2)」と入力される．このセルをふたたび選択し，セルの右下あたりにマウスポインタを合わせると，マウスポインタが「＋」の形になる．この状態のままセル C7 まで下にドラッグし，オートフィルする．

すると，$_5C_0$ から $_5C_5$ までの値も COMBIN 関数で求められる．

問題 1.16

$_{10}C_0$，$_{10}C_1$，$_{10}C_2$，$_{10}C_3$，$_{10}C_4$，$_{10}C_5$，$_{10}C_6$，$_{10}C_7$，$_{10}C_8$，$_{10}C_9$，$_{10}C_{10}$ の値を Excel 関数を使って求めよ．

第2章

集合，ベン図

　本章では，集合とはなにかということから学習する．ここでは，集合というのは「もの」の集まりであるとして話を進める．和集合，共通部分や補集合の概念を確認し，分配法則，ド・モルガンの法則などが成り立つことを理解しよう．集合の演算を理解することは論理演算を理解することにも重なってくる．

　さまざまな分野で使われる関数などの二項関係は集合を使って定式化されている．また，集合はそこに構造を入れると空間とよばれ，重要な数学的対象になることがある．たとえば，集合に距離の構造を入れた距離空間とよばれるものもあるし，たし算やかけ算のような代数的構造を入れた線型空間（ベクトル空間）とよばれるものもある．

　次章で学習するように，ある事象が起こる確率をあつかうとき，事象を集合の形であらわすこともある．

　現代数学において，集合はもっとも基本的な概念といえるのである．

2.1　集合

　集合とは「もの」の集まりであり，それに入るか入らないかの基準が定まっているものである．集合を構成する「もの」のことは**元**，または，**要素**とよばれる．元の個数が有限である集合は**有限集合**といわれ，元の個数が有限ではない集合は**無限集合**といわれる．

集合の元であることのあらわし方

あるもの x が集合 X の元であるときは，x は X に属するといい，次のように書かれる．

　$x \in X$　　または　　$X \ni x$

元でないときは，次のように書かれる．

　$x \notin X$　　または　　$X \not\ni x$

例題 2.1　集合の例 1

　　$A = \{3, 6, 9, 12, 15, 18\}$

である集合 A は，「6 つの数 3, 6, 9, 12, 15, 18 からなる集合」のことである．元の個数が 6 であり有限なので，A は有限集合である．ここで，3 は A の元であり，4 は A の元でない．よって，次のように書ける．

　　$3 \in A, \quad 4 \notin A$

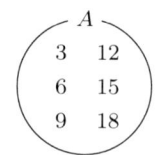

図 2.1　集合 A をあらわすベン図

　集合のあらわし方は 2 通りある．ひとつは，上記のようにすべての元を { } のなかに書き並べる方法であり，もうひとつは，

　　$A = \{\, n \mid n \text{ は 3 の倍数}, \ 0 < n < 20 \,\}$

のように，その集合の元であるための条件を書く方法である．ここで，条件を接続しているカンマ（,）は「かつ」の意味である．

　なお，たとえば $\{\, n \mid n \text{ は大きな数} \,\}$ のような，元であるかないかを判断するための明確な基準が定まっていないような集まりは，集合とはよばないことに注意しよう．

例題 2.2　集合の例 2

　　$B = \{\, \text{あ}, \text{い}, \text{う}, \text{え}, \text{お} \,\}$

である集合 B は，元の個数が 5 であり有限集合である．たとえば，次のように書ける．

$$\text{あ} \in B, \quad \text{ま} \notin B, \quad \text{お} \in B, \quad \text{う}(\quad \textcircled{1} \quad)B$$

例題 2.3　集合の例 3（区間）

数直線上のつながっている範囲，つまり，連続している範囲をあらわす集合は**区間**とよばれる．たとえば区間 $\{x \mid 0 < x < 2\}$ は，元の個数が有限ではないので無限集合である．とくに，

$$\{x \mid a < x < b\} \quad （a より大きく b より小さい実数の集合）$$

という形の集合のことを**開区間**という．これを (a,b) とあらわす．また，

$$\{x \mid a \leq x \leq b\} \quad （a 以上 b 以下の実数の集合）$$

という形の集合のことを**閉区間**という．これを $[a,b]$ とあらわす．たとえば，

$$(0,2) = \{x \mid 0 < x < 2\}, \quad [0,2] = \{x \mid 0 \leq x \leq 2\}$$

ということであり，次が成り立つ．

$$1 \in (0,2), \quad 1 \in [0,2], \quad 0 \notin (0,2), \quad 0 \in [0,2], \quad 2(\quad \textcircled{2} \quad)(0,2), \quad 2(\quad \textcircled{3} \quad)[0,2]$$

また，$(-\infty, \infty)$ であらわされる区間は，数直線全体，つまり，すべての実数からなる集合であるとする．

なお，「1 は区間 $(0,2)$ の点である」というように，集合の元のことを**点**ということもある．

問題 2.1

集合の例を 3 つあげよ．

つぎは，集合どうしの包含関係について考えよう．

部分集合

集合 X のどの元も集合 Y の元であるとき，X は Y の部分集合であるといい，

$$X \subset Y \quad \text{または} \quad Y \supset X$$

と書く．

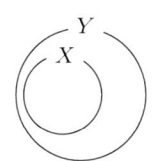

図 2.2　$X \subset Y$ をあらわすベン図

また，$X \subset Y$ かつ $Y \subset X$ であるときは，X と Y はまったく元が同じということであり，

$$X = Y$$

とあらわす．このとき，X と Y は**等しい**とする．

例題 2.4　集合の包含関係

$\{6, 12, 18\} \subset \{3, 6, 9, 12, 15, 18\}$

である．

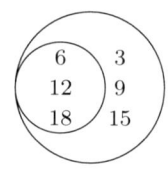

図 2.3　$\{6, 12, 18\} \subset \{3, 6, 9, 12, 15, 18\}$ をあらわすベン図

しかし，$\{0, 6, 12, 18\}$ は $\{3, 6, 9, 12, 15, 18\}$ の部分集合ではない．

また，

$\{6, 12, 18\} \subset \{\, n \mid n \text{ は } 6 \text{ の倍数}, \ 0 < n < 20 \,\}$

かつ　$\{\, n \mid n \text{ は } 6 \text{ の倍数}, \ 0 < n < 20 \,\} \subset \{6, 12, 18\}$

であることが確認できるので

$\{6, 12, 18\} = \{\, n \mid n \text{ は } 6 \text{ の倍数}, \ 0 < n < 20 \,\}$

ということになる．

さらに，

$\{6, 12, 18\} = \{6, 18, 12\} = \{12, 6, 18\} = \{12, 18, 6\} = \{18, 6, 12\} = \{18, 12, 6\}$

であり，列挙する順序が変わっても集合としては同じものであることもわかるし，

$\{6, 12, 18\} = \{6, 6, 12, 18\} = \{6, 6, 6, 12, 18\} = \{6, 6, 6, 12, 12, 18\}$

などが成り立ち，元が重複していても集合としては同じものであることも確認できる（6 が 2 回あらわれても 3 回あらわれても，これは 3 個の元からなる集合ということである）．

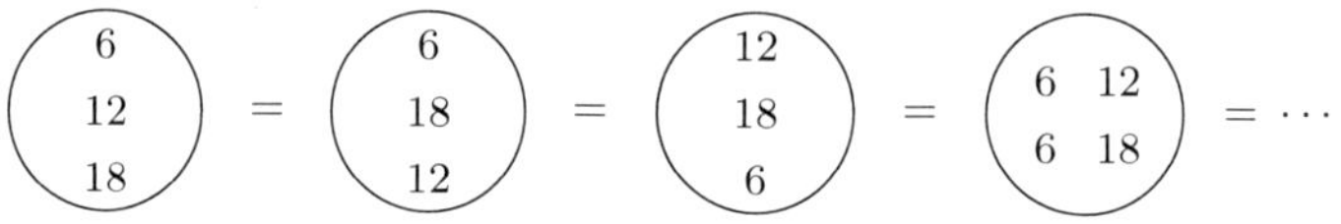

$$\begin{matrix} 6 \\ 12 \\ 18 \end{matrix} \quad = \quad \begin{matrix} 6 \\ 18 \\ 12 \end{matrix} \quad = \quad \begin{matrix} 12 \\ 18 \\ 6 \end{matrix} \quad = \quad \begin{matrix} 6 \quad 12 \\ 6 \quad 18 \end{matrix} \quad = \cdots$$

図 2.4　集合が等しいということの例

問題 2.2

ある集合が他の集合の部分集合である例を 3 組あげよ．

問題 2.3

次の集合をすべての元を書き並べる方法であらわせ.

(1) $A = \{\,n \mid n$ は 5 の倍数, $0 < n < 30\,\}$

(2) $B = \{\,n \mid n$ は 12 の正の約数 $\}$

(3) $C = \{\,x \mid x$ は実数, $x \times x = 9\,\}$

(4) $D = \{\,x \mid x$ は県名, x は四国にある $\}$

(5) $E = \{\,n \mid n$ は 10 以下の素数 $\}$

ここで素数とは,1 またはそれ自身以外の自然数で割り切れないような 2 以上の自然数である（例：11, 13, 17, 19, 23, 29, 31, 37）.

2.2　ベン図

集合をイメージしやすくするために,集合を「まる」の形で表現し,図示することがある.このような図のことを**ベン図**とよぶ.

例題 2.5　集合をベン図であらわす

集合 A, B, C を下記のようにする.

$$A = \{3, 6, 9, 12, 15, 18\}, \quad B = \{2, 4, 6, 8\}, \quad C = \{6, 12, 18\}$$

このとき,集合 A, B について,次のようにベン図であらわすことができる.

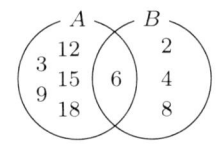

図 2.5　集合 A, B をあらわすベン図

また,集合 A, C については,C は A の部分集合なので,次のようなベン図でも表現できる.

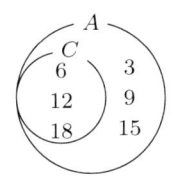

図 2.6　集合 A, C をあらわすベン図

なお,3 つの集合 A, B, C について,次のようにひとつのベン図であらわすこともできる.

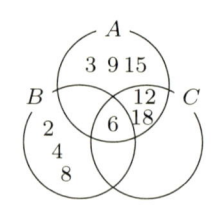

図 2.7 集合 A, B, C をあらわすベン図

問題 2.4

集合 A, B, C を下記のように定めるとき，集合 A, B について，また，集合 B, C について
てそれぞれベン図であらわせ．さらに，3 つの集合 A, B, C について，ひとつのベン図で
あらわせ．

$$A = \{1, 2, 3, 4, 5, 6, 7, 8\}, \quad B = \{2, 4, 6, 8\}, \quad C = \{2, 3, 5, 7\}$$

2.3 集合の演算

複数の集合を使って別の集合をつくりだすいくつかの方法がある．

まずは，複数の集合についてのすべての元をひとまとめにした新しい集合を定義しよう．

和集合

2 つの集合 X, Y に対し，少なくともどちらかの元であるもの全体を

$\quad X \cup Y$

と書き，X と Y の和集合という．

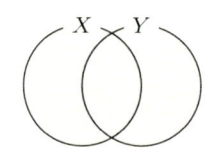

図 2.8 和集合 $X \cup Y$ をあらわすベン図

例題 2.6 和集合を求める

集合 A, B, C を下記のようにする（例題 2.5 と同じ）．

$$A = \{3, 6, 9, 12, 15, 18\}, \quad B = \{2, 4, 6, 8\}, \quad C = \{6, 12, 18\}$$

このとき，

$$A \cup B = \{2, 3, 4, 6, 8, 9, 12, 15, 18\}, \quad B \cup A = \{2, 3, 4, 6, 8, 9, 12, 15, 18\},$$

$$A \cup C = \{3, 6, 9, 12, 15, 18\} \, (= A), \quad B \cup C = (\quad ④ \quad)$$

となる．ゆえに，

$$(A \cup B) \cup C = \{2, 3, 4, 6, 8, 9, 12, 15, 18\} \cup C = (\quad ⑤ \quad),$$

$$A \cup (B \cup C) = A \cup (\quad ④ \quad) = (\quad ⑥ \quad)$$

となる．よって，次が確認できる．

交換法則，結合法則

$$A \cup B = B \cup A, \quad (A \cup B) \cup C = A \cup (B \cup C)$$

このことは一般にも成り立つ．

$(A \cup B) \cup C \, (= A \cup (B \cup C))$ を $A \cup B \cup C$ とも書くことにする．

つぎに，複数の集合についての共通の元をひとまとめにした新しい集合を定義しよう．

共通部分

2つの集合 X，Y に対し，どちらの元でもあるもの全体を

$X \cap Y$

と書き，X と Y の共通部分という．

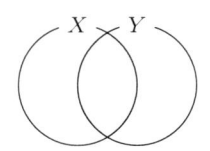

図 2.9　共通部分 $X \cap Y$ をあらわすベン図

例題 2.7　共通部分を求める

集合 A，B，C を

$$A = \{3, 6, 9, 12, 15, 18\}, \quad B = \{2, 4, 6, 8\}, \quad C = \{6, 12, 18\}$$

のように定める（例題 2.5 と同じ）．すると，

$$A \cap B = \{6\}, \quad B \cap A = \{6\},$$

$$A \cap C = \{6, 12, 18\} \, (= C), \quad B \cap C = (\quad ⑦ \quad)$$

となる．ゆえに，

$$(A \cap B) \cap C = \{6\} \cap C = (\quad ⑧ \quad), \quad A \cap (B \cap C) = A \cap (\quad ⑦ \quad) = (\quad ⑨ \quad)$$

となる．よって，次が確認できる．

> **交換法則，結合法則**
>
> $A \cap B = B \cap A, \quad (A \cap B) \cap C = A \cap (B \cap C)$

このことは一般にも成り立つ.

$(A \cap B) \cap C\,(= A \cap (B \cap C))$ を $A \cap B \cap C$ とも書くことにする.

ところで，3 つの数 a, b, c については，

$$a \times (b + c) = a \times b + a \times c$$

が成り立つ. これは，積は和について分配法則をみたすということである.

つぎでは，和集合は共通部分について分配法則をみたし，共通部分は和集合について分配法則をみたすことをたしかめてみよう.

例題 2.8　分配法則を確認する

集合 A, B, C を下記のようにする.

$$A = \{\, \text{あ}, \text{き}, \text{ひ}, \text{め} \,\}, \quad B = \{\, \text{ま}, \text{り}, \text{ひ}, \text{め} \,\}, \quad C = \{\, \text{あ}, \text{ま}, \text{お}, \text{と}, \text{め} \,\}$$

このとき，

$$A \cup (B \cap C) = \{\, \text{あ}, \text{き}, \text{ひ}, \text{め} \,\} \cup \{\, \text{ま}, \text{め} \,\} = (\quad ⑩ \quad),$$

$$(A \cup B) \cap (A \cup C) = \{\, \text{あ}, \text{き}, \text{ひ}, \text{め}, \text{ま}, \text{り} \,\} \cap \{\, \text{あ}, \text{き}, \text{ひ}, \text{め}, \text{ま}, \text{お}, \text{と} \,\} = (\quad ⑪ \quad),$$

$$A \cap (B \cup C) = \{\, \text{あ}, \text{き}, \text{ひ}, \text{め} \,\} \cap \{\, \text{ま}, \text{り}, \text{ひ}, \text{め}, \text{あ}, \text{ま}, \text{お}, \text{と} \,\} = (\quad ⑫ \quad),$$

$$(A \cap B) \cup (A \cap C) = \{\, \text{ひ}, \text{め} \,\} \cup \{\, \text{あ}, \text{め} \,\} = (\quad ⑬ \quad)$$

となる. ゆえに，次が成り立つことが確認できる.

> **分配法則**
>
> $A \cup (B \cap C) = (A \cup B) \cap (A \cup C), \quad A \cap (B \cup C) = (A \cap B) \cup (A \cap C)$

このふたつの式は，一般にも成立する.

> **問題 2.5**
>
> 集合 A, B, C を下記のように定める.
>
> $$A = \{1, 2, 3, 5\}, \quad B = \{1, 2, 4, 6\}, \quad C = \{1, 3, 4, 7, 8\}$$
>
> このとき，次の集合を求めよ.
>
> (1) $A \cup C$　　　　(2) $A \cap C$　　　　(3) $A \cup B \cup C$　　　　(4) $A \cap B \cap C$
>
> (5) $A \cup (B \cap C)$　　(6) $(A \cup B) \cap C$　　(7) $A \cap (B \cup C)$　　(8) $(A \cap B) \cup C$

問題 2.6

集合 A, B, C を自分で具体的に定め, それらについて

$$A \cup (B \cap C), \quad (A \cup B) \cap (A \cup C), \quad A \cap (B \cup C), \quad (A \cap B) \cup (A \cap C)$$

を求めて, 分配法則が成り立つことをたしかめよ.

こんどは, 集合 X から集合 Y の元を取り除いた新しい集合を定義しよう.

差集合

2 つの集合 X, Y に対し, X の元であり Y の元ではないもの全体を

$$X - Y$$

と書き, X から Y をひいた差集合という.

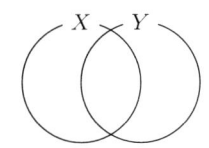

図 2.10　差集合 $X - Y$ をあらわすベン図

例題 2.9　差集合を求める

集合 A, B, C を

$$A = \{3, 6, 9, 12, 15, 18\}, \quad B = \{2, 4, 6, 8\}, \quad C = \{6, 12, 18\}$$

のように定める (例題 2.5 と同じ). すると,

$$A - B = \{3, 9, 12, 15, 18\}, \quad B - A = \{2, 4, 8\}, \quad B - C = \{2, 4, 8\},$$

$$C - B = (\quad ⑭ \quad), \quad A - C = (\quad ⑮ \quad),$$

となる. つぎに, 集合 $C - A$ について考えよう. この集合の元は, C の元であり A の元でないということである. しかし, C の元はどれも A の元でもあることが確認できるので, この集合 $C - A$ の元であるものはなにもないということになる.

このような, 元をひとつももたないような集合のことを**空集合**とよび, $\varnothing$, または, $\{\ \}$ などであらわす. こうすると,

$$C - A = \varnothing$$

と書ける. ほかにもたとえば,

$$\{x \mid x は 2 回かけると -1 になる実数\} = \varnothing,$$

$$\{x \mid x は画数が 10 以上のひらがな\} = \varnothing$$

などと書けるということになる.

　なお，空集合は，どんな集合に対しても，その部分集合であると約束する．なのでたとえば，集合 { く，る，ま } の部分集合は

$$\varnothing, \ \{ く \}, \ \{ る \}, \ \{ ま \}, \ \{ く, る \}, \ \{ る, ま \}, \ \{ く, ま \}, \ \{ く, る, ま \}$$

であり，空集合を含む 8 つの集合ということになる（「く」が入るか入らないかで 2 通り，「る」が入るか入らないかで 2 通り，「ま」が入るか入らないかで 2 通りで，計 $2 \times 2 \times 2 \ (= 8)$ 通りの部分集合が考えられる）．

問題 2.7

集合 A, B, C を下記のように定める（問題 2.4 と同じ）．

　$A = \{1, 2, 3, 4, 5, 6, 7, 8\}$, $B = \{2, 4, 6, 8\}$, $C = \{2, 3, 5, 7\}$

このとき，次の集合を求めよ．

(1) $A - B$　　　　　(2) $B - A$　　　　　(3) $B - C$

(4) $C - B$　　　　　(5) $A - C$　　　　　(6) $C - A$

　さて，集合を考えるときに，**全体集合**という（大きい）集合を固定して，各集合をその部分集合としてあつかうことがある．

補集合

全体集合を U とするとき，集合 X について，$U - X$ のことを X の補集合とよび，$\overline{X}$ または X^c とあらわす．

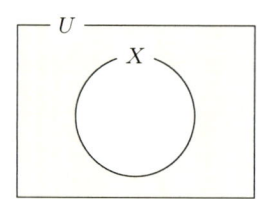

図 2.11　補集合 $\overline{X}$ をあらわすベン図

補集合については，次が成り立つ．

$$\overline{\overline{X}} = X, \quad \overline{U} = \varnothing, \quad \overline{\varnothing} = U, \quad X \cap \overline{X} = \varnothing, \quad X \cup \overline{X} = U$$

例題 2.10 補集合を求める

全体集合 U を $U = \{1, 2, 3, 4, 5, 6, 7, 8, 9, 10\}$ とし，集合 A，B，C を次のようにする．

$A = \{1, 2, 3, 5\}$, $B = \{1, 2, 4, 6\}$, $C = \{1, 3, 4, 7, 8\}$ （A, B, C は問題 2.5 と同じ）

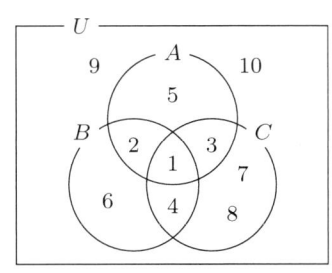

図 2.12 集合 U, A, B, C をあらわすベン図

このとき，

$$\overline{A} = \{4, 6, 7, 8, 9, 10\}, \quad \overline{B} = \{3, 5, 7, 8, 9, 10\}, \quad \overline{C} = \{2, 5, 6, 9, 10\},$$

$$\overline{A \cup B} = \overline{\{1, 2, 3, 4, 5, 6\}} = (\quad ⑯ \quad), \quad \overline{A \cap B} = \overline{\{1, 2\}} = (\quad ⑰ \quad)$$

となる．また，

$$\overline{A} \cap \overline{B} = \{7, 8, 9, 10\}, \quad \overline{A} \cup \overline{B} = \{3, 4, 5, 6, 7, 8, 9, 10\}$$

となる．よって，次が成り立つことが確認できる．

ド・モルガンの法則

$$\overline{A \cup B} = \overline{A} \cap \overline{B}, \quad \overline{A \cap B} = \overline{A} \cup \overline{B}$$

このふたつの式は**ド・モルガンの法則**とよばれ，一般にも成立する．

問題 2.8

すぐ上の例題 2.10 において，

$$\overline{A \cup B \cup C} = \overline{A} \cap \overline{B} \cap \overline{C}, \quad \overline{A \cap B \cap C} = \overline{A} \cup \overline{B} \cup \overline{C}$$

が成り立つことをたしかめよ．

問題 2.9

全体集合 U，および，集合 A，B を自分で具体的に定め，それらについて

$$\overline{A \cap B}, \quad \overline{A} \cup \overline{B}, \quad \overline{A \cup B}, \quad \overline{A} \cap \overline{B}$$

を求めて，ド・モルガンの法則が成り立つことをたしかめよ．

> **問題 2.10**
>
> ド・モルガンの法則が成り立つことをベン図に色をぬってたしかめよ（つまり，$\overline{A \cup B}$ を
> ベン図であらわしたものと $\overline{A} \cap \overline{B}$ をベン図であらわしたものが一致することを確認せよ.
> また，$\overline{A \cap B}$ をベン図であらわしたものと $\overline{A} \cup \overline{B}$ をベン図であらわしたものが一致するこ
> とを確認せよ）.
>
>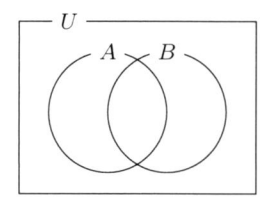
>
> 図 2.13　集合 U, A, B, C をあらわすベン図

つぎは，集合の元の個数を求めてみよう.

有限集合 A の元の個数は $|A|$ であらわされる. 有限集合 A，B について次が成り立つ.

包除原理

$$|A \cup B| = |A| + |B| - |A \cap B| \qquad\qquad (\, |A \cap B| = |A| + |B| - |A \cup B| \,)$$

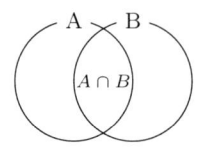

図 2.14　集合 A, B をあらわすベン図

ここで，とくに，$A \cap B = \varnothing$ のときは，

$$|A \cup B| = |A| + |B|$$

となる. これの適用例を考えよう.

たとえば，このなかの B を $\overline{A}$ とすると，下記のようになる.

$$|A \cup \overline{A}| = |A| + |\overline{A}| \quad \text{つまり} \quad |U| = |A| + |\overline{A}| \quad \text{つまり} \quad |\overline{A}| = |U| - |A|$$

またたとえば，A を $A \cap B$，B を $A - (A \cap B)$ とすると，

$$|(A \cap B) \cup (A - (A \cap B))| = |A \cap B| + |A - (A \cap B)|$$

となり，この左辺は $|A|$ なので，次のようになる.

$$|A| = |A \cap B| + |A - (A \cap B)|$$

（「A の元の個数」＝「A と B どちらともの元の個数」＋「A のみの元の個数」）

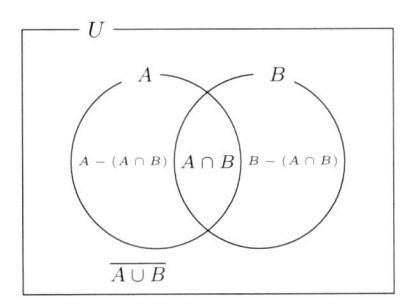

図 2.15　集合 U, A, B をあらわすベン図

例題 2.11　集合の元の個数を求める 1

全体集合 U を $U = \{\,あ, い, う, え, お, か, き, く, け, こ\,\}$ とし，集合 A, B を次のようにする．

$$A = \{\,あ, か, い, え, き\,\}, \quad B = \{\,あ, お, い, か, き, く, け\,\}$$

このとき，$|U|$, $|A|$, $|B|$, $|\overline{A}|$, $|\overline{B}|$, $|A \cap B|$, $|A \cup B|$, $|\overline{A} \cup \overline{B}|$, $|\overline{A} \cap \overline{B}|$ を求めよう．

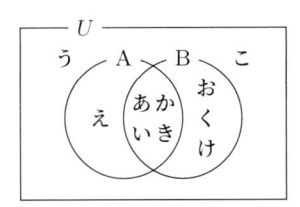

図 2.16　集合 U, A, B をあらわすベン図

まず，$|U| = 10$，　$|A| = 5$，　$|B| = ($　⑱　$)$ となるので，次がわかる．

$$|\overline{A}| = |U| - |A| = 10 - 5 = 5, \quad |\overline{B}| = |U| - |B| = ($　⑲　$)$$

また，$|A \cap B| = |\{\,あ, い, か, き\,\}| = 4$ となるので，次のようになる．

$$|A \cup B| \underset{\text{包除原理より}}{=\!=} |A| + |B| - |A \cap B| = ($　⑳　$),$$

$$|\overline{A} \cup \overline{B}| \underset{\text{ド・モルガンの法則より}}{=\!=} |\overline{A \cap B}| = |U| - |A \cap B| = ($　㉑　$),$$

$$|\overline{A} \cap \overline{B}| \underset{\text{ド・モルガンの法則より}}{=\!=} |\overline{A \cup B}| = |U| - |A \cup B| = ($　㉒　$)$$

例題 2.12　集合の元の個数を求める 2

200 人の学生のうち，情報リテラシーを修得した人数は 170，統計学入門を修得した人数は 110，どちらも修得しなかった人数は 20 であった．このとき次を求めよう．

(1) 少なくともどちらかを修得した人数　　　　(2) どちらも修得した人数

(3) 情報リテラシーのみ修得した人数　　　　(4) 統計学入門のみ修得した人数

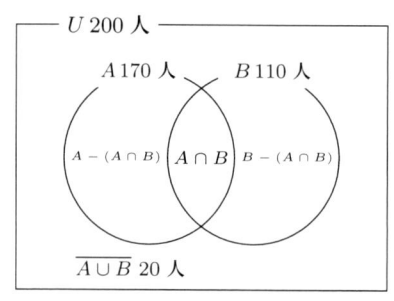

図 2.17　集合 U, A, B をあらわすベン図

解答

　全体集合 U を対象の 200 人の学生からなる集合，集合 A を情報リテラシーを修得した学生からなる集合，集合 B を統計学入門を修得した学生からなる集合とする．このとき，

$$|U| = 200, \quad |A| = 170, \quad |B| = 110, \quad |\overline{A \cup B}| = (\quad ㉓ \quad)$$

ということになる．よって，次のことがわかる．

(1) 少なくともどちらかを修得した人数は，「A と B の和集合の元の個数」なので，

$$|A \cup B| = |U| - |\overline{A \cup B}| = 200 - 20 = (\quad ㉔ \quad)$$

(2) どちらも修得した人数は，「A と B の共通部分の元の個数」なので，包除原理より

$$|A \cap B| = |A| + |B| - |A \cup B| = 170 + 110 - (\quad ㉔ \quad) = (\quad ㉕ \quad)$$

(3) 情報リテラシーのみ修得した人数は，「A の元の個数（情報リテラシーを修得した人数）」から「A と B の共通部分の元の個数（どちらも修得した人数）」をひいたものなので，

$$|A - (A \cap B)| = |A| - |A \cap B| = 170 - (\quad ㉕ \quad) = 70$$

(4) 統計学入門のみ修得した人数は，「B の元の個数（統計学入門を修得した人数）」から「A と B の共通部分の元の個数（どちらも修得した人数）」をひいたものなので，

$$|B - (A \cap B)| = |(\quad ㉖ \quad)| - |A \cap B| = 110 - (\quad ㉕ \quad) = 10$$

問題 2.11

200 人の学生のうち，数学入門を修得した人数は 65，統計学入門を修得した人数は 110，どちらも修得した人数は 50 であった．このとき次を求めよ．

(1) 少なくともどちらかを修得した人数　　　(2) どちらも修得しなかった人数

(3) 数学入門のみ修得した人数　　　　　　　(4) 統計学入門のみ修得した人数

2.4 Excelによる演習

ド・モルガンの法則や包除原理を Excel を使ってたしかめよう.

例題 2.13　共通部分，和集合を確認する

まず，次のように入力しよう（列番号「A」と「B」の間の境界線の上にマウスポインタを合わせてダブルクリックをし，A 列の幅を文字の幅に合った大きさにしている）.

	A	B 陸	C 空	D 陸かつ空	E 陸または空	F	G
2	乗用車	TRUE	FALSE				
3	飛行機	TRUE	TRUE				
4	車輪方式ヘリコプター	TRUE	TRUE				
5	スキッド方式ヘリコプター	FALSE	TRUE				
6	水陸両用戦車	TRUE	FALSE				
7	電車	TRUE	FALSE				
8	船	FALSE	FALSE				
9	気球	FALSE	TRUE				
10	ロケット	FALSE	TRUE				
11	ボート	FALSE	FALSE				
12	水陸両用ブルドーザ	TRUE	FALSE				
13							
14							

つぎに，条件付き書式を使って，「FALSE」と「TRUE」を相異なる書式にして，わかりやすくしたい.

全セル選択ボタン（行番号「1」の上で列番号「A」の左の直角三角形の形がある場所）をクリックし，シート全体のセルを選択する. そして，ホームタブの（スタイルグループにある）［条件付き書式］をクリックし，「セルの強調表示ルール」の「文字列」を選択する.

「文字列」ダイアログボックスが出てくるので，「次の文字列を含む書式設定」に「FALSE」と入力する. また，「書式」を任意のものに設定し，OK ボタンを押す.

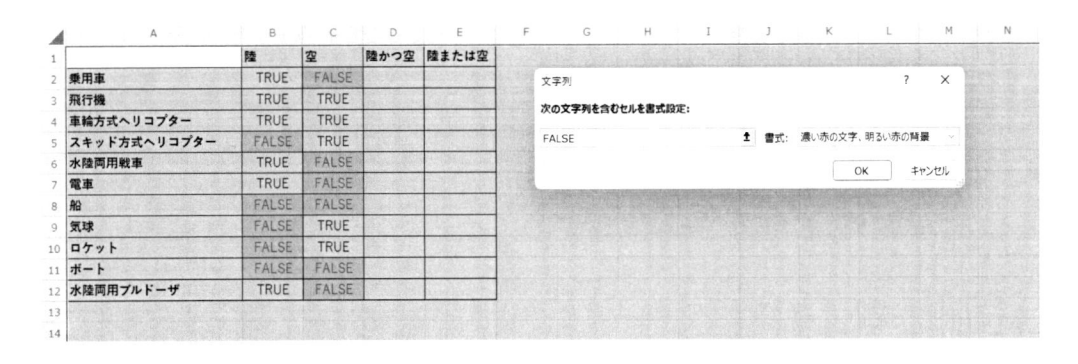

同様に，「TRUE」のセルも条件付き書式を使って，「FALSE」の場合と異なる任意の書式に設定しよう.

セル D2 には，「=AND(B2=TRUE,C2=TRUE)」と入力する（AND 関数を使う）．ここで，このなかの「B2」を入力するにはセル B2 をクリックして指定すればいい．「C2」の入力についても同様である．すると，「セル B2 が TRUE，**かつ**，セル C2 が TRUE」であるかどうかが判定される（判定が真なら「TRUE」，偽なら「FALSE」が返される）．

セル E2 には，「=OR(B2=TRUE,C2=TRUE)」と入力する（OR 関数を使う）．すると，「セル B2 が TRUE，**または**，セル C2 が TRUE」であるかどうかが判定される（判定が真なら「TRUE」，偽なら「FALSE」が返される）．

セル範囲 D2:E2 を選択し，この範囲の右下あたりにマウスポインタを合わせると，マウスポインタが「＋」の形になるので，この状態のまま 12 行目まで下にドラッグし，オートフィルしよう．

	A	B 陸	C 空	D 陸かつ空	E 陸または空	F
2	乗用車	TRUE	FALSE	FALSE	TRUE	
3	飛行機	TRUE	TRUE	TRUE	TRUE	
4	車輪方式ヘリコプター	TRUE	TRUE	TRUE	TRUE	
5	スキッド方式ヘリコプター	FALSE	TRUE	FALSE	TRUE	
6	水陸両用戦車	TRUE	FALSE	FALSE	TRUE	
7	電車	TRUE	FALSE	FALSE	TRUE	
8	船	FALSE	FALSE	FALSE	FALSE	
9	気球	FALSE	TRUE	FALSE	TRUE	
10	ロケット	FALSE	TRUE	FALSE	TRUE	
11	ボート	FALSE	FALSE	FALSE	FALSE	
12	水陸両用ブルドーザ	TRUE	FALSE	FALSE	TRUE	

例題 2.14　ドモルガンの法則（$\overline{A \cap B} = \overline{A} \cup \overline{B}$）を確認する

例題 2.13 のファイルを開き，F 列と G 列を下記のように入力する．

	A	B 陸	C 空	D 陸かつ空	E 陸または空	F 「陸かつ空」でない	G 「陸でない」または「空でない」
2	乗用車	TRUE	FALSE	FALSE	TRUE		
3	飛行機	TRUE	TRUE	TRUE	TRUE		
4	車輪方式ヘリコプター	TRUE	TRUE	TRUE	TRUE		
5	スキッド方式ヘリコプター	FALSE	TRUE	FALSE	TRUE		
6	水陸両用戦車	TRUE	FALSE	FALSE	TRUE		
7	電車	TRUE	FALSE	FALSE	TRUE		
8	船	FALSE	FALSE	FALSE	FALSE		
9	気球	FALSE	TRUE	FALSE	TRUE		
10	ロケット	FALSE	TRUE	FALSE	TRUE		
11	ボート	FALSE	FALSE	FALSE	FALSE		
12	水陸両用ブルドーザ	TRUE	FALSE	FALSE	TRUE		

セル F2 に，「=NOT(D2)」と入力し，セル D2 の否定を表示させよう（NOT 関数を使う）．すると，セル D2 が「FALSE」なら「TRUE」が返され，セル D2 が「FALSE」なら「TRUE」が返される．この場合は，「TRUE」が返されることになる．

セル G2 には，「=OR(B2=FALSE,C2=FALSE)」と入力する．すると，「セル B2 が FALSE，

または，セル C2 が FALSE」であるかどうかが判定される（判定が真なら「TRUE」，偽なら「FALSE」が返される）．

セル範囲 F2:G2 を 12 行目まで下にドラッグし，オートフィルしよう．

	A	B	C	D	E	F	G	H
1		陸	空	陸かつ空	陸または空	「陸かつ空」でない	「陸でない」または「空でない」	
2	乗用車	TRUE	FALSE	FALSE	TRUE	TRUE	TRUE	
3	飛行機	TRUE	TRUE	TRUE	TRUE	FALSE	FALSE	
4	車輪方式ヘリコプター	TRUE	TRUE	TRUE	TRUE	FALSE	FALSE	
5	スキッド方式ヘリコプター	FALSE	TRUE	FALSE	TRUE	TRUE	TRUE	
6	水陸両用戦車	TRUE	FALSE	FALSE	TRUE	TRUE	TRUE	
7	電車	TRUE	FALSE	FALSE	TRUE	TRUE	TRUE	
8	船	FALSE	FALSE	FALSE	FALSE	TRUE	TRUE	
9	気球	FALSE	TRUE	FALSE	TRUE	TRUE	TRUE	
10	ロケット	FALSE	TRUE	FALSE	TRUE	TRUE	TRUE	
11	ボート	FALSE	FALSE	FALSE	FALSE	TRUE	TRUE	
12	水陸両用ブルドーザ	TRUE	FALSE	FALSE	TRUE	TRUE	TRUE	
13								
14								

ここで，全体集合 U を「A 列に記載されているのりものの集合」とし，A を「A 列に記載されている陸を走るのりものの集合」（対応する B 列のセルが「TRUE」であるものの集合）とし，B を「A 列に記載されている空を飛ぶのりものの集合」（対応する C 列のセルが「TRUE」であるものの集合）とする．

このとき，次が確認できる．

$$\overline{A \cap B} = \overline{A} \cup \overline{B}$$

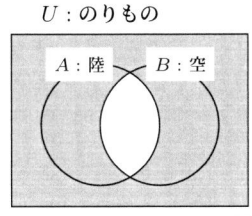

図 2.18 $\overline{A \cap B} = \overline{A} \cup \overline{B}$

例題 2.15　ドモルガンの法則（$\overline{A \cup B} = \overline{A} \cap \overline{B}$）を確認する

例題 2.14 のファイルを開き，H 列と I 列を下記のように H1 と I1 入力する．

	A	B	C	D	E	F	G	H	I
1		陸	空	陸かつ空	陸または空	「陸かつ空」でない	「陸でない」または「空でない」	「陸または空」でない	「陸でない」かつ「空でない」
2	乗用車	TRUE	FALSE	FALSE	TRUE	TRUE	TRUE		
3	飛行機	TRUE	TRUE	TRUE	TRUE	FALSE	FALSE		
4	車輪方式ヘリコプター	TRUE	TRUE	TRUE	TRUE	FALSE	FALSE		
5	スキッド方式ヘリコプター	FALSE	TRUE	FALSE	TRUE	TRUE	TRUE		
6	水陸両用戦車	TRUE	FALSE	FALSE	TRUE	TRUE	TRUE		
7	電車	TRUE	FALSE	FALSE	TRUE	TRUE	TRUE		
8	船	FALSE	FALSE	FALSE	FALSE	TRUE	TRUE		
9	気球	FALSE	TRUE	FALSE	TRUE	TRUE	TRUE		
10	ロケット	FALSE	TRUE	FALSE	TRUE	TRUE	TRUE		
11	ボート	FALSE	FALSE	FALSE	FALSE	TRUE	TRUE		
12	水陸両用ブルドーザ	TRUE	FALSE	FALSE	TRUE	TRUE	TRUE		
13									
14									

セル H2 に，「=NOT(E2)」と入力し，セル E2 の否定を表示させよう．

セル I2 には，「=AND(B2=FALSE,C2=FALSE)」と入力する．すると，「セル B2 が FALSE，**かつ**，セル C2 が FALSE」であるかどうかが判定される（判定が真なら「TRUE」，偽なら「FALSE」が返される）．

セル範囲 H2:I2 を 12 行目まで下にドラッグし，オートフィルしよう．

	A	B 陸	C 空	D 陸かつ空	E 陸または空	F 「陸かつ空」でない	G 「陸でない」または「空でない」	H 「陸または空」でない	I 「陸でない」かつ「空でない」
2	乗用車	TRUE	FALSE	FALSE	TRUE	TRUE	TRUE	FALSE	FALSE
3	飛行機	TRUE	TRUE	TRUE	TRUE	FALSE	FALSE	FALSE	FALSE
4	車輪方式ヘリコプター	TRUE	TRUE	TRUE	TRUE	FALSE	FALSE	FALSE	FALSE
5	スキッド方式ヘリコプター	TRUE	FALSE	FALSE	TRUE	TRUE	TRUE	FALSE	FALSE
6	水陸両用戦車	TRUE	FALSE	FALSE	TRUE	TRUE	TRUE	FALSE	FALSE
7	電車	TRUE	FALSE	FALSE	TRUE	TRUE	TRUE	FALSE	FALSE
8	船	FALSE	FALSE	FALSE	FALSE	TRUE	TRUE	TRUE	TRUE
9	気球	FALSE	TRUE	FALSE	TRUE	TRUE	TRUE	FALSE	FALSE
10	ロケット	FALSE	TRUE	FALSE	TRUE	TRUE	TRUE	FALSE	FALSE
11	ボート	FALSE	FALSE	FALSE	FALSE	TRUE	TRUE	TRUE	TRUE
12	水陸両用ブルドーザ	TRUE	FALSE	FALSE	TRUE	TRUE	TRUE	FALSE	FALSE

このとき，次が確認できる．

$$\overline{A \cup B} = \overline{A} \cap \overline{B}$$

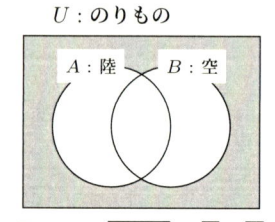

図 2.19　$\overline{A \cup B} = \overline{A} \cap \overline{B}$

以上より，ド・モルガンの法則をみたすことがたしかめられた．

問題 2.12

例題 2.15 のファイルを開き，J 列と K 列を下記のように入力せよ（セル J1 に「陸のみ」，セル K1 に「空のみ」と入力する）．

そして，「陸（B 列）が TRUE，**かつ**，空（C 列）が FALSE」であるときに J 列が「TRUE」になるように，AND 関数を入力せよ．また，「陸（B 列）が FALSE，**かつ**，空（C 列）が TRUE」であるときに K 列が「TRUE」になるように，AND 関数を入力せよ．

	A	B 陸	C 空	D 陸かつ空	E 陸または空	F 「陸かつ空」でない	G 「陸でない」または「空でない」	H 「陸または空」でない	I 「陸でない」かつ「空でない」	J 陸のみ	K 空のみ
2	乗用車	TRUE	FALSE	FALSE	TRUE	TRUE	TRUE	FALSE	FALSE		
3	飛行機	TRUE	TRUE	TRUE	TRUE	FALSE	FALSE	FALSE	FALSE		
4	車輪方式ヘリコプター	TRUE	TRUE	TRUE	TRUE	FALSE	FALSE	FALSE	FALSE		
5	スキッド方式ヘリコプター	TRUE	FALSE	FALSE	TRUE	TRUE	TRUE	FALSE	FALSE		
6	水陸両用戦車	TRUE	FALSE	FALSE	TRUE	TRUE	TRUE	FALSE	FALSE		
7	電車	TRUE	FALSE	FALSE	TRUE	TRUE	TRUE	FALSE	FALSE		
8	船	FALSE	FALSE	FALSE	FALSE	TRUE	TRUE	TRUE	TRUE		
9	気球	FALSE	TRUE	FALSE	TRUE	TRUE	TRUE	FALSE	FALSE		
10	ロケット	FALSE	TRUE	FALSE	TRUE	TRUE	TRUE	FALSE	FALSE		
11	ボート	FALSE	FALSE	FALSE	FALSE	TRUE	TRUE	TRUE	TRUE		
12	水陸両用ブルドーザ	TRUE	FALSE	FALSE	TRUE	TRUE	TRUE	FALSE	FALSE		

問題 2.13

問題 2.12 のファイルを開き，14 行目を下記のように入力せよ（セル A14 に「TRUE の個数」と入力する）．

そして，B 列から K 列の各列ついての「TRUE」の個数を COUNTIF 関数を使ってそれぞれ求めよ（セル B14 に「=COUNTIF(B2:B12,TRUE)」と入力し，これを K 列まで右にオートフィルすればいい）．

またこのとき，次が成り立つことをたしかめよ．

- $|A \cup B| = |A| + |B| - |A \cap B|$
  （「陸または空の個数」＝「陸の個数」＋「空の個数」－「陸かつ空の個数」）

- $|A| = |A \cap B| + |A - (A \cap B)|$
  （「陸の個数」＝「陸かつ空の個数」＋「陸のみの個数」）

- $|B| = |A \cap B| + |B - (A \cap B)|$
  （「空の個数」＝「陸かつ空の個数」＋「空のみの個数」）

	A	B	C	D	E	F	G	H	I	J	K
1		陸	空	陸かつ空	陸または空	「陸かつ空」でない	陸でない」または「空でない」	「陸または空」でない	「陸でない」かつ「空でない」	陸のみ	空のみ
2	乗用車	TRUE	FALSE	FALSE	TRUE	TRUE	TRUE	FALSE	FALSE	TRUE	FALSE
3	飛行機	TRUE	FALSE	FALSE	TRUE	TRUE	TRUE	FALSE	FALSE	TRUE	FALSE
4	車輪方式ヘリコプター	TRUE	TRUE	TRUE	TRUE	FALSE	FALSE	FALSE	FALSE	FALSE	FALSE
5	スキッド方式ヘリコプター	FALSE	TRUE	FALSE	TRUE	TRUE	TRUE	FALSE	FALSE	FALSE	TRUE
6	水陸両用戦車	TRUE	FALSE	FALSE	TRUE	TRUE	TRUE	FALSE	FALSE	TRUE	FALSE
7	電車	TRUE	FALSE	FALSE	TRUE	TRUE	TRUE	FALSE	FALSE	TRUE	FALSE
8	船	FALSE	FALSE	FALSE	FALSE	TRUE	TRUE	TRUE	TRUE	FALSE	FALSE
9	気球	FALSE	TRUE	FALSE	TRUE	TRUE	TRUE	FALSE	FALSE	FALSE	TRUE
10	ロケット	FALSE	FALSE	FALSE	FALSE	TRUE	TRUE	FALSE	FALSE	FALSE	FALSE
11	ボート	FALSE	FALSE	FALSE	FALSE	TRUE	TRUE	TRUE	TRUE	FALSE	FALSE
12	水陸両用ブルドーザ	TRUE	FALSE	FALSE	TRUE	TRUE	TRUE	FALSE	FALSE	TRUE	FALSE
13											
14	TRUEの個数										
15											
16											

問題 2.14

問題 2.13 のファイルを開き，下記のように入力しなおせ（セル範囲 C1:C12 を書き換え，あとは 1 行目にある「空」という文字を「海」という文字に変更するだけでいい）．

	A	B	C	D	E	F	G	H	I	J	K
1		陸	海	陸かつ海	陸または海	「陸かつ海」でない	陸でない」または「海でない」	「陸または海」でない	「陸でない」かつ「海でない」	陸のみ	海のみ
2	乗用車	TRUE	FALSE	FALSE	TRUE	TRUE	TRUE	FALSE	FALSE	TRUE	FALSE
3	飛行機	TRUE	FALSE	FALSE	TRUE	TRUE	TRUE	FALSE	FALSE	TRUE	FALSE
4	車輪方式ヘリコプター	TRUE	FALSE	FALSE	TRUE	TRUE	TRUE	FALSE	FALSE	TRUE	FALSE
5	スキッド方式ヘリコプター	FALSE	FALSE	FALSE	FALSE	TRUE	TRUE	TRUE	TRUE	FALSE	FALSE
6	水陸両用戦車	TRUE	TRUE	TRUE	TRUE	FALSE	FALSE	FALSE	FALSE	FALSE	FALSE
7	電車	TRUE	FALSE	FALSE	TRUE	TRUE	TRUE	FALSE	FALSE	TRUE	FALSE
8	船	FALSE	TRUE	FALSE	TRUE	TRUE	TRUE	FALSE	FALSE	FALSE	TRUE
9	気球	FALSE	FALSE	FALSE	FALSE	TRUE	TRUE	TRUE	TRUE	FALSE	FALSE
10	ロケット	FALSE	FALSE	FALSE	FALSE	TRUE	TRUE	TRUE	TRUE	FALSE	FALSE
11	ボート	FALSE	TRUE	FALSE	TRUE	TRUE	TRUE	FALSE	FALSE	FALSE	TRUE
12	水陸両用ブルドーザ	TRUE	TRUE	TRUE	TRUE	FALSE	FALSE	FALSE	FALSE	FALSE	FALSE
13											
14	TRUEの個数	6	4	2	8	9	9	3	3	4	2
15											
16											

第3章
確率

本章では，確率の求め方について学習する．そもそも「確率」とはなにか，というのは簡単な問題ではない．ここでは，ある事象が起こる場合の数を起こりうるすべての場合の数で割ることによって，その事象が起こる確率を求める．サイコロを振ったときに1の目が出る確率について計算をおこない，その値が，実際にサイコロを1000回振ったときに1の目が出る割合に近いことをたしかめる．そして，確率を求める演習問題をおこない，条件付き確率の意味についても学習しよう．

確率的な現象は，サイコロ遊び，くじ引き，物理や化学の実験，天気予報，株価の変動など身のまわりで観察できるものである．自然界のほぼすべての現象が不確かなものであり，確率的であるともいえる．このような不確かさを定量化し，法則性を考察し，それをもとに意思決定をおこなうことが，さまざまな分野で必要とされているのである．

3.1　確率の意味

例題 3.1　サイコロを 1000 回振ったときに 1 の目が出る割合を考える

　サイコロを振ったときに出る目は 1, 2, 3, 4, 5, 6 の 6 通りのうちどれかである．このうちどの目が出るかは同じ程度に期待できるとする．このとき，サイコロを振る回数が大きくなっていくと，

$$1 \text{ の目が出る割合}\quad\text{つまり}\quad\frac{1 \text{ の目が出る回数}}{\text{サイコロを振る回数}}$$

は 1/6 に近づくことが期待できる（経験的確率）．これを 1 の目が出る確率としたいのである．

　1 の目が出る**確率**というのは，次のように計算することができる．

$$\textbf{1 の目が出る確率} = \frac{\textbf{1 の目が出る場合の数}}{\textbf{出る目についてのすべての場合の数}}$$

確率の求め方

$$\text{事象 } A \text{ が起こる確率} = \frac{\text{事象 } A \text{ が起こる場合の数（事象 } A \text{ の元の個数）}}{\text{起こりうるすべての場合の数（全事象の元の個数）}}$$

　「サイコロを振る」というような，結果が偶然に起こるような実験や観測は**試行**といわれ，試行の結果のいくつかからなる集合のことを**事象**とよんでいる．とくに，試行によって起こりうる結果全体の集合のことは**全事象**とよばれる．

　事象は一般に，集合の形であらわされる．たとえば，上記の「サイコロを振る」という試行についての全事象 U は，$U = \{1, 2, 3, 4, 5, 6\}$ とあらわすことができる．

　そして，「1 の目が出る」という事象 A は，$A = \{1\}$ というように U の部分集合であらわすことができる．ここで，このように元がひとつの集合であらわされる事象は**根元事象**とよばれる．また，サイコロを振ったときに出る目のように，「同じ程度に起こることが期待できる」という意味は**同様に確からしい**と表現されることがある．上記の確率を求める式は，**各根元事象が起こることが互いに同様に確からしいという仮定をおいている**ものである．

　上記の例では，出る目についてのすべての場合は $\{1, 2, 3, 4, 5, 6\}$ なので（　①　）通りあり，1 の目が出る場合は $\{1\}$ だけなので（　②　）通りである．よって，上の式にあてはめると，1 の目が出る確率は $((\ ② \ )/(\ ① \ ) =)$ 1/6 であることがわかる．

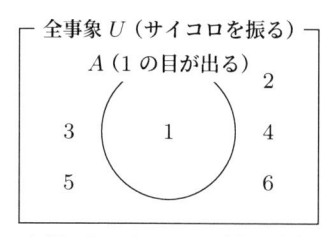

図 3.1　サイコロを振ったとき 1 の目が出る確率をあらわすベン図

　同じように考えると，2 の目が出る確率も，3 の目が出る確率も，それぞれ（　③　）である

と考えられる.

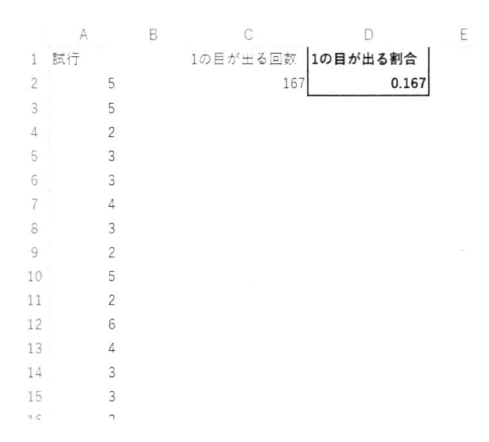

　上図は，実際に Excel でサイコロを 1000 回振ったときの 1 の目が出る割合を計算したものである（例題 3.10 参照.「セルに「=RANDBETWEEN(1,6)」を入力し，1 から 6 までの整数をランダムに取り出すこと」を「サイコロを振る」ということにしている).

　1 の目の出る割合は確率 $1/6\,(=0.1666\cdots)$ に近いことが確認できる.

例題 3.2　サイコロを振ったときに 3 の倍数の目が出る確率を求める

　サイコロを振ったときに 3 の倍数の目が出る確率は

$$\frac{3\,\text{の倍数の目が出る場合の数}}{\text{出る目についてのすべての場合の数}}$$

より求められる. 出る目についてのすべての場合は $\{1,\ 2,\ 3,\ 4,\ 5,\ 6\}$ なので（　④　）通りあり，3 の倍数の目が出る場合は $\{3,\ 6\}$ なので（　⑤　）通りである. よって，求める確率は $((　⑤　)/(　④　)=)\ 1/3$ であることがわかる.

　なお，サイコロを振ったときに「**3 の倍数の目が出る確率（1/3）**」は

　　「3 の目が出る確率（1/6）」＋「6 の目が出る確率（1/6）」

と計算して求めることもできる.

　このように，それぞれの確率をたして求めることができるのは，3 の目が出ることと 6 の目が出ることが同時に起こらないからである.

　一般に，事象 A と事象 B が同時に起こることがない場合，互いに**排反**であるといわれる.

加法定理（2 つの事象が互いに排反である場合）
事象 A と事象 B が互いに排反であるとき次が成り立つ.
　　A または B が起こる確率 $=$ A が起こる確率 $+$ B が起こる確率

補足 3.1（確率の公理）

確率は次の公理 (1), (2), (3) をみたすものである.

　(1) どの事象についてもそれが起こる確率は 0 以上である.

　(2) 全事象が起こる（事象のうちどれかが起こる）確率は 1 である.

　(3) 事象 A と事象 B が互いに排反であるとき次が成り立つ.

　　「A または B が起こる確率」＝「A が起こる確率」＋「B が起こる確率」

この公理からも 1 の目が出る確率が 1/6 であることが導かれる. なぜならば，(2) より

　「全事象 $\{1, 2, 3, 4, 5, 6\}$ が起こる確率」＝ 1

であり，(3) より，

　「全事象 $\{1, 2, 3, 4, 5, 6\}$ が起こる確率」

　　＝「$\{1\}$ が起こる確率」＋「$\{2\}$ が起こる確率」＋ $\cdots$ ＋「$\{6\}$ が起こる確率」

である. よって，

　「$\{1\}$ が起こる確率」＋「$\{2\}$ が起こる確率」＋ $\cdots$ ＋「$\{6\}$ が起こる確率」＝ 1

である. ここで，どの目が出るのも同様に確からしい（左辺の各項は互いに等しい）とすると，

　「$\{1\}$ が起こる確率」＝「$\{2\}$ が起こる確率」＝ $\cdots$ ＝「$\{6\}$ が起こる確率」＝ 1/6

であることがわかる.

問題 3.1

サイコロを振ったときに素数の目が出る確率を求めよ.

例題 3.3　サイコロを振ったときに 1 以外の目が出る確率を求める

サイコロを振ったときに 1 以外の目が出る確率は

$$\frac{1 \text{ 以外の目が出る場合の数}}{\text{出る目についてのすべての場合の数}}$$

により求められる. 出る目についてのすべての場合は $\{1, 2, 3, 4, 5, 6\}$ なので 6 通りあり，1 以外の目が出る場合は $\{2, 3, 4, 5, 6\}$ なので（　⑥　）通りである. よって，求める確率は 5/6 であることがわかる.

　なお，サイコロを振ったときに「**1 以外の目が出る確率（5/6）**」は

　1－「1 の目が出る確率（1/6）」

と計算して求めることもできる.

　一般に，事象 A に対して，A が起こらないという事象を A の**余事象**といい，$\overline{A}$ であらわす. このとき，次が成り立つ.

余事象の確率

$\overline{A}$ が起こる確率 $= 1 - A$ が起こる確率

問題 3.2

サイコロを振ったときに素数以外の目が出る確率を求めよ.

例題 3.4 サイコロを 2 回振ったときにどちらも 1 の目が出る確率を求める

サイコロを 2 回振ったときにどちらも 1 の目が出る確率を求めよう.

出る目についてのすべての場合は

$$\{(1,1), (1,2), (1,3), (1,4), (1,5), (1,6), \cdots, (6,1), (6,2), (6,3), (6,4), (6,5), (6,6)\}$$

なので, 6×6 より 36 通りあり, どちらも 1 の目が出る場合は

$$\{(1,1)\} \quad (1 回目に 1 が出て 2 回目も 1 が出る)$$

のみなので（　⑦　）通りである. よって, 求める確率は $((\ ⑦\ )/36 =) 1/36$ であることがわかる.

例題 3.5 サイコロを 2 回振ったときにどちらも奇数の目が出る確率を求める

サイコロを 2 回振ったときにどちらも奇数の目が出る確率を求めよう.

出る目についてのすべての場合は

$$\{(1,1), (1,2), (1,3), (1,4), (1,5), (1,6), \cdots, (6,1), (6,2), (6,3), (6,4), (6,5), (6,6)\}$$

なので, 6×6 より 36 通りある. どちらも奇数の目が出る場合を書き出すと,

$$\{(\ ⑧\ )\}$$

である（$\{(1,1), (1,3), (1,5), (3,1), \ldots\}$ というように順序対をすべて書き出そう）. つまり, 3×3 より 9 通りある. よって, 求める確率は $(9/36 =) 1/4$ であることがわかる.

なお, サイコロを 2 回振ったときに**「どちらも奇数の目が出る確率（1/4）」**は

「1 回目に奇数の目が出る確率（1/2）」×「2 回目に奇数の目が出る確率（1/2）」

と計算して求めることもできる（独立事象の乗法定理）.

このように, それぞれの確率をかけあわせて求めることができるのは, 「2 回目に奇数の目が出る確率」が「1 回目に奇数の目が出たかどうか」に影響されない, つまり, 互いに**独立**だからである（独立の定義については問題 3.8 のあとで述べる）.

> **問題 3.3**
>
> 袋のなかにあたりくじが 2 個とはずれくじが 8 個入っている．最初の人があたりくじを引き，かつ，次の人もあたりくじを引く確率を求めよ．ただし，くじはひとりにつき 1 個引くとし，最初の人がくじを引いたあと，そのくじを袋に戻すとする．

3.2　条件付き確率

例題 3.6　サイコロを振って奇数の目が出たということがわかっているとき，その目が 1 である確率を求める

　サイコロを振ったときに 1 の目が出る確率は 1/6 であることはわかった．

　つぎは，サイコロを振って奇数の目が出たということがわかっているとき，その目が 1 である確率はどのように求めればいいのかを考えてみよう．

解説

　奇数の目が出たことは確定しているので，$\{1, 3, 5\}$ の 3 通りのなかでの 1 の目が出る割合を考えればいい．1 の目が出る場合は $\{1\}$ で 1 通りだけなので，求める確率は 1/3 であることがわかる．

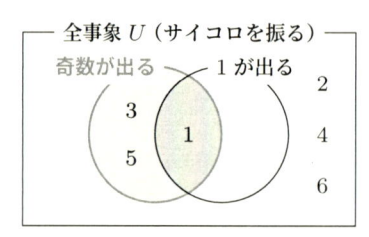

図 3.2　サイコロを振って奇数の目が出たときその目が 1 である確率をあらわすベン図

　もう偶数の目が出た可能性がないことがわかっているので，出る目についてのすべての場合 $\{1, 2, 3, 4, 5, 6\}$ を考える必要はないのである．つまり，「奇数の目が出たこと」というような情報が与えられると，出る目についてのすべての場合の数（確率の式の分母）が小さくなり，**確率が更新される**のである．

　このような，事象 A が起こったという条件のもとで事象 B が起こる確率のことを**条件付き確率**という．求めたい確率に前提となる条件が与えられている場合は，条件付き確率を求めることになるのである．各根元事象が起こることが互いに同様に確からしい場合は，次のように求めることができる．

条件付き確率を求める式

（A が起こる確率 > 0 のとき）

$$A \text{ のもとで } B \text{ が起こる条件付き確率} = \frac{A \text{ かつ } B \text{ が起こる確率}}{A \text{ が起こる確率}}$$

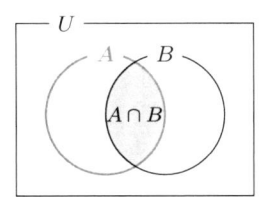

図 3.3　A のもとで B が起こる条件付き確率をあらわすベン図

条件付き確率を求める式を使う解答

　この式に上記の例題 3.6 をあてはめるなら，事象 A（条件）を「奇数の目が出ること」とし，事象 B を「1 の目が出ること」とすればいい.

　式にあてはめると，**A のもとで B が起こる条件付き確率は**

$$\frac{\boldsymbol{A \text{ かつ } B \text{ が起こる確率}}}{\boldsymbol{A \text{ が起こる確率}}} = \frac{1 \text{ の目が出る確率}}{\text{奇数の目が出る確率}} = \frac{\dfrac{1}{6}}{(\quad ⑨ \quad)} = \frac{1}{3}$$

となり，上で求めたものと一致することが確認できる. ここで，この場合の「A かつ B が起こる確率」（分子）は

「奇数の目が出ること」かつ「1 の目が出ること」が起こる確率

ということであるが，1 の目が出れば奇数の目が出ることになるので，これはけっきょく「1 の目が出る確率」ということになる.

問題 3.4

サイコロを振って奇数の目が出たとき，その目が 3 以上である確率を求めよ.

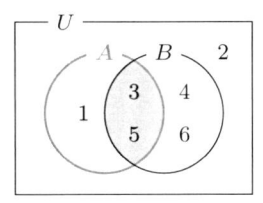

図 3.4　サイコロを振って奇数の目が出たときその目が 3 以上である確率をあらわすベン図

問題 3.5

サイコロを振って 1 以外の目が出たとき，その目が 2 である確率を求めよ.

例題 3.7　最初の人があたりくじを引いたとき，次の人もあたりくじを引く確率を求める

　袋のなかにあたりくじが 2 個とはずれくじが 8 個入っている．「最初の人があたりくじを引い**たとき**，次の人もあたりくじを引く確率」を考えよう．ただし，くじはひとりにつき 1 個引くとし，最初の人がくじを引いたあと，そのくじは袋に戻さないとする．

解答

　最初の人があたりくじを引いたとき，袋のなかにはあたりくじが（　⑩　）個とはずれくじが（　⑪　）個残っている．よってこのとき，次の人があたりくじを引く確率は

$$\frac{(\ ⑩\ )}{(\ ⑩\ )+(\ ⑪\ )}=\frac{1}{9}$$

より，1/9 である（解答おわり）．

　これは，事象 A（条件）を「最初の人があたりくじを引くこと」とし，事象 B を「次の人があたりくじを引くこと」とした場合，A のもとで B が起こる条件付き確率を求めたということである．

　次の例題は，上記と文章は似ているが，条件付き確率を求める問題ではないことに注意しよう．

例題 3.8　最初の人があたりくじを引き，かつ，次の人もあたりくじを引く確率を求める

　袋のなかにあたりくじが 2 個とはずれくじが 8 個入っている．「最初の人があたりくじを引き，**かつ**，次の人もあたりくじを引く確率」を考えよう．ただし，くじはひとりにつき 1 個引くとし，最初の人がくじを引いたあと，そのくじは袋に戻さないとする．

解答

　すべての場合は

{(あたり 1, あたり 2), (あたり 1, はずれ 1), (あたり 1, はずれ 2), $\cdots$, (あたり 1, はずれ 8),

　　$\vdots$

　(はずれ 8, あたり 1), (はずれ 8, あたり 2), (はずれ 8, はずれ 1), $\cdots$, (はずれ 8, はずれ 7)}

なので，10×9 より 90 通りある．最初の人も次の人もあたりくじを引く場合は

　　{(あたり 1, あたり 2), (あたり 2, あたり 1)}

なので，（　⑫　）通りある．よって，求める確率は

$$\frac{(\ ⑫\ )}{90}=\frac{1}{45}$$

より，1/45 であることがわかる（解答おわり）．

　ところで上述のように，条件付き確率については

$$A \text{ のもとで } B \text{ が起こる条件付き確率} = \frac{A \text{ かつ } B \text{ が起こる確率}}{A \text{ が起こる確率}}$$

で求められる．この式を変形すると次のようになる．

乗法定理

A かつ B が起こる確率 $= A$ が起こる確率 $\times A$ のもとで B が起こる条件付き確率

乗法定理を使う解答

この乗法定理に上記の例題 3.8 をあてはめるなら，事象 A を「最初の人があたりくじを引くこと」とし，事象 B を「次の人があたりくじを引くこと」とすればいい．

最初の人があたりくじを引く確率は 2/10 である．これが，「A が起こる確率」である．そして，最初の人があたりくじを引いたとき，次の人もあたりくじを引く確率は 1/9 である（例題 3.7）．これが，「A のもとで B が起こる条件付き確率」である．

これらを乗法定理にあてはめると，A かつ B が起こる確率は

$$A \text{ が起こる確率} \times A \text{ のもとで } B \text{ が起こる条件付き確率} = \frac{2}{10} \times \frac{1}{9} = \frac{1}{45}$$

となり，例題 3.8 で求めたものと一致することがわかる（解答おわり）．

次の問題を乗法定理を使って解いてみよう．

問題 3.6

袋のなかにあたりくじが 2 個とはずれくじが 8 個入っている．「最初の人がはずれくじを引き，かつ，次の人もはずれくじを引く確率」を求めよ．ただし，くじはひとりにつき 1 個引くとし，最初の人がくじを引いたあと，そのくじは袋に戻さないとする．

問題 3.7

袋のなかにあたりくじが 2 個とはずれくじが 8 個入っている．「最初の人があたりくじを引き，かつ，次の人ははずれくじを引く確率」と「最初の人がはずれくじを引き，かつ，次の人はあたりくじを引く確率」をそれぞれ求めよ．ただし，くじはひとりにつき 1 個引くとし，最初の人がくじを引いたあと，そのくじは袋に戻さないとする．

問題 3.8

袋のなかにあたりくじが 2 個とはずれくじが 8 個入っている．最初にくじを引くのと次にくじを引くのでは，どちらがあたりやすいか考えよ．ただし，くじはひとりにつき 1 個引くとし，最初の人がくじを引いたあと，そのくじは袋に戻さないとする．

なお，「条件付き確率」と「条件付きでない確率」が等しくなるときは，「条件付き確率」はその条件に影響されないということになる．このようなとき，ふたつの事象は互いに影響を与えないということになり，これらは互いに**独立**であるといわれる．つまり，事象 A, B が互いに独立

であるのは，

「A のもとで B が起こる条件付き確率」＝「B が起こる確率」

（つまり，B が起こる確率は，A が起こったかどうかに影響されない）

であるときである（例題 3.4，例題 3.5，問題 3.3 参照）．このとき，上記の乗法定理は次のようになる．

独立事象の乗法定理

事象 A，B について，次が成り立つとき，これらは互いに独立であるといわれる．

　　A かつ B が起こる確率 ＝ A が起こる確率 × B が起こる確率

つぎは，条件付き確率を求める式と乗法定理より，「原因の確率」を求めてみよう．

例題 3.9　陽性と判断された者が感染者である確率を求める

あるウイルスの検査において，感染者が検査で陰性と判断されてしまう確率は 30%（つまり，正しく陽性と判断される確率は 70%）であり，非感染者が検査で陽性と判断されてしまう確率は 0.1%（つまり，正しく陰性と判断される確率は 99.9%）であるとする．また，全体の 0.01% が感染者であるとする．このとき，検査で陽性と判断された者が感染者である確率を求めよう．

解説

まずは，仮に全体の人数を 10000000 人として，具体的に人数を計算して考えてみよう．

- 感染者は $\left(10000000 \times \dfrac{0.01}{100} =\right)$ 1000 人である．

  このうち陽性と判断されるのは $\left(1000 \times \dfrac{70}{100} =\right)$（　⑬　）人であり，

  陰性と判断されるのは $\left(1000 \times \dfrac{30}{100} =\right)$ 300 人である．

- 非感染者は $\left(10000000 \times \dfrac{99.99}{100} =\right)$ 9999000 人である．

  このうち陽性と判断されるのは $\left(9999000 \times \dfrac{0.1}{100} =\right)$（　⑭　）人であり，

  陰性と判断されるのは $\left(9999000 \times \dfrac{99.9}{100} =\right)$ 9989001 人である．

つまり，検査が陽性と判断されたのは（（　⑬　）＋（　⑭　）＝）10699 人であり，このうちの感染者は（　⑬　）人ということである．よって，検査が陽性と判断された者が感染者である確率は 700/10699 となることがわかる．

700/10699 は約 0.0654 つまり約 6.54% なので，「陽性となりました」と言われても，実際に感染している確率はたった約 6.54% であるということである．

条件付き確率を求める式を使う解答

この確率は条件付き確率を求める式：

$$A \text{ のもとで } B \text{ が起こる条件付き確率} \left(= \frac{A \text{ かつ } B \text{ が起こる確率}}{A \text{ が起こる確率}}\right) = \frac{B \text{ かつ } A \text{ が起こる確率}}{A \text{ が起こる確率}}$$

を使っても求めることができる．事象 A を「陽性であること」とし，事象 B を「感染者であること」とすればいい．式にあてはめると，

$$陽性であるとき感染者である確率 = \frac{感染者かつ陽性である確率}{陽性である確率}$$

$$= \frac{感染者かつ陽性である確率}{感染者かつ陽性である確率 + 非感染者かつ陽性である確率} \quad (乗法定理より下になる \downarrow)$$

$$= \frac{感染者である確率 \times 感染者であるとき陽性である確率}{感染者である確率 \times 感染者であるとき陽性である確率 + 非感染者である確率 \times 感染者であるとき陽性である確率}$$

$$= \frac{\dfrac{0.01}{100} \times \dfrac{70}{100}}{\dfrac{0.01}{100} \times \dfrac{70}{100} + \dfrac{99.99}{100} \times \dfrac{0.1}{100}} = \frac{700}{10699}$$

となる．よって，この計算からも，検査が陽性と判断された者が感染者である確率は $700/10699$ となることがわかる．

問題 3.9

あるウイルスの検査において，感染者が検査で陰性と判断されてしまう確率は 30%（つまり，正しく陽性と判断される確率は 70%）であり，非感染者が検査で陽性と判断されてしまう確率は 0.1%（つまり，正しく陰性と判断される確率は 99.9%）であるとする．また，全体の 20% が感染者であるとする．このとき，検査で陽性と判断された者が感染者である確率を求めよ．

3.3　Excel による演習

例題 3.10　サイコロを 1000 回振ったときの 1 の目が出る割合を計算する

例題 3.1 で確認したように，サイコロを振る回数が大きくなっていくと，1 の目が出る割合

$$\frac{1 \text{ の目が出る回数}}{サイコロを振る回数}$$

は $1/6$ に近づく．このことを，Excel でサイコロを 1000 回振ったときの 1 の目が出る割合を計算してたしかめたい．ここで，「サイコロを振る」ということを，「RANDBETWEEN 関数を使って 1 から 6 までの整数の乱数を発生させる」ことで代用することにする．

下記のように 1 行目を入力し，セル範囲 D1:D2 に太い外枠の罫線をつける．そして，セル A2 に「=RANDBETWEEN(1,6)」と入力し，このセルを 1001 行目まで下にオートフィルする．

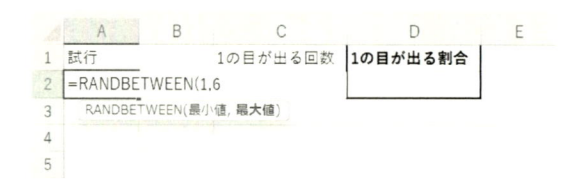

すると，A 列に 1 から 6 までの整数の乱数が 1000 個発生する．

つぎに，条件をみたすセルの個数を返す COUNTIF 関数を使って，A 列にある「1」と表示されているセルの個数を求めよう．

セル C2 に「=COUNTIF(」と入力し，列番号 A（セル A1 のすぐ上）をクリックし，A 列全体を指定する．

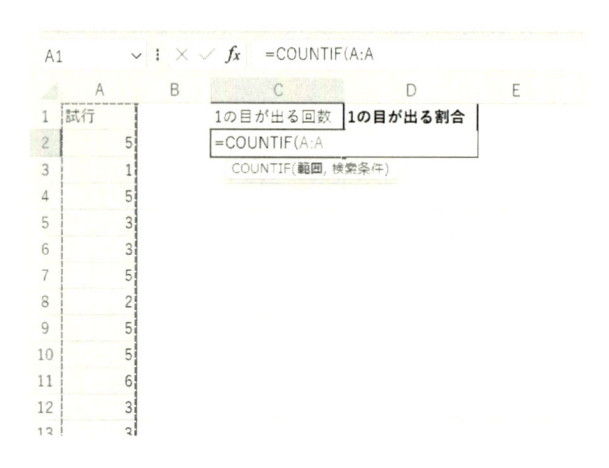

続けて，「,1」と入力し，Enter キーを押す．セルには「=COUNTIF(A:A,1)」と入力され，A 列にある「1」と表示されているセルの個数が返される．

そして，セル D2 には「=C2/1000」と入力し，1 の目が出る割合

$$\frac{1 \text{ の目が出る回数}}{\text{サイコロを振る回数}}$$

を計算する．この値が 1 の目が出る確率 1/6 ($= 0.1666\cdots$) に近いことが確認できる．なお，F9 キー（設定によっては Fn キー ＋F9 キー）を押すと A 列に発生する乱数が変わり，値が更新される．

	A	B	C	D	E
1	試行		1の目が出る回数	**1の目が出る割合**	
2		4	166	0.166	
3		6			
4		6			
5		4			
6		2			
7		3			
8		5			
9		4			
10		4			
11		2			
12		4			
13		4			

問題 3.10

例題 3.10 のファイルを開き，下記のように入力し，A 列にある 3 の倍数が表示されている
セルの個数を求める計算式「=COUNTIF(A:A,3)+COUNTIF(A:A,6)」をセル C5 に入力
せよ．また，3 の倍数の目が出る割合

$$\frac{3 \text{の倍数の目が出る回数}}{\text{サイコロを振る回数}}$$

を求める計算式「=C5/1000」をセル D5 に入力せよ．

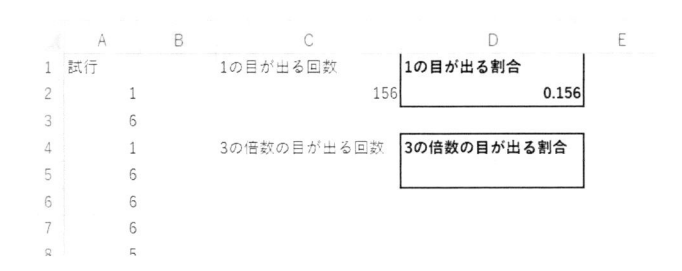

この結果が，サイコロを振ったときに 3 の倍数の目が出る確率 $1/3\ (=0.333\cdots)$ に近い値
になることをたしかめよ．

問題 3.11

問題 3.10 のファイルを開き，下記のように入力し，A 列にある素数が表示されているセルの個数を求める計算式をセル C8 に入力せよ．また，素数の目が出る割合

$$\frac{素数の目が出る回数}{サイコロを振る回数}$$

を求める計算式をセル D8 に入力せよ．

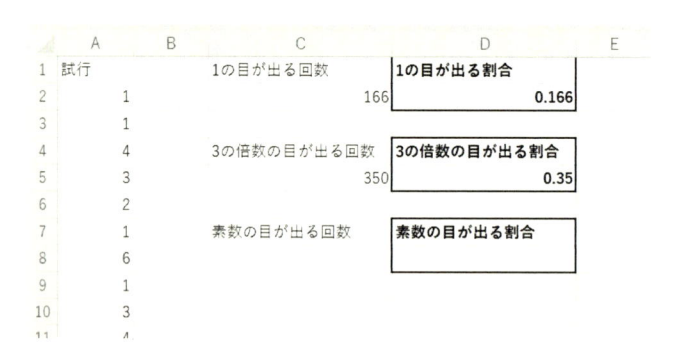

この結果が，サイコロを振ったときに素数の目が出る確率 $1/2 \,(= 0.5)$ に近い値になることをたしかめよ．

第4章

代表値

　本章では，平均値，中央値，最頻値について学習する．これらは代表値とよばれるデータを代表する値であり，データの中心的傾向をあらわす値である．平均値，中央値，最頻値について，それぞれの求め方や使われ方のちがいを理解しよう．

　まずは，もっともよく知られている平均値である相加平均値の求め方を確認し，その特徴について考える．幾何平均値，調和平均値についてもどんなものかを知り，それぞれの使いどころがわかるよう演習をおこなう．また，中央値と最頻値についても，求め方や特徴を確認し，これらの統計量が代表値として使われるのはどのようなデータでどのような場面なのかを考えてみよう．

　個数の大きいデータついてはそのままでは傾向や性質を把握するのはむずかしい．そこで，データのもつ情報を代表値というひとつの値で要約することが，データを分析するために重要になってくる．一方，代表値によってデータを要約することにより，データの特徴を簡潔に表現できるという利点があるが，データの分布の形などの全体的傾向の情報が失われることには注意が必要である．データの分布の仕方や分析の目的に応じて，どの統計量が代表値としてふさわしいのかを判断することも大事である．

4.1　平均値

例題 4.1　平均値を求める

ある 10 人のクラスにおいて，数学のテストの結果（単位：点）がそれぞれ

65, 55, 65, 50, 95, 55, 55, 100, 55, 60

であった．このとき，平均点は何点か計算してみよう．

解答

この場合，平均点は「合計点をクラスの人数で割ったもの」なので，

$$\frac{65 + 55 + 65 + 50 + 95 + 55 + 55 + 100 + 55 + 60}{10} = \frac{(\quad ① \quad)}{10} = 65.5$$

より，65.5 点となる（解答おわり）．

このような，「データの合計をデータの個数で割って求める平均値」のことを**相加平均値**という．

相加平均値

$$相加平均値 = \frac{合計}{個数}$$

これより，

合計 = 相加平均値 × 個数

となり，合計は，相加平均値にデータの個数をかけると求められるということになる．つまり，相加平均値をデータの個数分たすと合計になるいうことである．

相加平均値の意味

上記の例題 4.1 において，「もしどの点数も相加平均値 65.5 であると強引にみなしてしまったとしても，それらの合計はもともとの合計 655 と変わらない」，というものが相加平均値である．

$65 + 55 + 65 + 50 + 95 + 55 + 55 + 100 + 55 + 60 = 655$　　（もともとの合計）

$65.5 + 65.5 + 65.5 + 65.5 + 65.5 + 65.5 + 65.5 + 65.5 + 65.5 + 65.5 = 655$　　（どの点数も 65.5 としたときの合計）

相加平均値のように，データの特徴をひとつの数値であらわしたものを**基本統計量**という．

基本統計量は，データの特徴をつかんだり傾向を把握したりするために求められ，そのなかで，データの中心的傾向をあらわすような値のことは**代表値**とよばれる．代表値はデータを代表する値ということであり，平均値，中央値，そして，最頻値などが使われる．

なお，平均値にはいろいろな算出方法（定義式の種類）があるが，以下，単に平均値と記すときは相加平均値のことを指すこととする．

例題 4.2　外れ値を含むデータの平均値を求める

アルバイトの時給についてのデータ（単位：円）

1040, 1010, 1000, 1020, 1100, 1060, 1040, 11100, 1100, 1020, 10000, 1100

について，相加平均値を求めてみよう．

解答

相加平均値は「データの合計をデータの個数で割って求める平均値」なので，

$$\frac{1040 + 1010 + 1000 + 1020 + 1100 + 1060 + 1040 + 11100 + 1100 + 1020 + 10000 + 1100}{(\quad ② \quad)}$$

$$= \frac{(\quad ③ \quad)}{(\quad ② \quad)} = 2632.5$$

より，2632.5 円となる（解答おわり）．

ここで，この相加平均値 2632.5 円がデータを代表する値としてふさわしいかというと，そうではないであろう．なぜならば，12 個のデータ中の 10 個は 1000 から 1100 までの間に収まっているのに，「平均的な時給は 2632.5 円である」とはいいがたいからである．極端に大きいデータ（11100, 10000）のせいで合計が大きくなってしまうから，合計を個数で割る相加平均値も大きくなってしまうのである．

このように，相加平均値は外れ値（極端なデータ）の影響を受けやすいという特徴があることがわかる．

問題 4.1

8 人の月給が下記であるとする（単位：万円）．これらをすべて集めて 8 人に均等に分配するならば，いくらずつになるかを求めよ．

47, 55, 30, 39, 61, 61, 53, 14

問題 4.2

あるクラス全員が受けた数学のテストの平均点が 63 点であり，点数の合計は 3717 点であった．このクラスの人数を求めよ．

問題 4.3

学生 10 名のテストの平均点は 68.4 点であった．また，一番大きい点数を除いた平均点は 66 点であり，一番小さい点数を除いた平均点は 70 点であった．このとき，一番大きい点数と一番小さい点数をそれぞれ求めよ．

例題 4.3　売り上げの伸びの平均倍率を求める

　ある商品の 2 年目の売り上げは 1 年目の 10 倍，3 年目の売り上げは 2 年目の 40 倍に伸びたとする．このとき，1 年間での売り上げの伸びの平均倍率を求めてみよう．

解説

　3 年目の売り上げは 1 年目の $(10 \times 40 =)$（　④　）倍に伸びたということになる．ここで，売り上げの伸びの倍率をならす（平均する）と，

　1 年目から 2 年目：20 倍
　2 年目から 3 年目：さらに 20 倍

となり，その結果，20×20 より（　④　）倍となったと考えるのが自然である．よって，1 年間の売り上げの伸びの平均倍率は 20（倍）であると考えることができる．

　なお，この「20」というのは，[ある数] を 2 回かけて，（10 と 40 の積）400 になるような [ある数] はなにか，というように求めているのである．つまり，

$$\sqrt{10 \times 40} = \sqrt{400} = 20$$

というように，10 と 40 をかけて正の平方根（$\sqrt{}$）をとって求めているのである．

　このような，**10 と 40 をかけて正の平方根をとった値を，10 と 40 の幾何平均値という．**幾何平均値は伸び率などを平均するときに使われる．

幾何平均値
n 個の正の実数について，幾何平均値は，「それらをすべてかけたもの」の正の n 乗根（n 個かけあわせると「それらをすべてかけたもの」になる正の実数）である．

幾何平均値の意味
上記の例題 4.3 において，「もしどの 1 年間での倍率も幾何平均値 20 であると強引にみなしてしまったとしても，2 年間での倍率はもともとの倍率 400 と変わらない」，というものが幾何平均値である．

　$10 \times 40 = 400$　　（もともとの 2 年間での倍率）
　$20 \times 20 = 400$　　（どの 1 年間での倍率も 20 としたときの 2 年間での倍率）

問題 4.4

ある会社の 2 年目の売り上げは 1 年目の 4 倍，3 年目の売り上げは 2 年目の 9 倍に伸びた．1 年間の売り上げの伸びの平均倍率を求めよ．

例題 4.4 往復での平均の速さを求める

K くんが家から学校に行くときの移動の速さは $200\,\mathrm{m/分}$ であり，帰りは $600\,\mathrm{m/分}$ である．この場合の往復での平均の速さ（単位：$\mathrm{m/分}$）を求めてみよう．

解説

まず，K くんの家から学校までの距離を $x\,\mathrm{m}$ とすると，往復の距離は

$$x \times 2 = 2x\,(\mathrm{m})$$

である．また，往復でかかる時間は

$$\left(\frac{x}{200} + \frac{x}{600} \right) 分 \qquad \left(時間 = \frac{距離}{速さ} \right)$$

である．よって，往復の距離を往復でかかる時間で割ると，

$$\frac{(\quad ⑤ \quad)}{(\quad ⑥ \quad)} \underset{\text{分母，分子をそれぞれ } x \text{ で割ると}}{=\!=\!=} \frac{2}{\dfrac{1}{200} + \dfrac{1}{600}} = 300\,(\mathrm{m/分}) \qquad \left(速さ = \frac{距離}{時間} \right)$$

となり，往復での平均の速さは $300\,\mathrm{m/分}$ となることがわかる．

なお，この「300」というのは，

$$200 と 600 のそれぞれの逆数の相加平均値 \frac{\frac{1}{200} + \frac{1}{600}}{2} の逆数 \frac{2}{\dfrac{1}{200} + \dfrac{1}{600}}$$

というように求められる．

このような，**200 と 600 のそれぞれの逆数の相加平均値の逆数のことを，200 と 600 の調和平均値**という．調和平均値は，速度などを平均するときに使われる．

調和平均値

何個かの正の実数について，調和平均値は，「「それらの逆数」の相加平均値」の逆数である．

調和平均値の意味

上記の例題 4.4 において，「もし行きも帰りも調和平均値 $300\,\mathrm{m/分}$ で移動したと強引にみなしてしまったとしても，往復でかかる時間はもともとかかった時間 $x/24$（分）と変わらない」，というものが調和平均値である．

$$\frac{x}{200} + \frac{x}{600} = \frac{3x + x}{600} = \frac{4x}{600} = \frac{x}{150} \qquad （もともとかかった時間（分））$$

$$\frac{x}{300} + \frac{x}{300} = \frac{2x}{300} = \frac{x}{150} \qquad （行きも帰りも 300\,\mathrm{m/分} で移動したときにかかる時間（分））$$

問題 4.5

ある 3 日間における K さんが家から職場に行くときの移動の速さ（単位：km/時）はそれぞれ 30, 45, 54 であった．この場合の 3 日間での平均の速さ（単位：km/時）を求めよ．

4.2　中央値

例題 4.5　人数が半々になるように点数順のクラス分けをする

ある 10 人のクラスにおいて，数学のテストの結果（単位：点）がそれぞれ

　65, 55, 65, 50, 95, 55, 55, 100, 55, 60

であった．このとき，ちょうど半々になるように点数順のクラス分けをしてみよう．

解説

このデータは例題 4.1 と同じであり，平均点は 65.5 点であることがわかっている．まず，データを小さい順に並べると，

　50, 55, 55, 55, 55, 60, 65, 65, 95, 100

となる．そして，平均点 65.5 を基準にクラス分けをすると，

　点数が平均点未満のクラス：$\{50, 55, 55, 55, 55, 60, 65, 65\}$

　点数が平均点より大きいクラス：$\{(\quad ⑦ \quad)\}$

となってしまう．これでは人数がかたよるので，真ん中の大きさの値，つまり，**中央値**を基準にしてクラス分けをおこなうことにしよう．

中央値

中央値とは，データを大きさの順に並べ替えたときの真ん中に位置する値のことをいう．

- データの個数が奇数であるとき（つまり真ん中の値が 1 つのとき）はその真ん中の値をそのまま中央値とする．
- データの個数が偶数であるとき（つまり真ん中の値が 2 つのとき）は「真ん中の 2 つの値の平均値」を中央値とする．

データは全部で 10 個あるので，真ん中の値は 5（$= 10/2$）番目に小さい値，または，6（$= 10/2 + 1$）番目に小さい値）である．データの個数が偶数であるとき（つまり真ん中の値が 2 つあるとき）は「真ん中の 2 つの値の平均値」を中央値とするので，

$$\frac{55 + 60}{2} = 57.5$$

より，57.5 を中央値とするということになる．この中央値を基準にクラス分けをすると，

　点数が中央値未満のクラス：$\{50, 55, 55, 55, 55\}$

　点数が中央値より大きいクラス：$\{\ (\ \ ⑧\ \ )\ \}$

となり，ちょうど半々に分かれることが確認できる．

例題 4.6　中央値を求める

アルバイトの時給についてのデータ（単位：円）

　$1040, 1010, 1000, 1020, 1100, 1060, 1040, 11100, 1100, 1020, 10000, 1100$

について，中央値を求めよう．

解答

　データを小さい順に並べると，

　$(\ \ ⑨\ \ )$

となる．データは全部で **12** 個あるので，真ん中の値は $(\ \ ⑩\ \ )(= \mathbf{12/2})$ 番目に小さい値，または，$(\ \ ⑪\ \ )(= \mathbf{12/2 + 1})$ 番目に小さい値である．つまり中央値は，「$(\ \ ⑩\ \ )$ 番目に小さい値と $(\ \ ⑪\ \ )$ 番目に小さい値の平均値」であり，

$$\frac{(\ \ ⑫\ \ )}{2} = 1050$$

より，1050 円であることがわかる（解答おわり）．

　このアルバイトの時給のデータは例題 4.2 と同じであり，相加平均値は 2632.5 円で，かなり大きいことがわかっている．これは，極端に大きいデータ（11100, 10000）のせいで合計が大きくなってしまうからであった．一方，中央値は真ん中の 1 つまたは 2 つの値のみから決まり，それ以外の値の影響は受けない．これは外れ値の影響を受けやすい平均値とは異なる点であり，中央値は外れ値の影響を受けにくいといえる．

　このデータの場合，12 個のデータ中の 10 個は 1000 から 1100 までの間に収まっているので，中央値 1050 を「代表値」として使い，

　「平均的な時給は 1050 円である」

というほうが現状をあらわしているといえる．

例題 4.7　平均値と中央値を求める

あるクラスの数学のテストの結果（単位：点）が，

　$96, 84, 56, 54, 56, 60, 58, 100, 66, 64, 56, 98, 62$

であった．このデータについて，平均値および中央値を求めよう．

解答

平均値は

$$\frac{96 + 84 + 56 + 54 + 56 + 60 + 58 + 100 + 66 + 64 + 56 + 98 + 62}{13} = \frac{(\quad ⑬ \quad)}{13} = 70$$

より，70 点となる.

つぎに，データを小さい順に並べると，

$$(\quad ⑭ \quad)$$

となる. データは全部で **13** 個あるので，真ん中の値は（　⑮　）$(= (\mathbf{13} + 1)/2)$ 番目に小さい値である. データの個数が奇数であるとき（つまり真ん中の値が 1 つのとき）はその真ん中の値をそのまま中央値とするので，中央値は 62 点であることがわかる.

問題 4.6

ある大学の学生 7 名の所持金額（円）はそれぞれ以下である.

211, 5500, 5333, 1210, 6010, 5000, 5030

このデータについて，平均値と中央値をそれぞれ求めよ.

問題 4.7

問題 4.6 の「ある大学の学生 7 名の所持金額（円）のデータ」に，もうひとりの学生の所持金額のデータ「40010（円）」を付け加えた 8 個のデータについて，平均値と中央値をそれぞれ求めよ.

4.3　最頻値

例題 4.8　最頻値を求める

あるクラスの学生 15 名の欠席回数がそれぞれ

5 回, 2 回, 0 回, 14 回, 5 回, 1 回, 1 回, 0 回, 5 回, 0 回, 5 回, 5 回, 5 回, 2 回, 1 回

であったとする. このクラスの欠席回数の「代表値」は何回であるか考えたい.

解説

「典型的な欠席回数はなにか」を知るために，一番あらわれやすい欠席回数はなにかを調べよう. データを小さい順に並べると

0, 0, 0, 1, 1, 1, 2, 2, 5, 5, 5, 5, 5, 5, 14

となる.「0 回」と「1 回」はそれぞれ（　⑯　）回ずつあらわれて，「2 回」は（　⑰　）回あらわれて，「5 回」は（　⑱　）回あらわれて，「14 回」は（　⑲　）回あらわれていることが確認

できる．つまり，もっとも頻繁にあらわれる欠席回数は「5 回」であることがわかる．これが典型的な欠席回数であり，欠席回数の「代表値」であると考えることができる．

最頻値
最も**頻繁**にあらわれるデータのことを最頻値とよぶ.

上の例では，最頻値は 5 回ということである．

ちなみに，平均値は

$$\frac{0+0+0+1+1+1+2+2+5+5+5+5+5+5+14}{15} = \frac{51}{15} = 3.4$$

より，3.4 回となる．また，データは全部で 15 個あるので，中央値は，8（$= (15+1)/2$）番目に小さい値であり，2 回であることがわかる．「典型的な欠席回数はなにか」を知りたいときには，平均値または中央値より，最頻値を代表値として利用するほうがいいであろう．

このように，最頻値「5 回」はもっともよくあらわれるデータ「そのもの」である．それゆえ，中央値と同様，外れ値（極端なデータ）の影響を受けにくいということになる．

また，最頻値「5 回」だけを知っても，それ以外のデータがどのようなものなのかはまったくわからないということになるので，最頻値はデータ全体の傾向を把握するのには適していないということに注意しよう．

問題 4.8

ある 10 人のクラスにおいて，数学のテストの結果（単位：点）がそれぞれ

　65, 55, 65, 50, 95, 55, 55, 100, 55, 60

であった．このデータについて，最頻値を求めよ（例題 4.1，例題 4.5 と同じデータである）．

問題 4.9

アルバイトの時給についてのデータ（単位：円）

　1040, 1010, 1000, 1020, 1100, 1060, 1040, 11100, 1100, 1020, 10000, 1100

について，最頻値を求めよ（例題 4.2，例題 4.6 と同じデータである）．

問題 4.10

ある 20 個のデータの平均値が 4.2 であり，中央値が 4 であり，最頻値が 3 であった．このとき，データの合計を求めよ．

問題 4.11

あるデータの平均値が 66.5 であり，中央値が 56 であり，最頻値が 55 であった．また，データの合計は 1064 であった．このとき，データの個数はいくつであるか答えよ．

4.4　Excelによる演習

平均値，中央値，最頻値，幾何平均値，調和平均値をExcelを使って求めてみよう．

例題4.9　関数を使って平均値と中央値を求める

ある店舗での月ごとの車の販売台数（単位：台）は1月から12月までそれぞれ

21, 24, 25, 23, 26, 30, 21, 26, 18, 20, 21, 36

であった．このデータについて，平均値をAVERAGE関数で，中央値をMEDIAN関数でそれぞれ求めよう．

データを上記のように入力する．セルB14に「=AVERAGE(」と入力し，セル範囲B1:B12をドラッグして指定して，Enterキーを押す．セルには「=AVERAGE(B1:B12)」と入力され，平均値24.25が返される．

また，セルB15に「=MEDIAN(」と入力し，セル範囲B1:B12をドラッグして指定して，Enterキーを押す．セルには「=MEDIAN(B1:B12)」と入力され，中央値23.5が返される．

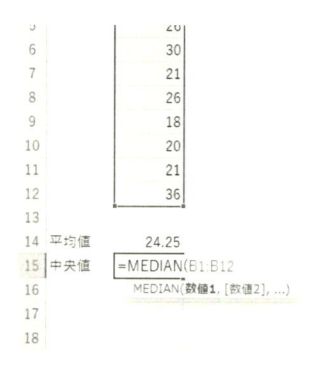

例題 4.10　関数を使って最頻値を求める

学生 17 名の飼っているペットの頭数はそれぞれ

1, 0, 0, 2, 0, 1, 1, 5, 1, 0, 2, 2, 0, 0, 3, 0, 1

であった．このデータの最頻値を MODE.MULT 関数で求めよう．

データを下記のように入力する．セル B19 に「=MODE.MULT(」と入力し，セル範囲 B1:B17 をドラッグして指定して，Enter キーを押す．セルには「=MODE.MULT(B1:B17)」と入力され，ペットの頭数の最頻値 0 が返される．

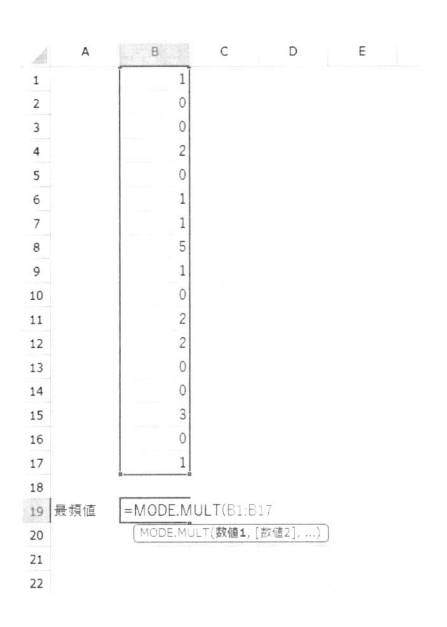

例題 4.11　表のデータの平均値と中央値を求める

学生 A から E の 5 科目のテストの点数のデータを下記のように入力し，各科目の平均点を AVERAGE 関数で，中央値を MEDIAN 関数でそれぞれ求めよう．

	数学	物理	化学	国語	英語	
A	65	60	69	55	53	
B	80	91	63	92	95	
C	55	35	60	43	57	
D	58	30	52	31	53	
E	65	68	69	31	68	
平均点						
中央値						

セル B7 に「=AVERAGE(」と入力し，セル範囲 B2:B6 を指定して，Enter キーを押す．セ

ルには「=AVERAGE(B2:B6)」と入力され，5 人の数学の点数の平均値 64.6 が返される．

	A	B	C	D	E	F	G
1		数学	物理	化学	国語	英語	
2	A	65	60	69	55	53	
3	B	80	91	63	92	95	
4	C	55	35	60	43	57	
5	D	58	30	52	31	53	
6	E	65	68	69	31	68	
7	平均点	=AVERAGE(B2:B6					
8	中央値	AVERAGE(数値1, [数値2], ...)					
9							
10							

セル B8 に「=MEDIAN(」と入力し，セル範囲 B2:B6 をドラッグして指定して，Enter キーを押す．セルには「=MEDIAN(B2:B6)」と入力され，5 人の数学の点数の中央値 65 が返される．

	A	B	C	D	E	F	G
1		数学	物理	化学	国語	英語	
2	A	65	60	69	55	53	
3	B	80	91	63	92	95	
4	C	55	35	60	43	57	
5	D	58	30	52	31	53	
6	E	65	68	69	31	68	
7	平均点	64.6					
8	中央値	=MEDIAN(B2:B6					
9		MEDIAN(数値1, [数値2], ...)					
10							

セル範囲 B7:B8 を F 列まで右にドラッグし，オートフィルしよう．

	A	B	C	D	E	F	G
1		数学	物理	化学	国語	英語	
2	A	65	60	69	55	53	
3	B	80	91	63	92	95	
4	C	55	35	60	43	57	
5	D	58	30	52	31	53	
6	E	65	68	69	31	68	
7	平均点	64.6	56.8	62.6	50.4	65.2	
8	中央値	65	60	63	43	57	
9							
10							

問題 4.12

例題 4.11 のファイルを開き，学生 A から E の 5 科目のテストの点数のデータについて，5 科目の平均点がもっとも高いのはだれで，その平均点は何点か答えよ．

問題 4.13

問題 4.12 のファイルを開き，学生 A から E の 5 科目のテストの点数のデータについて，科目ごとに MODE.MULT 関数を使って 5 人の点数の最頻値をそれぞれ求めよ．また，その際に最頻値が求められない科目はどれか答えよ．

例題 4.12　関数を使って相加平均値，幾何平均値，調和平均値を求める

2 と 8 の相加平均値，幾何平均値，また，調和平均値を Excel 関数を使って求めよう．

相加平均値は AVERAGE 関数，幾何平均値は GEOMEAN 関数，また，調和平均値は HARMEAN 関数で求めればいい．それぞれ，5, 4, 3.2 であることがわかる．

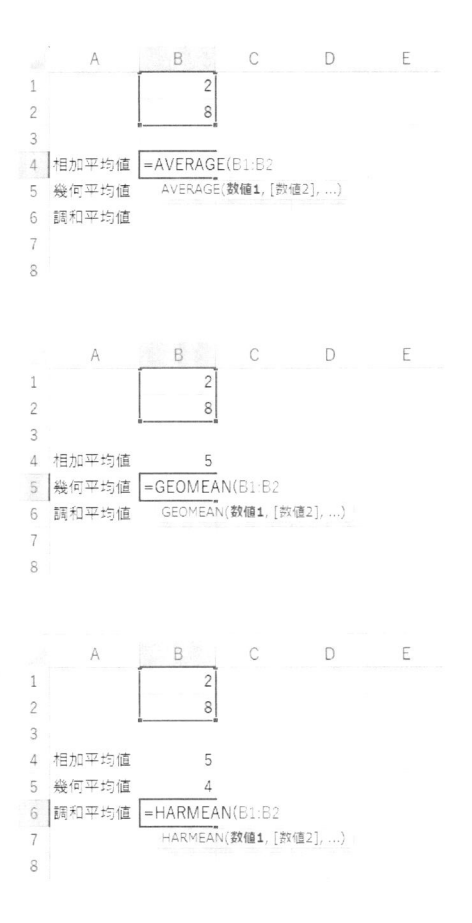

問題 4.14

ある会社の 2 年目の売り上げは 1 年目の 1 倍（つまり変化なし），3 年目の売り上げは 2 年目の 2 倍，4 年目の売り上げは 3 年目の 4 倍に伸びた．1 年間の売り上げの伸びの平均倍率を Excel 関数を使って求めよ．

問題 4.15

今週 5 日間における T さんが家から職場に行くときの移動の速さ（単位：km/時）はそれぞれ 45, 42, 45, 45, 35 であった．この場合の 5 日間での平均の速さ（単位：km/時）を Excel 関数を使って求めよ．

第 5 章

分散，標準偏差

本章では，データのばらつきをあらわす統計量である分散と標準偏差について学習する．

前章で学習した平均値は，その周辺にデータが分布しているというデータの「位置」のようなものである．しかし，それを知るだけでは，その周辺のどのくらいにデータが広がっているのか，また，どのようにデータが散らばっているのかはわからない．

ここではまず，横軸を平均値の高さにした棒グラフによってあらわされたデータを見て，ばらつきの大きい分布であったり，ばらつきの小さい分布であったりする場合があることをたしかめる．そして，データ分布のばらつきの大きさをひとつの数値であらわすにはどうすればいいのかを考える．

分散の求め方を理解し，また，なぜ標準偏差を考えるのかを理解することが，これらの統計量のあらわす意味を解釈をするうえで重要である．とくに，標準偏差は平均値からの離れ具合を平均したような値であり，平均値からどの程度分布しているかを知る指標であることを理解しよう．

5.1　分散

例題 5.1　データのばらつきの大きさをひとつの数値であらわす

数学のテストの点数（単位：点）が，A クラスの学生においてそれぞれ

55, 75, 55, 65, 60, 65, 55, 55, 50, 65

であった．また，B クラスの学生においてはそれぞれ

30, 75, 15, 100, 55, 55, 90, 25, 95, 60

であった．このとき，各クラスごとに点数についての平均値，中央値，最頻値を計算してみると，平均値はどちらとも 60 点，中央値はどちらとも 57.5 点，最頻値はどちらとも 55 点であることがわかる．つまり，代表値である平均値，中央値，最頻値どれについても，両クラスの点数のそれが互いに等しいことが確認できる．

しかし，図 5.1 のような横軸を平均値 60 の高さにした棒グラフを見ると，点数のばらつきかたがクラスによってずいぶんちがうことがわかる．A クラスの点数は平均点 60 点あたりにかたまっていて，B クラスの点数は平均点 60 点から離れているものが多そうに見える．つまり，A クラスの点数は平均値 60 との差（の絶対値）が小さいものが多く，B クラスの点数は平均値 60 との差（の絶対値）が大きいものが多いということが予想できる．

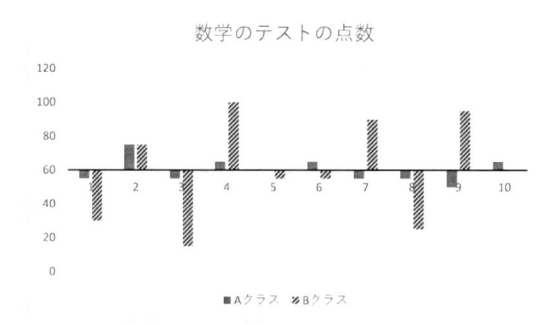

図 5.1　横軸を平均値 60 の高さにした棒グラフ

このことを実際に，**各データから平均値をひいたもの**，つまり，**偏差**を計算して確認してみよう．

偏差
各データから平均値をひいたものを偏差という．

A クラスの点数についての偏差（点数 − 平均値 60）はそれぞれ

−5, 15, −5, 5, 0, 5, −5, −5, −10, 5

である．B クラスの点数についての偏差（点数 − 平均値 60）はそれぞれ

（　①　）

である．

　これらを比較すると，B クラスの点数のほうが平均値 60 からのばらつきが大きいことがよくわかる．一方でこれは，数値の羅列どうしの比較であり，主観的な判断にすぎないともいえる．そこで，これら数値の羅列をもっと単純にして，「ばらつきの大きさをあらわすひとつの数値」にそれぞれ要約したいと考える．

　とりあえず，ためしに偏差の平均値をそれぞれ計算してみると，A クラスの点数については

$$\frac{(-5) + 15 + (-5) + 5 + 0 + 5 + (-5) + (-5) + (-10) + 5}{10} = \frac{0}{10} = 0$$

となり，B クラスの点数についても

$$\frac{(-30) + 15 + (-45) + 40 + (-5) + (-5) + 30 + (-35) + 35 + 0}{10} = \frac{（　②　）}{10} = （　③　）$$

となってしまう．つまり，偏差の平均値を計算するとどちらも 0（点）になってしまうのである．これではちがいがわからない．「ばらつきの大きさをあらわすひとつの数値」としては不適切だということである．このようなことが起こったのは，プラスマイナスを付けたまま平均をとったので，互いに打ち消しあってしまい，合計が 0 になってしまったからである（どのようなデータについても偏差の合計は 0 になる）．

　そこで，プラスマイナスを全部プラスにするために，こんどは偏差を 2 乗してからそれらの平均値を計算してみよう．

　A クラスの点数については

$$\frac{(-5)^2 + 15^2 + (-5)^2 + 5^2 + 0^2 + 5^2 + (-5)^2 + (-5)^2 + (-10)^2 + 5^2}{10} = \frac{500}{10} = 50$$

となり，B クラスの点数については

$$\frac{（　④　）}{10} = \frac{8150}{10} = 815$$

となる．つまり，データのばらつきが小さい A クラスのほうでは 50（点^2）となり，データのばらつきが大きい B クラスのほうでは 815（点^2）となる．これらは両者の「ばらつきの大きさをあらわすひとつの数値」だといえるであろう．これで，「ばらつきの大きさの比較」が「数値の大きさの比較」によってできそうである．このような，**偏差を 2 乗してからそれらの平均値をとった値**のことを**分散**とよぶ．

分散
偏差^2 の平均値のことを分散とよぶ．

　分散はもちろん，データがすべて同じ値である場合は 0 になり，データのばらつきが大きくなるほど大きくなる．

例題 5.2　分散を求める

下記は 7 人の体重のデータ（単位：kg）である．このデータの分散を求めよう．

70, 45, 59, 50, 69, 70, 50

解答

分散は「偏差^2 の平均値」であり，偏差は「各データから平均値をひいたもの」である．
まず，平均値を求めると，

$$\frac{70+45+59+50+69+70+50}{7} = \frac{(\ \ ⑤\ \ )}{7} = 59$$

より，59（kg）であることがわかる．よって，偏差は

70 − 59,　45 − 59,　59 − 59,　50 − 59,　69 − 59,　70 − 59,　50 − 59

つまり，11,　−14,　0,　−9,　10,　11,　−9 となる．
これより分散は，

$$\frac{11^2+(-14)^2+0^2+(-9)^2+10^2+11^2+(-9)^2}{(\ \ ⑥\ \ )} = \frac{(\ \ ⑦\ \ )}{(\ \ ⑥\ \ )} = 100$$

と計算され，100（kg^2）であることがわかる．

問題 5.1

下記は 8 人の身長のデータ（単位：cm）である．このデータの分散を求めよ．

170, 174, 182, 154, 160, 170, 166, 168

問題 5.2

ある 5 つのデータについて，平均値は 5 であり，偏差はそれぞれ

−1, −2, 2, 0, 1

であることがわかっている．この 5 つのデータの値をそれぞれ求めよ．また，分散を求めよ．

5.2　標準偏差

例題 5.3　標準偏差を求める

下記は 7 人の体重のデータ（単位：kg）である（例題 5.2 と同じデータである）．

70, 45, 59, 50, 69, 70, 50

このデータについて，平均値を中心としてだいたいどれくらいの範囲でばらついているのか（標準的な偏差はどれくらいなのか）を調べてみよう．

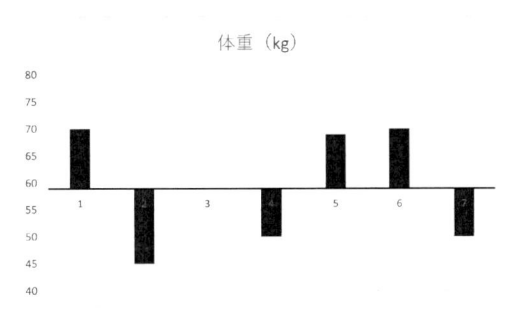

図 5.2　横軸を平均値 59 の高さにした棒グラフ

　例題 5.2 より，平均値は 59（kg）であり，偏差は

　　$11,\ -14,\ 0,\ -9,\ 10,\ 11,\ -9$

であることがわかっている.

　このように，偏差（各データから平均値をひいたもの）はだいたいプラスマイナス 10（kg）程度である. つまり，データは平均値 59（kg）を中心としてプラスマイナス 10（kg）程度の範囲でばらついているのである.

　ところが，ばらつきの大きさをあらわす数値である分散は 100（kg^2）であり，値が大きすぎることがわかる. しかも，偏差の単位は「kg」であるが，分散の単位は「kg^2」になってしまう. なぜならば，分散を計算で求める手順を考えてみると，各データから平均値をひいて，それの 2 乗をするという過程があるためである. データから平均値をひいても単位はそのままなので，偏差の単位は「kg」だが，それを 2 乗する段階で単位が「（　⑧　）」になってしまうのである. 一般に，分散の単位は元のデータと同じ単位とはならない.

　そこで，分散についての「単位が 2 乗されてしまうという問題」と「ばらつきの大きさをあらわす数値としては大きすぎるという問題」を解決するために，分散（単位込み）の正の平方根（$\sqrt{\ }$）をとってみると，

$$\sqrt{100\,\mathrm{kg}^2} = 10\,\mathrm{kg}$$

となる. こうすると，単位も元のデータと同じ「kg」に戻るし，値も 10 になって小さくなり，平均値からの離れ具合を平均した感じになっている. つまり，いわば「標準的な偏差」といっていい値になった.

　このような「**分散の正の平方根**」のことを**標準偏差**とよぶ.

標準偏差
　標準偏差 $= \sqrt{分散}$

　この例の場合は，標準偏差は 10（kg）になるということである.

例題 5.4　データを倍にしたとき標準偏差はどうなるかを調べる

5 つのデータ「3, 7, 1, 5, 4」について，各データを 2 倍したとき，また，10 倍したとき，平均値と標準偏差はそれぞれどのように変化するのかを調べてみよう．

解答

[元のデータの場合]

平均値は，

$$\frac{3 + 7 + 1 + 5 + 4}{5} = \frac{20}{5} = 4$$

より，4 であることがわかる．よって，偏差は次のようになる．

$$3 - 4, \ 7 - 4, \ 1 - 4, \ 5 - 4, \ 4 - 4 \quad つまり \quad -1, \ 3, \ -3, \ 1, \ 0$$

これより分散は，

$$\frac{(-1)^2 + 3^2 + (-3)^2 + 1^2 + 0^2}{5} = \frac{20}{5} = 4$$

と計算され，4 であることがわかる．よって，元のデータの標準偏差は $\sqrt{4} = 2$ より，2 となる（解答おわり）．

[各データを 2 倍したデータの場合]

同じようにして，各データを 2 倍したデータ「6, 14, 2, 10, 8」についての平均値と標準偏差を求めよう．

平均値は，

$$\frac{6 + 14 + 2 + 10 + 8}{5} = \frac{40}{5} = (\quad ⑨ \quad)$$

より，8 である．つまり，**元のデータの平均値の 2 倍になる**ことがわかる．偏差は次のようになる．

$$6 - 8, \ 14 - 8, \ 2 - 8, \ 10 - 8, \ 8 - 8 \quad つまり \quad -2, \ 6, \ -6, \ 2, \ 0$$

これより分散は，

$$\frac{(-2)^2 + 6^2 + (-6)^2 + 2^2 + 0^2}{5} = \frac{80}{5} = (\quad ⑩ \quad)$$

と計算され，16 であることがわかる．よって，標準偏差は $\sqrt{16} = (\quad ⑪ \quad)$ より，4 となり，**元のデータの標準偏差の 2 倍になる**ことがわかった．

[各データを 10 倍したデータの場合]

また，各データを 10 倍したデータ「30, 70, 10, 50, 40」についての平均値と標準偏差を求めよう．

平均値は，

$$\frac{30 + 70 + 10 + 50 + 40}{5} = \frac{200}{5} = (\quad ⑫ \quad)$$

より，40 である．つまり，**元のデータの平均値の 10 倍になる**ことがわかる．偏差は次のようになる．

$$30-40,\ 70-40,\ 10-40,\ 50-40,\ 40-40 \quad \text{つまり} \quad -10,\ 30,\ -30,\ 10,\ 0$$

これより分散は，

$$\frac{(-10)^2+30^2+(-30)^2+10^2+0^2}{5} = \frac{2000}{5} = (\quad ⑬ \quad)$$

と計算され，400 であることがわかる．よって，標準偏差は $\sqrt{400}=(\quad ⑭ \quad)$ より，20 となり，**元のデータの標準偏差の 10 倍になる**ことがわかった（解答おわり）．

このことは一般にも成り立つ．つまり，どんなデータについてでも，**各データを a 倍すると，平均値は元の平均値の a 倍になり，標準偏差も元の標準偏差の a 倍になる**のである．たとえば，もしデータの単位を m から cm に変更すれば，各データの値は 100 倍になるので，標準偏差も 100 倍になってしまうのである．かといって，単位を変えただけなのでばらつきが 100 倍になったとはいえない．平均値に対するばらつきの大きさは変化していないのである．

このように，単位をどのようにとるかにより，同じデータであっても標準偏差の値は異なってしまうことに注意しよう．

問題 5.3

下記は 8 人の身長のデータ（単位：cm）である．

170, 174, 182, 154, 160, 170, 166, 168

このデータの標準偏差を求めよ（問題 5.1 と同じデータである）．ただし，$\sqrt{7}$ を 2.646 として計算し，小数第 3 位が四捨五入された小数第 2 位までの値で求めよ．

問題 5.4

ある地点でのある 10 日分についてのそれぞれの最高気温のデータ（単位：℃）

32, 36, 31, 33, 37, 35, 33, 36, 36, 34

について，分散と標準偏差を求めよ．

問題 5.5

標準偏差が 16 であるデータの分散を求めよ．また，分散が 1.69 であるデータの標準偏差を求めよ．

5.3 Excel による演習

Excel を使って分散，標準偏差を求めてみよう．また，偏差の棒グラフを作成してみよう．

例題 5.5　関数を使って分散と標準偏差を求める

ある店舗での月ごとの車の販売台数（単位：台）は 1 月から 12 月までそれぞれ

21, 24, 25, 23, 26, 30, 21, 26, 18, 20, 21, 36

であった（例題 4.9 と同じデータである）．このデータについて，分散を VAR.P 関数で，標準偏差を STDEV.P 関数でそれぞれ求めよう．

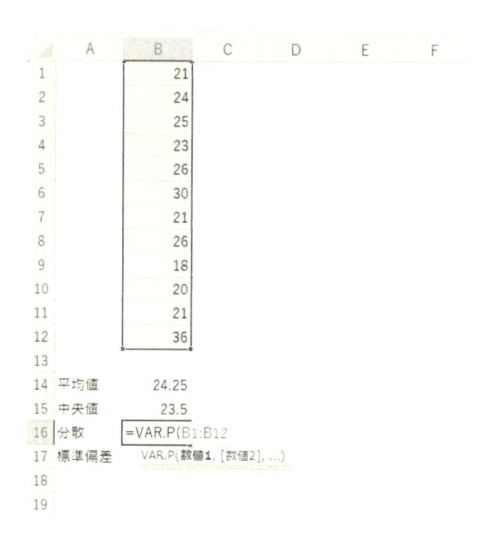

例題 4.9 のファイルを開き，上記のように入力する．セル B16 に「=VAR.P(」と入力し，セル範囲 B1:B12 をドラッグして指定して，Enter キーを押す．セルには「=VAR.P(B1:B12)」と入力され，分散の値 22.354⋯ が返される．

また，セル B17 に「=STDEV.P(」と入力し，セル範囲 B1:B12 をドラッグして指定して，Enter キーを押す．セルには「=STDEV.P(B1:B12)」と入力され，標準偏差の値 4.728⋯ が返される．

3		25
4		23
5		26
6		30
7		21
8		26
9		18
10		20
11		21
12		36
13		
14	平均値	24.25
15	中央値	23.5
16	分散	22.35417
17	標準偏差	=STDEV.P(B1:B12
18		STDEV.P(数値1, [数値2], ...)
19		
20		

問題 5.6

例題 4.11 のファイルを開き,学生 A から E の 5 科目のテストの点数のデータについて,科目ごとに 5 人の点数の標準偏差を STDEV.P 関数を使って求めよ.

	A	B	C	D	E	F	G
1		数学	物理	化学	国語	英語	
2	A	65	60	69	55	53	
3	B	80	91	63	92	95	
4	C	55	35	60	43	57	
5	D	58	30	52	31	53	
6	E	65	68	69	31	68	
7	平均点	64.6	56.8	62.6	50.4	65.2	
8	中央値	65	60	63	43	57	
9	標準偏差						
10							
11							

例題 5.6　平均値を中心としてどれくらいの範囲でばらついているのかを調べる

下記は 10 人の身長のデータ(単位:cm)である.

161, 155, 162, 158, 165, 159, 155, 165, 165, 155

このデータについて,平均値,分散,標準偏差をそれぞれ Excel 関数を使って求めよう.また,平均値を中心としてどれくらいの範囲でばらついているのか(標準的な偏差はどれくらいなのか)を調べるために,偏差の棒グラフを作成しよう.

下記のようにデータを入力する.ここで,セル B13 には「=AVERAGE(B2:B11)」,セル B14 には「=VAR.P(B2:B11)」,セル B15 には「=STDEV.P(B2:B11)」をそれぞれ入力して,平均値,分散,標準偏差を求める.

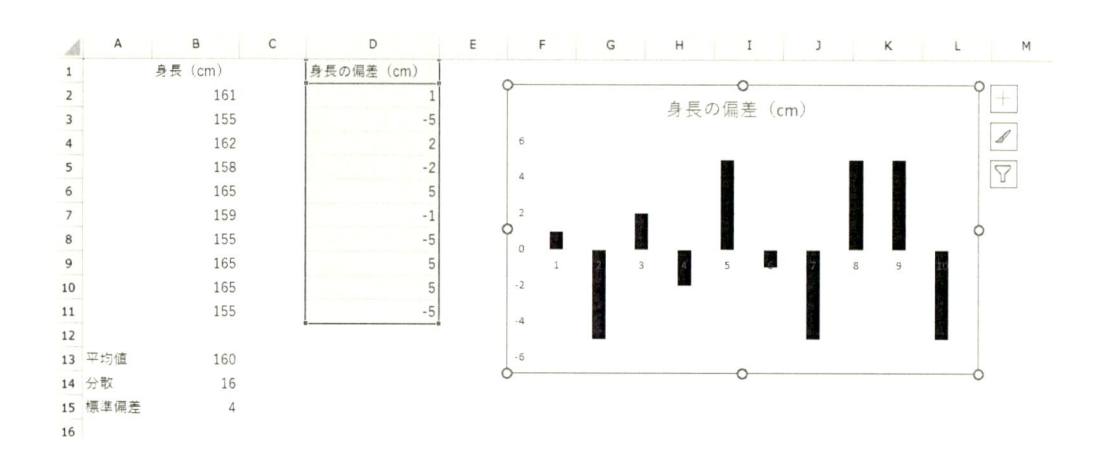

　そして，D 列に偏差，つまり，「各データから平均値をひいたもの」を計算しよう．セル D2
に「＝」を入力し，セル B2 をクリックする．続けて，「-」を入力し，平均値が計算されたセル
（B13）をクリックする．そして，そのまま F4 キー（設定によっては Fn キー ＋F4 キー）を押す
と，「＝B2-$B$13」となる．「13」の前に「$」記号が付き，オートフィルする際に「13（行目）」
が固定される（「B（列）」は固定する必要がないので，F4 キーを 2 回押し，「＝B2-B$13」とし
てもいい）．このセル（D2）を 11 行目まで下にドラッグし，オートフィルする．

　つぎに，セル範囲 D1:D11 を選択して，挿入タブの（グラフグループにある）［縦棒/横棒グラ
フの挿入］の「2-D 縦棒」の「集合縦棒」を選ぶ．

　なお，グラフエリアのサイズの変更，縦横比の変更については，グラフエリアを選択している
ときに周囲の枠の頂点などに出ているハンドル ○ をドラッグするとできる．レイアウトやスタ
イルは，グラフのデザインタブと書式タブを使って自由に変更しよう．

　データは平均値 160（cm）を中心としてだいたいプラスマイナス 4（cm）程度の範囲でばら
ついていることが確認できる．つまり，標準偏差 「4」が，平均値からの離れ具合を平均した感
じになっていて，「標準的な偏差」といっていい値であることがわかった．

問題 5.7

例題 5.6 のファイルを開き，セル範囲 B2:B11 に入力されている 10 人の身長のデータについて，単位を cm から m に変更せよ．

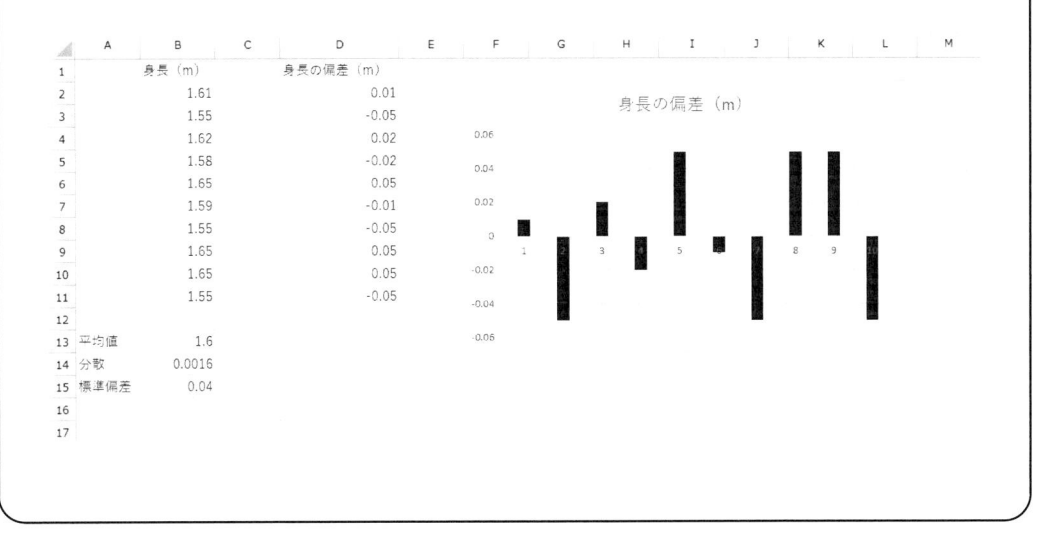

問題 5.8

下図のセル範囲 A1:C13 は，U 国と M 国それぞれについての月別の気温平年値のデータ（単位：℃）である．このデータについて，平均値，分散，標準偏差をそれぞれ Excel 関数を使って求めよ．また，偏差の棒グラフを作成せよ（ヒント：棒グラフを作成するには，セル範囲 A1:A13 を選択したあと，Ctrl キーを押しながら E1:F13 を選択して，挿入タブの（グラフグループにある）[縦棒/横棒グラフの挿入] の「2-D 縦棒」の「集合縦棒」を選ぶ）．

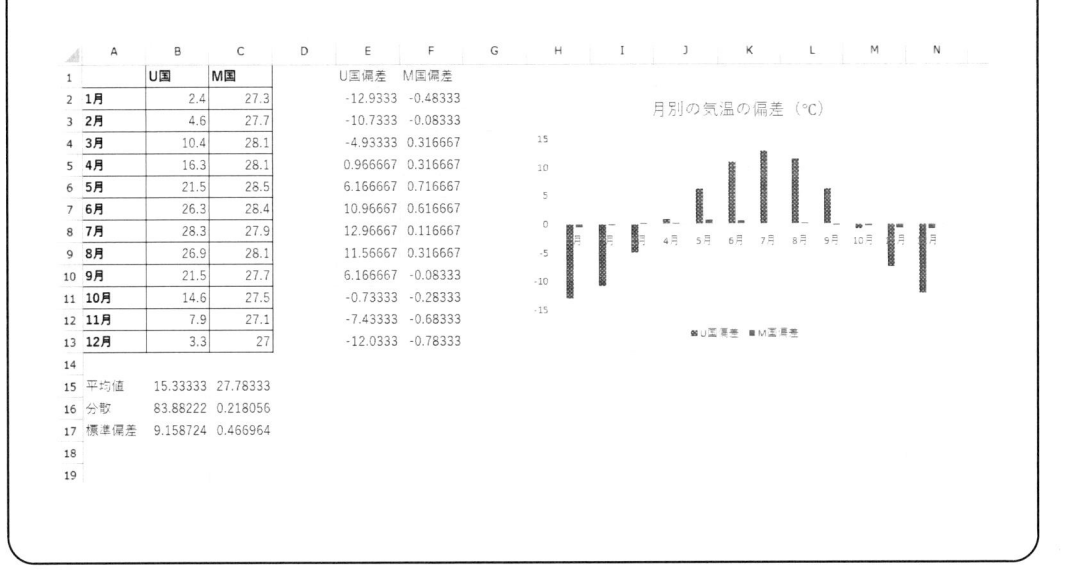

第6章

相関

本章では，共分散，相関係数という，相関をあらわす統計量について学習する．相関とは，2変数間の直線的な関係のことをいう．

2変数の間には，「勉強時間」と「テストの点数」のように，片方が大きくなるともう片方も大きくなるような関係もあるし，「価格」と「売上個数」のように，片方が大きくなるともう片方が小さくなるような関係もある．このような関係は散布図であらわすと把握しやすい．前者は右上がりの直線関係になり，後者は右下がりの直線関係になるであろう．

一方，散布図のようなグラフによる相関の把握は，グラフの見た目の印象などに左右され，主観的なものなので注意が必要である．そこで，見た目ではなくひとつの数値によって2変数間の相関を把握したいと考える．

2変数間の相関の強さを -1 から 1 までの数値であらわしたものとして，相関係数がある．右上がりの直線関係が強いと相関係数は 1 に近くなり，右下がりの直線関係が強いと相関係数は -1 に近くなる．このことを計算してたしかめてみよう．

6.1　共分散

例題 6.1　片方のテストの点数が高いともう片方の点数も高い傾向にあるのかを調べる

あるクラスの 5 人についての数学の中間テストの点数と期末テストの点数はそれぞれ下記のようであった.

	中間	期末
A	80	80
B	40	80
C	55	35
D	40	20
E	70	50

図 6.1　数学の中間テストの点数と期末テストの点数

このとき,「片方のテストの点数が高いともう片方の点数も高い傾向にある」のか,「片方の点数が高いともう片方の点数は低い傾向にある」のか, または, そのどちらの傾向もないのかを調べたい.

解説

まずは, 平均点を計算してみると, 中間テストについては

$$\frac{80 + 40 + 55 + 40 + 70}{5} = \frac{285}{5} = 57$$

より, 57 点となり, 期末テストについては

$$\frac{80 + 80 + 35 + 20 + 50}{5} = \frac{265}{5} = 53$$

より, 53 点となる.

これより, A, B, C, D, E の順にそれぞれ偏差（各データから平均値をひいたもの）を計算すると, 中間テストの点数については

$$80 - 57, \quad 40 - 57, \quad 55 - 57, \quad 40 - 57, \quad 70 - 57$$

つまり, 23, -17, -2, -17, 13 となり, 期末テストの点数については

$$80 - 53, \quad 80 - 53, \quad 35 - 53, \quad 20 - 53, \quad 50 - 53$$

つまり,（　①　）となることがわかる. ここで, 偏差というのは「点数 $-$ 平均点」なので,

偏差が $+$ なら平均点より上, 偏差が $-$ なら平均点より下

ということである. それゆえ, A, B, C, D, E のうち,

- **「中間テストの偏差 $\times$ 期末テストの偏差」の値が $+$ になるのは**

  「中間テストが平均点より上, 期末テストが平均点より上」である A,
  「中間テストが平均点より下, 期末テストが平均点より下」である（　②　）

ということになる．このようなものが多いと「片方のテストの点数が高いともう片方の点数も高い傾向にある」ことを肯定できそうである．

- 一方，「中間テストの偏差 × 期末テストの偏差」の値が − になるのは

「中間テストが平均点より上，期末テストが平均点より下」である E，
「中間テストが平均点より下，期末テストが平均点より上」である（　③　）

ということになる．このようなものが多いと「片方の点数が高いともう片方の点数は低い傾向にある」ことを肯定できそうである．

ちなみに，このデータについての散布図は下記のようになった．**散布図**とは，2 つの変数のデータの組を座標平面上に点としてあらわしたグラフである（座標平面などについては第 9 章参照）．ここでは，横軸における縦軸との交点は「中間テストの点数の平均値」57 とし，縦軸における横軸との交点は「期末テストの点数の平均値」53 としている．

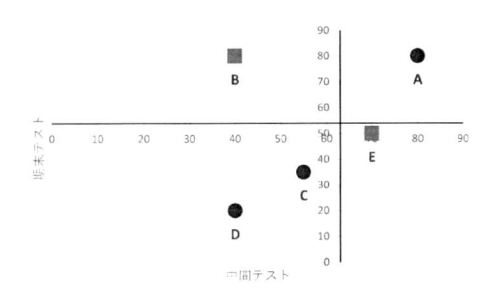

図 6.2　数学の中間テストの点数を横軸とし期末テストの点数を縦軸とする散布図

実際に，A, B, C, D, E のそれぞれについて，「中間テストの偏差 × 期末テストの偏差」の値を順に計算してみると，

$$23 \times 27,\ (-17) \times 27,\ (-2) \times (-18),\ (-17) \times (-33),\ 13 \times (-3)$$

つまり，621, −459, 36, 561, −39 となる．

全体的な傾向を判断するため，これらの平均値，つまり，「中間テストの偏差 × 期末テストの偏差」の平均値をとってみると，

$$\frac{621 + (-459) + 36 + 561 + (-39)}{5} = \frac{（　④　）}{5} = 144$$

より，144 となり ＋ の値になった．よって，どちらかというと，

「片方のテストの点数が高いともう片方の点数も高い傾向にある」

と考えられる可能性がある，ということになる．この「144」という値は**共分散**とよばれる．

なお，同じデータどうしの共分散は，そのデータの分散である（分散は「偏差 × 偏差」の平均値である）．よって，「共分散は分散の一般化」とみなすことができる．

> **共分散**
> 「片方の偏差 × もう片方の偏差」の平均値のことを共分散とよぶ.

共分散の符号を調べて，2 変数間における**相関**がどうなっているのかを考えることができる.

> **相関**
> 2 変数間における直線的な関係のことを相関という.
> 「片方が大きいともう片方も大きい傾向にある」ときは「正の相関がある」という.
> 「片方が大きいともう片方は小さい傾向にある」ときは「負の相関がある」という.
> 一般に，共分散が ＋ の値になるときは正の相関があり，共分散が − の値になるときは負の相関があると考えられる.

例題 6.2　散布図から相関を判断する

ある 6 人についての身長（cm）と体重（kg）はそれぞれ下記のようであった.

	身長（cm）	体重（kg）
A	163	55
B	171	46
C	155	65
D	178	73
E	160	56
F	175	65

図 6.3　身長と体重

また，このデータについての散布図は下記のようになった. ここで，横軸における縦軸との交点は「身長の平均値」167（cm）とし，縦軸における横軸との交点は「体重の平均値」60（kg）としている.

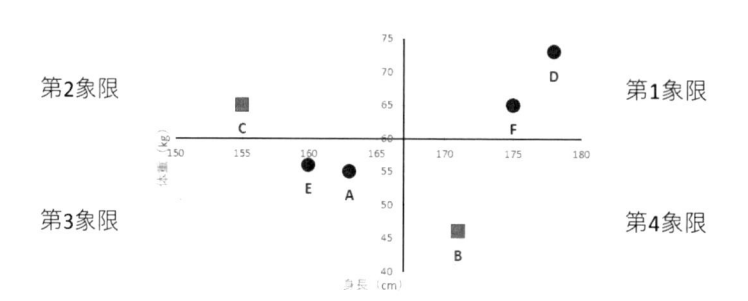

図 6.4　身長を横軸とし体重を縦軸とする散布図

このとき，A, B, C, D, E, F のうち,

- **「身長の偏差 × 体重の偏差」の値が ＋ になるのは**

  「身長が平均値より上，体重が平均値より上」であるD, F　（第1象限），
  「身長が平均値より下，体重が平均値より下」である（　⑤　）　（第3象限）

  である．ここに点が集まれば**正の相関**であることを肯定できそうである．

- 一方，「身長の偏差 × 体重の偏差」の値が － になるのは

  「身長が平均値より上，体重が平均値より下」である（　⑥　）　（第4象限），
  「身長が平均値より下，体重が平均値より上」である（　⑦　）　（第2象限）

  である．ここに点が集まれば**負の相関**であることを肯定できそうである．

問題 6.1

あるクラスの5人についての化学の中間テストの点数と期末テストの点数はそれぞれ下記のようであった．

	中間	期末
A	30	45
B	90	75
C	45	30
D	90	75
E	60	45

図 6.5　化学の中間テストの点数と期末テストの点数

中間テストの点数についての偏差と期末テストについての偏差をそれぞれ求めよ．

問題 6.2

問題6.1におけるA, B, C, D, Eのそれぞれについて，「中間テストの偏差 × 期末テストの偏差」を計算せよ．

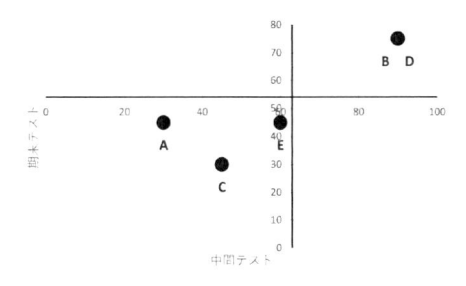

図 6.6　化学の中間テストの点数を横軸とし期末テストの点数を縦軸とする散布図

問題 6.3

問題6.1において，中間テストの点数と期末テストの点数の共分散を求めよ．

6.2　相関係数

例題 6.3　相関係数を求める

　例題 6.1 において，あるクラスの 5 人についての数学の中間テストの点数と期末テストの点数の共分散は 144 であった．

	A	B	C	D	E	F	G	H	I	J	K	L
1		中間	期末		中間の偏差	期末の偏差		中間の偏差の2乗	期末の偏差の2乗		偏差の積	
2	A	80	80		23	27		529	729		621	
3	B	40	80		-17	27		289	729		-459	
4	C	55	35		-2	-18		4	324		36	
5	D	40	20		-17	-33		289	1089		561	
6	E	70	50		13	-3		169	9		-39	
7												
8											共分散	
9	平均値	57	53								144	
10												

図 6.7　中間テストも期末テストも 100 点満点であるときの共分散

　共分散 144 は ＋ の値なので，どちらかというと，

　「片方のテストの点数が高いともう片方の点数も高い傾向にある」

つまり，正の相関があると考えられる可能性があるが，この「144」という数値は正の相関の強さをあらわす数値なのであろうか．

　じつは，この共分散の数値には，変数の単位のとり方によってその値が変わってしまうという問題がある．実際，もし中間テスト，期末テストのどちらか一方を 100 点満点から 10 点満点に変更すると，共分散も 1/10 倍になり，14.4 になってしまう．

	A	B	C	D	E	F	G	H	I	J	K	L
1		中間	期末		中間の偏差	期末の偏差		中間の偏差の2乗	期末の偏差の2乗		偏差の積	
2	A	8	80		2.3	27		5.29	729		62.1	
3	B	4	80		-1.7	27		2.89	729		-45.9	
4	C	5.5	35		-0.2	-18		0.04	324		3.6	
5	D	4	20		-1.7	-33		2.89	1089		56.1	
6	E	7	50		1.3	-3		1.69	9		-3.9	
7												
8											共分散	
9	平均値	5.7	53								14.4	
10												

図 6.8　中間テストを 10 点満点に変更したときの共分散

　さらに，両方とも 10 点満点に変更すると，共分散も $(1/10 \times 1/10 =) 1/100$ 倍になり，1.44 になってしまう．

	A	B	C	D	E	F	G	H	I	J	K	L
1		中間	期末		中間の偏差	期末の偏差		中間の偏差の2乗	期末の偏差の2乗		偏差の積	
2	A	8	8		2.3	2.7		5.29	7.29		6.21	
3	B	4	8		-1.7	2.7		2.89	7.29		-4.59	
4	C	5.5	3.5		-0.2	-1.8		0.04	3.24		0.36	
5	D	4	2		-1.7	-3.3		2.89	10.89		5.61	
6	E	7	5		1.3	-0.3		1.69	0.09		-0.39	
7												
8											共分散	
9	平均値	5.7	5.3								1.44	
10												

図 6.9　中間テストも期末テストも 10 点満点に変更したときの共分散

　同じように，たとえば例題 6.2 のような身長と体重の共分散についても，それぞれの単位をどのようにとるかにより，同じデータであっても共分散の値は異なってしまう．

　このように，**共分散は 2 変数間の関係だけによって決まる数値ではない**のである．そこで，**2 変数それぞれの標準偏差が 1 になるようにデータを変換したもの**を使って共分散を計算することにする．そうすれば，単位によらない数値が得られるので，それを 2 変数間の相関の強さをあらわす数値としたい．このような数値のことを**相関係数**という．相関係数は -1 から 1 の間の値をとる．

相関係数

$$相関係数 = \frac{共分散}{片方の標準偏差 \times もう片方の標準偏差}$$

　では，相関係数を求めるために，まず，中間テストの点数の標準偏差と期末テストの点数の標準偏差を計算しよう．例題 6.1 より，A, B, C, D, E の順にそれぞれ偏差を計算すると，中間テストの点数については

　　$23, \ -17, \ -2, \ -17, \ 13$

となり，期末テストの点数については

　　$27, \ 27, \ -18, \ -33, \ -3$

となることがわかっている．よって，分散（偏差^2 の平均値）を計算すると，中間テストの点数については

$$\frac{23^2 + (-17)^2 + (-2)^2 + (-17)^2 + 13^2}{5} = \frac{529 + 289 + 4 + 289 + 169}{5}$$
$$= \frac{(\quad ⑧ \quad)}{5} = 256$$

となり，期末テストの点数については

$$\frac{27^2 + 27^2 + (-18)^2 + (-33)^2 + (-3)^2}{5} = \frac{729 + 729 + 324 + 1089 + 9}{5}$$
$$= \frac{(\quad ⑨ \quad)}{5} = 576$$

となる．標準偏差は「分散の正の平方根（$\sqrt{}$）をとった値」なので，中間テストの点数については

$$\sqrt{256} = \sqrt{16 \times 16} = (\quad ⑩ \quad)$$

となり，期末テストの点数については

$$\sqrt{576} = \sqrt{24 \times 24} = (\quad ⑪ \quad)$$

となる．これより，

$$相関係数 = \frac{共分散}{片方の標準偏差 \times もう片方の標準偏差} = \frac{144}{(\quad ⑩ \quad) \times (\quad ⑪ \quad)} = 0.375$$

となり，求める相関係数は 0.375 であることがわかる．

相関係数は -1 から 1 までの値をとり，0 から 1 へ近づくほど正の相関が強くなり，0 から -1 へ近づくほど負の相関が強くなると考えられる．相関係数が 0 のときは，2 変数は**無相関**であるという．

- 右上がりの一直線上に点が並ぶような下記の散布図があらわす 2 変数の相関係数は 1 になる．相関係数が 1 に近いと正の相関が強いといえる．

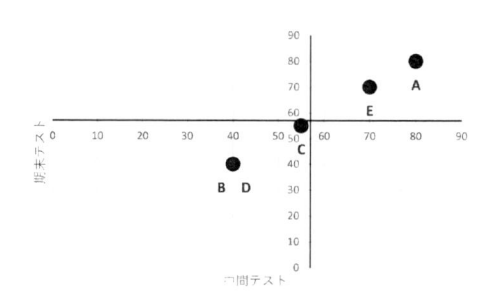

図 6.10　相関係数が 1 である 2 変数についての散布図

- 右下がりの一直線上に点が並ぶような下記の散布図があらわす 2 変数の相関係数は -1 になる．相関係数が -1 に近いと負の相関が強いといえる．

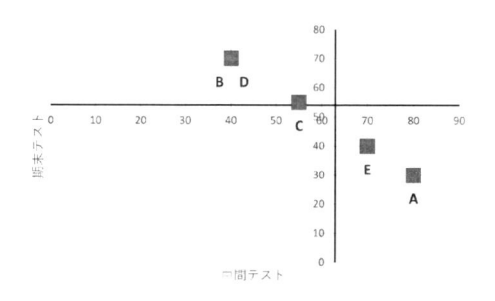

図 6.11　相関係数が -1 である 2 変数についての散布図

- 下記の散布図があらわす 2 変数の相関係数は約 0.01 である．相関係数が 0 に近いと直線的な関係が弱いといえる．

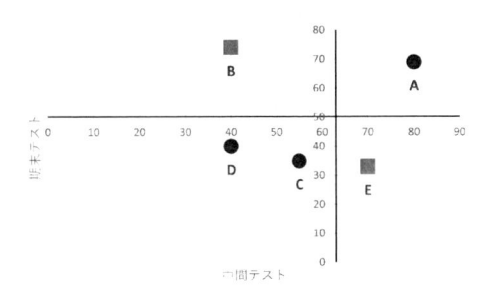

図 6.12　相関係数が 0 に近い 2 変数についての散布図

　ここで，相関係数が 0 に近いというだけでは，2 変数間に「関係がない」と判断してはいけないことに気をつけよう．散布図を見ると相関以外の関係が確認されるかもしれない．

補足 6.1

相関係数は「相関（直線関係）の強さ」をあらわすものであり，「直線の傾きの大きさ」をあらわすものではないことに注意しよう．

なお，相関があるかどうかを判断する統一的な相関係数の基準は決まっていない．

問題 6.4

あるクラスの 5 人についての化学の中間テストの点数と期末テストの点数がそれぞれ下記のようであるとき，中間テストの点数の標準偏差と期末テストの点数の標準偏差をそれぞれ求めよ（問題 6.1 と同じデータである）．

	中間	期末
A	30	45
B	90	75
C	45	30
D	90	75
E	60	45

問題 6.5

問題 6.4 において，中間テストの点数と期末テストの点数の相関係数を求めよ．

6.3　相関と因果関係

例題 6.4　因果関係のないような相関もあることを理解する

　ある 2 週間における最高気温（単位：℃），および，ある店舗での焼酎（乙類）の売上金額（単位：千円）と入浴剤の売上金額（単位：千円）がそれぞれ下記であるとする．

日にち	最高気温（℃）	焼酎（乙類）の売上金額（千円）	入浴剤の売上金額（千円）
2月1日	13	123	99
2月2日	10	234	106
2月3日	9	240	134
2月4日	9	248	125
2月5日	12	297	100
2月6日	5	305	201
2月7日	11	201	112
2月8日	11	173	90
2月9日	12	163	112
2月10日	7	230	121
2月11日	10	150	106
2月12日	13	132	102
2月13日	15	121	81
2月14日	15	71	54

図 6.13　最高気温，および，焼酎（乙類）の売上金額と入浴剤の売上金額

　このとき，最高気温と焼酎（乙類）の売上金額の相関係数は約 -0.77 になり，負の相関があることが確認できる．

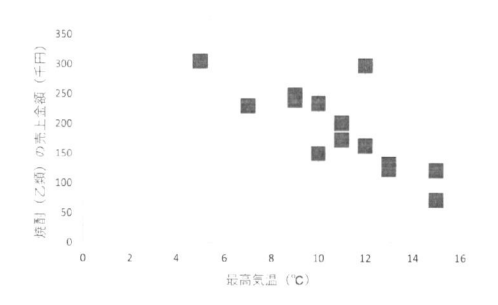

図 6.14　最高気温を横軸とし焼酎（乙類）の売上金額を縦軸とする散布図

　また，最高気温と入浴剤の売上金額の相関係数は約 -0.87 になり，こちらも負の相関があることが確認できる．

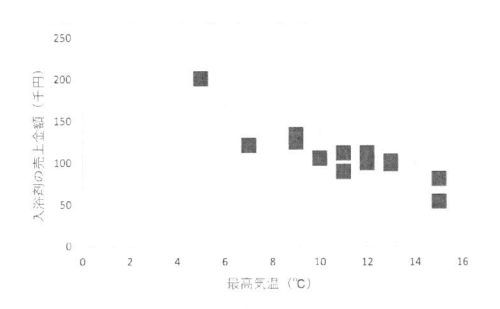

図 6.15　最高気温を横軸とし入浴剤の売上金額を縦軸とする散布図

これらより，

「最高気温が高いと焼酎（乙類）の売上金額は小さい傾向にある」
「最高気温が高いと入浴剤の売上金額は小さい傾向にある」

と考えることができる．そして，最高気温が原因となり売上金額がその結果であるという**因果関係**を想定することができるであろう．

　一方，焼酎（乙類）の売上金額と入浴剤の売上金額の相関係数は約 0.74 になり，正の相関があることが確認できる．

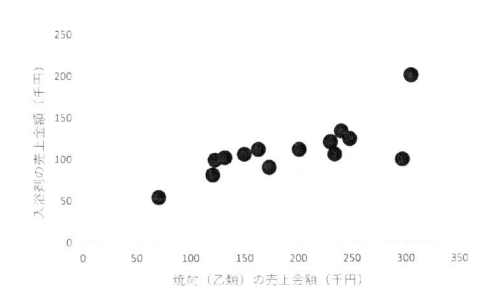

図 6.16　焼酎（乙類）の売上金額を横軸とし入浴剤の売上金額を縦軸とする散布図

これより，

「焼酎（乙類）の売上金額が大きいと入浴剤の売上金額も大きい傾向にある」

と考えられる．しかし，この場合は，焼酎（乙類）の売上金額が原因で入浴剤の売上金額がその結果という因果関係を想定するにはむりがあるだろう．これは，両者とも最高気温が原因となってデータが同じように変動しているので，そのせいで相関が生じていると考えるほうが自然である．つまり，最高気温という共通の要因があることによって相関があるのであり，因果関係があるわけではない，と考えられる．なお，この場合の最高気温のように，両方の変数に影響を与える共通の要因であると考えられるものは**交絡要因**といわれる．

　このような，因果関係のないような相関のことは**疑似相関**といわれる．疑似相関は，上記の例のように共通の要因によって生じている相関ということもありうるし，共通の要因さえも見当たらずまったく偶然に起こっている相関ということもありうる．

┌─ **問題 6.6** ───
│
│　疑似相関の例をあげよ.
│
│　解答例:「ビールの売上金額が大きいとアイスクリームの売上金額も大きい」(気温が交絡要
│　因である可能性が考えられる)
│
└──

6.4　Excel による演習

　Excel を使って折れ線グラフ, 散布図を作成してみよう. また, 相関係数を求めてみよう.

例題 6.5　折れ線グラフと散布図を作成して相関を調べる

　ある 2 週間における最高気温 (単位:℃), および, ある店舗でのビールの売上金額 (単位:千円) とアイスクリームの売上金額 (単位:千円) がそれぞれ下記のようであるとする.

　このとき, 最高気温と売上個数との間に関係があるのかないのか, あるとすればどのような関係なのかを調べたい. 原因が最高気温で結果が売上個数という因果関係を想定して調べよう.

	A	B	C	D
1	日にち	最高気温 (℃)	ビールの売上金額 (千円)	アイスクリームの売上金額 (千円)
2	8月1日	33	341	141
3	8月2日	35	361	131
4	8月3日	35	380	127
5	8月4日	32	258	92
6	8月5日	34	287	130
7	8月6日	37	420	174
8	8月7日	38	357	204
9	8月8日	34	285	91
10	8月9日	33	254	73
11	8月10日	37	368	111
12	8月11日	34	246	98
13	8月12日	33	207	102
14	8月13日	36	398	255
15	8月14日	38	426	208

図 6.17　最高気温, および, ビールの売上金額とアイスクリームの売上金額

　上記のデータをセル範囲 A1:D15 に入力し, まずは, 日にちを横軸とする「最高気温」の折れ線グラフと「ビールの売上金額」の折れ線グラフを, 同一グラフエリアにそれぞれ作成しよう.

　「日にち」と「最高気温」と「ビールの売上金額」の 3 列分 (A1:C15) を選択して, 挿入タブの (グラフグループにある) [折れ線/面グラフの挿入] の「2-D 折れ線」の「折れ線」を選ぶ. グラフタイトルは Delete キーまたは BackSpace キーで削除する.

　作成された 2 つの折れ線グラフを見ると,「ビールの売上金額」の増減は見やすいが,「最高気温」の増減は小さくてわかりづらい. これは, 両者の増減の幅がちがうのに同じ縦軸を使っているからである.

　そこで,「最高気温」の折れ線の上で右クリック（またはダブルクリック）して,「データ系列の書式設定」を出し,（系列のオプションの）「第 2 軸（上/右側）」を選択する. そうすると,「最高気温」については右側の縦軸を使った折れ線グラフになる. この右側の縦軸は気温の大きさに合っているので, 増減の様子が見やすくなった.

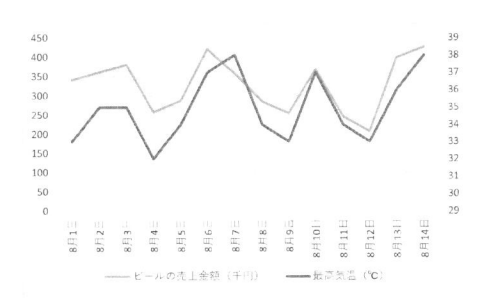

図 6.18　日にちを横軸とする最高気温の折れ線グラフとビールの売上金額の折れ線グラフ

　こうして見ると,「最高気温」と「ビールの売上金額」は同じように増減しているように見え,両者には正の相関があるように見える. さらに関係を見やすくするために, 散布図でも表現してみよう. 2 つの変数がそれぞれ原因と結果をあらわしている可能性があるならば, 原因のほうの変数を x（横軸）, 結果のほうの変数を y（縦軸）にして作成しよう. ここでは,「最高気温」を x（横軸）,「ビールの売上金額」を y（縦軸）にして作成する.

　「最高気温」と「ビールの売上金額」の 2 列分（B1:C15）を選択して, 挿入タブの（グラフグループにある）［散布図 (X,Y) またはバブルチャートの挿入］の「散布図」を選ぶ. 横軸が「最高気温」（B 列）で縦軸が「ビールの売上金額」（C 列）である. 散布図を作成する際, 選択範囲の 2 列のうち, 左側の列が横軸になり, 右側の列が縦軸になる.

　作成したグラフを選択した状態で, グラフのデザインタブの（グラフのレイアウトグループにある）［グラフ要素の追加］をクリックし,「軸ラベル」の「第 1 横軸」を選択すると（横）軸ラベルが出てくる.（横）軸ラベルに「最高気温（℃）」と入力する. 同様に,（縦）軸ラベルも出し,「ビールの売上金額（千円）」と入力する. グラフタイトルは Delete キーまたは BackSpace キーで削除しよう.

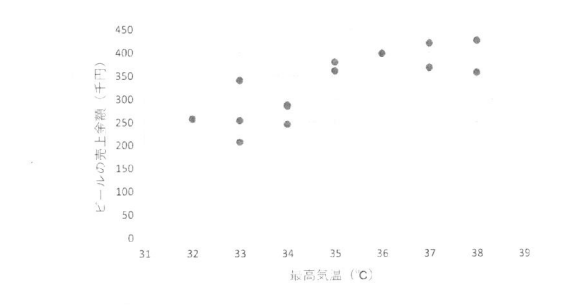

図 6.19　最高気温を横軸としビールの売上金額を縦軸とする散布図

　作成された散布図は右上がりになり, 正の相関がある, つまり,「最高気温が高いとビールの売上金額も高い傾向にある」ことがわかる.

つぎに，「最高気温」と「ビールの売上金額」の相関係数を CORREL 関数を使って求めよう．

作成した散布図の近くのセルに「=CORREL(」と入力し，「最高気温」のデータが入力されているセル範囲（B2:B15）をドラッグして選択したあと，Ctrl キーを押しながら，「ビールの売上金額」のデータが入力されているセル範囲（C2:C15）をドラッグして選択する．

そして，Enter キーを押すと相関係数の値約 0.80 が計算される（セルには「=CORREL(B2:B15,C2:C15)」と入力されていることが確認できる）．

問題 6.7

例題 6.5 のデータについて，日にちを横軸とする「最高気温」の折れ線グラフと「アイスクリームの売上金額」の折れ線グラフを，同一グラフエリアにそれぞれ作成せよ（必要に応じて第 2 軸を採用せよ）．ここで，セル範囲 A1:B15 と D1:D15 を同時に選択するときは，A1:B15 を選択したあと，Ctrl キーを押しながら D1:D15 を選択すればいい．

問題 6.8

例題 6.5 のデータについて，「最高気温」（横軸）と「アイスクリームの売上金額」（縦軸）の散布図を作成せよ．ここで，セル範囲 B1:B15 と D1:D15 を同時に選択するときは，B1:B15 を選択したあと，Ctrl キーを押しながら D1:D15 を選択すればいい．

問題 6.9

例題 6.5 のデータについて，「最高気温」と「アイスクリームの売上金額」の相関係数を Excel 関数を使って求めよ．

問題 6.10

下記のようなあるテストに関するデータについて，「勉強時間」（横軸）と「テストの点数」（縦軸）の散布図を作成せよ．また，「勉強時間」と「テストの点数」の相関係数を Excel 関数を使って求めよ．

番号	勉強時間（時間）	テストの点数
1	2	57
2	5	66
3	1	30
4	1	45
5	3	66
6	2	54
7	5	84
8	7	90
9	3	15
10	3	57
11	0	24

図 6.20　勉強時間とテストの点数

第 7 章

ベクトルの演算

この章では，ベクトル，行列とはどんなものか を学習し，ベクトルの演算についての演習をおこ なう．

ベクトルというのは「数をひとまとめにしたも の」であり，複数の数値を同時にとらえるときに 使うことができるので，さまざまな分野において 応用されている．

たとえば，プログラミング言語においては配列 という考え方がある．これは同じ型の変数たちか らなり，ベクトルに近い概念である．

また，ベクトルは「大きさ」と「向き」をもっ たものと考えることができる．そうするとたとえ ば，「力」にはそれがはたらく「大きさ」と「向 き」があるので，ベクトルであらわすことができ る．またそれだけではなく，「力」はつりあい，合 成と分解など，ベクトルの演算で表現できる性質 をもつ．このようなとき，ベクトルは矢印であら わされることもある．「運動」についても，「大き さ」と「向き」で定まるベクトルを，どの向きに どれくらい移動したのかをあらわすものとして使 うことができる．位置，速度，加速度がベクトル の性質をもつのである．

7.1　ベクトルと行列

例題 7.1　ベクトルで表現する

　ある店舗では,「白ビールと黒ビールのつめあわせ」を販売している.「白ビール 3 本, 黒ビール 2 本のつめあわせ」を

$$\begin{pmatrix} 3 \\ 2 \end{pmatrix}$$

と表現することにする. このとき,「白ビール 5 本, 黒ビール 1 本のつめあわせ」を

$$\begin{pmatrix} 5 \\ 1 \end{pmatrix}$$

と表現することができる. これらは**列ベクトル**とよばれる.

列ベクトル
数を縦一列に並べたものを列ベクトルという. 並べ方の順序には意味がある.

　列ベクトルを構成する数のことを**成分**といい, 成分の個数を**次数**という. 成分が 2 つある（つまり次数が 2 である）列ベクトルは **2 次元列ベクトル**, 成分が 3 つある（つまり次数が 3 である）列ベクトルは **3 次元列ベクトル**ともよばれる.

　以下では, 列ベクトルのことを単にベクトルとよぶことにする.

問題 7.1

ある店舗では,「赤ワインと白ワインとロゼワインのつめあわせ」を販売している.「赤ワイン 4 本, 白ワイン 3 本, ロゼワイン 1 本のつめあわせ」を

$$\begin{pmatrix} 4 \\ 3 \\ 1 \end{pmatrix}$$

のように 3 次元ベクトルであらわすことにする. このとき,「赤ワイン 2 本, 白ワイン 2 本, ロゼワイン 1 本のつめあわせ」および「赤ワイン 3 本, 白ワイン 0 本, ロゼワイン 2 本のつめあわせ」をそれぞれベクトルであらわせ.

例題 7.2　行列で表現する

　ある店舗で販売している白ビールは 1 本 500 円で 520 g の重さであり, 黒ビールは 1 本 300 円で 370 g の重さである. これを

$$\begin{pmatrix} 500 & 300 \\ 520 & 370 \end{pmatrix}$$

と表現することにする. また, 赤ワインは 1 本 5000 円で 1500 g の重さであり, 白ワインは 1 本 3000 円で 1300 g の重さであり, ロゼワインは 1 本 4000 円で 1400 g の重さである. これも同じ

ように表現すると，次のようになる．これらは**行列**とよばれる．

$$\begin{pmatrix} 5000 & 3000 & 4000 \\ 1500 & 1300 & 1400 \end{pmatrix}$$

行列

数を長方形型に並べたものを行列という．並べ方の順序には意味がある．横の並びを行とよび，縦の並びを列とよぶ．

たとえば，$\begin{pmatrix} 11 & 12 & 13 \\ 21 & 22 & 23 \end{pmatrix}$ は2行と3列からなっている行列である．

この行列は 2×3 個つまり6個の数からなっていて，**2行3列の行列**，**$(2,3)$ 行列**，または，**2×3 行列**などとよばれる．行列を構成する行数と列数の対は**型**といわれる．そして，2つの行列について，行数も互いに等しくて，列数も互いに等しいとき，それらは**同じ型**であるといわれる．

また，行列を構成する数のことを**成分**といい，第1行と第1列の交差点にある成分をその行列の $(1,1)$ 成分，第1行と第2列の交差点にある成分をその行列の $(1,2)$ 成分，$\cdots$ とよぶ．

上の行列 $\begin{pmatrix} 11 & 12 & 13 \\ 21 & 22 & 23 \end{pmatrix}$ の $(1,1)$ 成分は 11，$(1,2)$ 成分は 12，$(1,3)$ 成分は 13，$(2,1)$ 成分は 21，$(2,2)$ 成分は（　①　），$(2,3)$ 成分は（　②　）である．

ベクトルは行列の特別な場合であり，たとえば，$\begin{pmatrix} 11 \\ 21 \\ 31 \end{pmatrix}$ は3行1列の行列とみなせる．

なお，行数と列数が同じである行列は**正方行列**といわれる．2行2列の行列は2次の正方行列，3行3列の行列は3次の正方行列ともよばれる．

とくに，対角成分（左上から右下までの対角線上にある成分）が1で，それ以外の成分が0である正方行列は**単位行列**といわれ，I とあらわされることが多い．n 次の単位行列は I_n のようにあらわされることもある．

たとえば，$I_2 = \begin{pmatrix} 1 & 0 \\ 0 & 1 \end{pmatrix}$ は2次の単位行列であり，$I_3 = \begin{pmatrix} 1 & 0 & 0 \\ 0 & 1 & 0 \\ 0 & 0 & 1 \end{pmatrix}$ は3次の単位行列である．

例題 7.3 　行列の型，各成分を答える

例題 7.2 の1つ目の行列 $\begin{pmatrix} 500 & 300 \\ 520 & 370 \end{pmatrix}$ は，2行2列の行列（2次の正方行列）である．この行列については，$(1,1)$ 成分は 500，$(1,2)$ 成分は 300，$(2,1)$ 成分は（　③　），$(2,2)$ 成分は（　④　）である．

例題 7.2 の2つ目の行列 $\begin{pmatrix} 5000 & 3000 & 4000 \\ 1500 & 1300 & 1400 \end{pmatrix}$ は，3行2列の行列である．この行列につい

ては，5000 は $(1,1)$ 成分，3000 は $(1,2)$ 成分，4000 は $(1,3)$ 成分，1500 は $(2,1)$ 成分，1300 は（　⑤　）成分，1400 は（　⑥　）成分である.

また，例題 7.1 の 1 つ目の行列（ベクトルでもある）$\begin{pmatrix} 3 \\ 2 \end{pmatrix}$ は，2 行 1 列の行列である. 3 は $(1,1)$ 成分，2 は（　⑦　）成分である.

問題 7.2

次の行列は何行何列であるかを答えよ.

(1) $\begin{pmatrix} 0 & 3 & 6 & 9 \\ 1 & 0 & 1 & 9 \end{pmatrix}$

(2) $\begin{pmatrix} 2 & 11 \\ 2 & 16 \\ 10 & 19 \\ 12 & 10 \\ 12 & 25 \end{pmatrix}$

(3) $\begin{pmatrix} -31 & 40 & 21 & -33 \\ 60 & -72 & 76 & -80 \\ 91 & -98 & -83 & 95 \end{pmatrix}$

(4) $\begin{pmatrix} 1/2 & -3/2 & 3 & 1 & 0 \end{pmatrix}$

問題 7.3

問題 7.2 の (3) の行列において，次の成分はなにかを答えよ.

(1) $(2,1)$ 成分　　　　(2) $(1,2)$ 成分　　　　(3) $(3,2)$ 成分　　　　(4) $(2,4)$ 成分

7.2　ベクトルの和とスカラー倍

ふたつのベクトルの次数が互いに等しいとき，**ベクトルの和**は，対応する成分どうしの和によって計算され，**ベクトルの差**は，対応する成分どうしの差によって計算される. また，**ベクトルのスカラー倍**（実数倍）は，ベクトルのそれぞれの成分をスカラー倍（実数倍）することによって計算される.

なお，ふたつのベクトルは，次数が同じでかつ対応する成分どうしも互いに等しいとき，またそのときに限って，互いに**等しい**といわれる.

例題 7.4　ベクトルの和を求める

例題 7.1 において，「白ビール 3 本，黒ビール 2 本のつめあわせ」と「白ビール 5 本，黒ビール 1 本のつめあわせ」をそれぞれ $\begin{pmatrix} 3 \\ 2 \end{pmatrix}$, $\begin{pmatrix} 5 \\ 1 \end{pmatrix}$ のように 2 次のベクトルであらわした. このとき，それぞれのつめあわせを 1 つずつ購入すると，その合計は，「白ビール $(3+5)$ 本，黒ビール $(2+1)$ 本」になる.

このことは，

$$\begin{pmatrix} 3 \\ 2 \end{pmatrix} + \begin{pmatrix} 5 \\ 1 \end{pmatrix} = \begin{pmatrix} 3+5 \\ 2+1 \end{pmatrix} = (\quad ⑧ \quad)$$

というように，**ベクトルの和**としてあらわすことができる．ベクトルの和もベクトルである．

以下，ベクトルの和を考えるときは，同じ次数のベクトルどうしに限るとする．

加法の結合法則，交換法則

ベクトル a, b, c に対して，次が成り立つ．

- $(a+b)+c = a+(b+c)$ 　（この左辺（＝右辺）を $a+b+c$ とも書くことにする）
- $a+b = b+a$

上記の 2 次のベクトルを座標平面の点として図示すると下記のようになる（座標平面については第 9 章参照）．**ベクトルは「大きさ」と「向き」をもったもの**と考えることもできる．

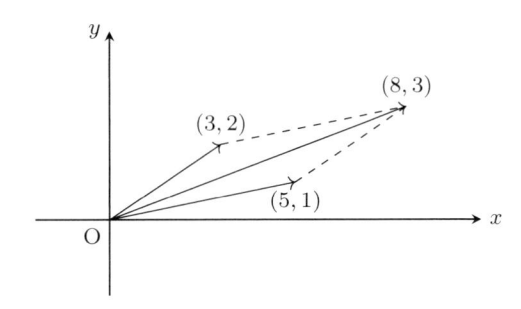

なお，成分がすべて 0 であるベクトルのことを**ゼロベクトル**とよび，0 と書くこともある．ゼロベクトルの「大きさ」は 0 である（「大きさ」の定義については例題 7.9 のあとで述べる）．

加法単位元

どのベクトル a に対しても，ゼロベクトル 0 について，$0+a = a+0 = a$ が成り立つ．

問題 7.4

問題 7.1 において，

「赤ワイン 4 本，白ワイン 3 本，ロゼワイン 1 本のつめあわせ」と

「赤ワイン 2 本，白ワイン 2 本，ロゼワイン 1 本のつめあわせ」と

「赤ワイン 3 本，白ワイン 0 本，ロゼワイン 2 本のつめあわせ」

を 3 次のベクトルであらわした．このとき，それぞれのつめあわせを 1 つずつ購入すると，その合計は，

「赤ワイン $(4+2+3)$ 本，白ワイン $(3+2+0)$ 本，ロゼワイン $(1+1+2)$ 本」

になる．このことを例題 7.4 と同じようにして，ベクトルの和としてあらわせ．

問題 7.5

次のベクトルの計算をせよ.

(1) $\begin{pmatrix} 3 \\ 6 \end{pmatrix} + \begin{pmatrix} 6 \\ 12 \end{pmatrix}$

(2) $\begin{pmatrix} 1 \\ 2 \\ 3 \end{pmatrix} + \begin{pmatrix} 4 \\ 3 \\ 2 \end{pmatrix}$

(3) $\begin{pmatrix} 0 \\ 1/2 \end{pmatrix} + \begin{pmatrix} -3 \\ 1 \end{pmatrix}$

(4) $\begin{pmatrix} 12 \\ 10 \end{pmatrix} + \begin{pmatrix} 10 \\ -19 \end{pmatrix} + \begin{pmatrix} 2 \\ 16 \end{pmatrix}$

例題 7.5　ベクトルのスカラー倍を求める 1

例題 7.4 において, それぞれのつめあわせを 1 つずつではなく,

「白ビール 3 本, 黒ビール 2 本のつめあわせ」を 2 つと

「白ビール 5 本, 黒ビール 1 本のつめあわせ」を 3 つ

購入するとする. その合計は,

「白ビール $(2 \times 3 + 3 \times 5)$ 本, 黒ビール $(2 \times 2 + 3 \times 1)$ 本」

になる.

このことは,

$$2 \begin{pmatrix} 3 \\ 2 \end{pmatrix} + 3 \begin{pmatrix} 5 \\ 1 \end{pmatrix} = \begin{pmatrix} 2 \times 3 \\ 2 \times 2 \end{pmatrix} + \begin{pmatrix} 3 \times 5 \\ 3 \times 1 \end{pmatrix} = \begin{pmatrix} 2 \times 3 + 3 \times 5 \\ 2 \times 2 + 3 \times 1 \end{pmatrix} = (\quad ⑨ \quad)$$

というように, **ベクトルのスカラー倍**（実数倍）と和としてあらわすことができる. ベクトルのスカラー倍もベクトルである.

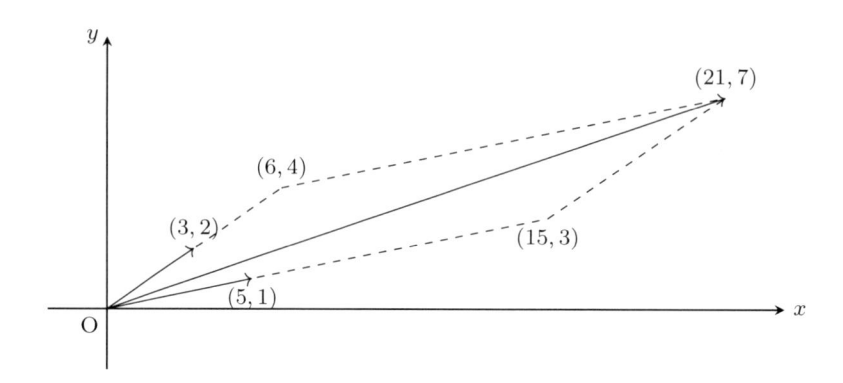

スカラー

スカラーとは, ベクトルに対して, ひとつひとつの数のことをいう.

上記では, $\begin{pmatrix} 3 \\ 2 \end{pmatrix}$, $\begin{pmatrix} 5 \\ 1 \end{pmatrix}$ はベクトルであり, 2, 3 はスカラーである.

問題 7.6

問題 7.4 において，それぞれのつめあわせを 1 つずつではなく，

「赤ワイン 4 本，白ワイン 3 本，ロゼワイン 1 本のつめあわせ」を 2 つと

「赤ワイン 2 本，白ワイン 2 本，ロゼワイン 1 本のつめあわせ」を 3 つと

「赤ワイン 3 本，白ワイン 0 本，ロゼワイン 2 本のつめあわせ」を 1 つ

購入するとする．その合計は，

「赤ワイン $(2 \times 4 + 3 \times 2 + 1 \times 3)$ 本，白ワイン $(2 \times 3 + 3 \times 2 + 1 \times 0)$ 本，ロゼワイン $(2 \times 1 + 3 \times 1 + 1 \times 2)$ 本」

になる．このことを例題 7.5 と同じようにして，ベクトルのスカラー倍と和であらわせ．

例題 7.6　ベクトルのスカラー倍を求める 2

「白ビール 3 本，黒ビール 2 本のつめあわせ」と

「白ビール 5 本，黒ビール 1 本のつめあわせ」を

7 つずつ購入するとする．その合計は，

「白ビール $(7 \times 3 + 7 \times 5)$ 本，黒ビール $(7 \times 2 + 7 \times 1)$ 本」

になる．

　このことは，

$$7 \begin{pmatrix} 3 \\ 2 \end{pmatrix} + 7 \begin{pmatrix} 5 \\ 1 \end{pmatrix} = \begin{pmatrix} 56 \\ 21 \end{pmatrix}$$

とあらわすことができ，これは下記のように変形することもできる．

$$7 \left(\begin{pmatrix} 3 \\ 2 \end{pmatrix} + \begin{pmatrix} 5 \\ 1 \end{pmatrix} \right) = \begin{pmatrix} 56 \\ 21 \end{pmatrix}$$

例題 7.7　ベクトルの差を求める

　例題 7.6 において，

「白ビール 3 本，黒ビール 2 本のつめあわせ」と

「白ビール 5 本，黒ビール 1 本のつめあわせ」を

7 つずつ購入するとした．しかし，そのあとに，

「白ビール 5 本，黒ビール 1 本のつめあわせ」を 2 つキャンセルすると，

「白ビール $(56 - 2 \times 5)$ 本，黒ビール $(21 - 2 \times 1)$ 本」

になる．

　このことは，

$$7 \begin{pmatrix} 3 \\ 2 \end{pmatrix} + 7 \begin{pmatrix} 5 \\ 1 \end{pmatrix} + (-2) \begin{pmatrix} 5 \\ 1 \end{pmatrix} = \begin{pmatrix} 56 + (-2) \times 5 \\ 21 + (-2) \times 1 \end{pmatrix} = (\quad ⑩ \quad)$$

というようにあらわすこともできる．また，これは

$$7 \begin{pmatrix} 3 \\ 2 \end{pmatrix} + 7 \begin{pmatrix} 5 \\ 1 \end{pmatrix} - 2 \begin{pmatrix} 5 \\ 1 \end{pmatrix} = \begin{pmatrix} 56 - 2 \times 5 \\ 21 - 2 \times 1 \end{pmatrix} = (\quad ⑩ \quad)$$

というように，**ベクトルの差**としてあらわすこともできる．ベクトルの差もベクトルである．

　なお，上の最初の式のなかの，$7\begin{pmatrix} 5 \\ 1 \end{pmatrix} + (-2)\begin{pmatrix} 5 \\ 1 \end{pmatrix}$ について，また，その下の式のなかの，

$7\begin{pmatrix} 5 \\ 1 \end{pmatrix} - 2\begin{pmatrix} 5 \\ 1 \end{pmatrix}$ については，どちらも

$$(7-2)\begin{pmatrix} 5 \\ 1 \end{pmatrix}$$

と変形することができる．

加法逆元

　ベクトル a に対して，$(-1)a + a = a + (-1)a = 0$ が成り立ち，$(-1)a$ を $-a$ とも書く．

加法についてのスカラー倍の分配法則

　ベクトル a, b, スカラー k に対して，次が成り立つ．
$$k(a+b) = ka + kb$$

係数体の加法についてのスカラー倍の分配法則，係数体の乗法とスカラー倍の両立性

　ベクトル a, スカラー k, l に対して，次が成り立つ．
$$(k+l)a = ka + la, \quad (kl)a = k(la)$$

スカラー倍の単位元

　ベクトル a に対して，$1a = a$ が成り立つ．

問題 7.7

次のベクトルの計算をせよ．

(1) $3\begin{pmatrix} 3 \\ 6 \end{pmatrix} + 2\begin{pmatrix} 6 \\ 12 \end{pmatrix}$

(2) $(-5)\begin{pmatrix} 1 \\ 2 \\ 3 \end{pmatrix} + 7\begin{pmatrix} 4 \\ 3 \\ 2 \end{pmatrix}$

(3) $4\begin{pmatrix} 0 \\ 1/2 \end{pmatrix} + (-2)\begin{pmatrix} -3 \\ 1 \end{pmatrix}$

(4) $3\begin{pmatrix} 12 \\ 10 \end{pmatrix} - \begin{pmatrix} 10 \\ -19 \end{pmatrix} - 2\begin{pmatrix} 2 \\ 16 \end{pmatrix}$

問題 7.8

$a = \begin{pmatrix} 34 \\ -35 \end{pmatrix}$, $b = \begin{pmatrix} -56 \\ 65 \end{pmatrix}$ とするとき，次のベクトルを求めよ．

(1) $(2a - b) + (a - 2b)$

(2) $2(7a + 3b) - 3(5a + 2b)$

7.3 ベクトルの内積

例題 7.8　ベクトルどうしのかけ算について考察する

上記でベクトルの和，スカラー倍を計算したが，つぎはベクトルどうしのかけ算（内積）について考察する．

たとえば，$\begin{pmatrix} 4 \\ 3 \end{pmatrix}$ と $\begin{pmatrix} 7 \\ 0 \end{pmatrix}$ のかけ算はどのように計算すればいいのかを考えてみよう．

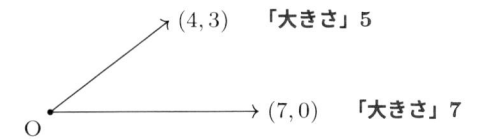

まずためしに，座標平面上に図示した際のベクトルの「大きさ」（原点 O からの距離）をそれぞれかけあわせてみると，

$5 \times 7 = ($　⑪　$)$　（このなかの「5」は三平方の定理 $\sqrt{4^2 + 3^2} = \sqrt{25} = 5$ より求められる）

となる．これでは「大きさ」だけによる値になってしまい，「向き」が関係なくなってしまう．つまり，たとえば，

についても

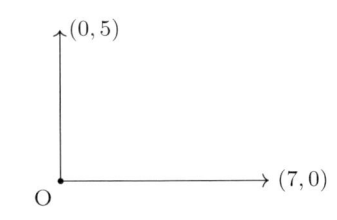

についても

についても結果が同じ「（　⑪　）」になってしまうのである．

そこで，「向き」も考慮し，2 つのベクトルの「向き」が同じときに値がもっとも大きくなり，「向き」がちがうほど値が小さくなるようにかけ算の仕方を決めたいと考える（2 つのベクトルが「似ている」ほど大きく，「似ていない」ほど小さくしたいのである）．

ためしに，下図のように，$\begin{pmatrix} 4 \\ 3 \end{pmatrix}$ の影を $\begin{pmatrix} 7 \\ 0 \end{pmatrix}$ へ真下に落とし，その影 $\begin{pmatrix} \\ \end{pmatrix}$ の「大きさ」と $\begin{pmatrix} 7 \\ 0 \end{pmatrix}$ の「大きさ」をかけあわせてみると，

$$4 \times 7 = (\quad ⑫\quad)$$

となることがわかる.

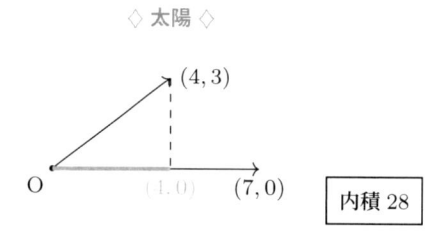

$$\diamond\ 太陽\ \diamond$$

同じように考えると, $\begin{pmatrix} 5 \\ 0 \end{pmatrix}$ の影を $\begin{pmatrix} 7 \\ 0 \end{pmatrix}$ へ真下に落としたとき, その影は $\begin{pmatrix} 5 \\ 0 \end{pmatrix}$ 自身なので, これの「大きさ」と $\begin{pmatrix} 7 \\ 0 \end{pmatrix}$ の「大きさ」をかけあわせてみると,

$$5 \times 7 = (\quad ⑬\quad)$$

となる.

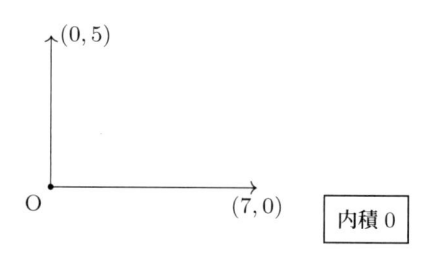

また, $\begin{pmatrix} 0 \\ 5 \end{pmatrix}$ の影は $\begin{pmatrix} 7 \\ 0 \end{pmatrix}$ へ真下に落とせないので, その影の「大きさ」は 0 と考えられる. 0 と $\begin{pmatrix} 7 \\ 0 \end{pmatrix}$ の「大きさ」をかけあわせると,

$$0 \times 7 = (\quad ⑭\quad)$$

となる.

　このようにかけ算を定めると,「大きさ」が 5 のベクトルと「大きさ」が 7 のベクトルに対して, それらの「向き」が同じときに値が 35 でもっとも大きくなり,「向き」がちがうほど値が小さくなり, 直交するときは値が 0 になることがわかった. これをベクトルどうしのかけ算としたい.

　つまり, **相手のベクトルへ真下に影を落とし, その影の「大きさ」と相手のベクトルの「大き**

さ」をかけあわせるようなことをベクトルのかけ算と定めたいのである．このようなかけ算のことを**ベクトルの内積**という．ベクトル a とベクトル b の内積を $a \cdot b$ と書く．内積はベクトルではなく「数」であることに注意しよう．

以下，ベクトルの内積を考えるときは，同じ次数のベクトルどうしに限るとする．

内積

ベクトルの成分を使って内積を計算するには，同じ行の成分どうしをそれぞれかけてたす．

たとえば，

$$\begin{pmatrix} 4 \\ 3 \end{pmatrix} \cdot \begin{pmatrix} 7 \\ 0 \end{pmatrix} = 4 \times 7 + 3 \times 0 = (\quad ⑫ \quad)$$

というように計算すると，内積が得らえる．同様に計算すると，

$$\begin{pmatrix} 5 \\ 0 \end{pmatrix} \cdot \begin{pmatrix} 7 \\ 0 \end{pmatrix} = 5 \times 7 + 0 \times 0 = (\quad ⑬ \quad)$$

となることが確認できる．また，

$$\begin{pmatrix} 0 \\ 5 \end{pmatrix} \cdot \begin{pmatrix} 7 \\ 0 \end{pmatrix} = 0 \times 7 + 5 \times 0 = (\quad ⑭ \quad)$$

となることも確認できる．2 つのベクトルが直交するときは内積が 0 になり，また逆に，内積が 0 になるような 2 つのベクトルは直交するのである．

直交性

ベクトル a, b が直交するとは，それらの内積 $a \cdot b$ が 0 になることをいう．

さらに，

$$\begin{pmatrix} -5 \\ 0 \end{pmatrix} \cdot \begin{pmatrix} 7 \\ 0 \end{pmatrix} = -5 \times 7 + 0 \times 0 = (\quad ⑮ \quad)$$

となることもわかる．

内積 -35

「大きさ」が 5 のベクトルと「大きさ」が 7 のベクトルについて，それらの「向き」が真逆のときに内積が -35 でもっとも小さくなるのである．

補足 7.1（内積の図形的なあらわし方）

ゼロベクトルでないベクトル a, b に対して，「a と b の内積」は

　　「a の大きさ」× 「b の大きさ」× $\cos\theta$

ともあらわすことができる．ここで，θ は a, b のなす角である．「a の大きさ」を $|a|$，「b の大きさ」を $|b|$ と書くと，内積は $|a||b|\cos\theta$ と書けるということである．

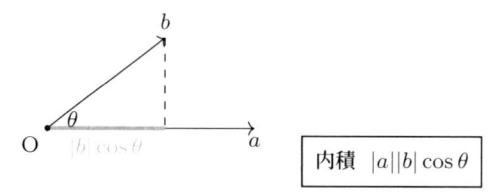

　　内積　$|a||b|\cos\theta$

このことを上図の場合でたしかめよう．

ベクトル a は $\begin{pmatrix} |a| \\ 0 \end{pmatrix}$ とあらわされ，ベクトル b は $\begin{pmatrix} |b|\cos\theta \\ |b|\sin\theta \end{pmatrix}$ とあらわされるので，これらの内積は

$$\begin{pmatrix} |a| \\ 0 \end{pmatrix} \cdot \begin{pmatrix} |b|\cos\theta \\ |b|\sin\theta \end{pmatrix} = |a| \times |b|\cos\theta + 0 \times |b|\sin\theta = |a||b|\cos\theta$$

となる．そして，これはつまり，「b の影を a へ真下に落としたときのその影の大きさ $|b|\cos\theta$」と「a の大きさ $|a|$」をかけあわせたものになることがわかる．

また，内積のこのあらわし方から，ゼロベクトルでない 2 つのベクトルについて，それらが直交するときは内積が 0 になり，内積が 0 になるときはそれらは直交することがわかる．

　　a, b が直交する　　$\Leftrightarrow$　　$\cos\theta = 0$　　$\Leftrightarrow$　　$a \cdot b = 0$

例題 7.9　ベクトルの内積を求める

　次のベクトルの内積を求めてみよう．

(1) $\begin{pmatrix} 1 \\ -2 \\ -3 \end{pmatrix} \cdot \begin{pmatrix} 3 \\ 5 \\ -1 \end{pmatrix} = 1 \times 3 + (-2) \times 5 + (-3) \times (-1) = -4$

(2) $\begin{pmatrix} 3 \\ 5 \\ -1 \end{pmatrix} \cdot \begin{pmatrix} 1 \\ -2 \\ -3 \end{pmatrix} = 3 \times 1 + 5 \times (-2) + (-1) \times (-3) = (\quad ⑯ \quad)$

対称性

ベクトル a, b に対して，次が成り立つ．

　　$a \cdot b = b \cdot a$

(3) $\left(\begin{pmatrix} 3 \\ 5 \\ -1 \end{pmatrix} + \begin{pmatrix} -4 \\ -2 \\ 5 \end{pmatrix} \right) \cdot \begin{pmatrix} 2 \\ -5 \\ 3 \end{pmatrix} = \begin{pmatrix} -1 \\ 3 \\ 4 \end{pmatrix} \cdot \begin{pmatrix} 2 \\ -5 \\ 3 \end{pmatrix} = (-1) \times 2 + 3 \times (-5) + 4 \times 3 = -5$

(4) $\begin{pmatrix} 3 \\ 5 \\ -1 \end{pmatrix} \cdot \begin{pmatrix} 2 \\ -5 \\ 3 \end{pmatrix} + \begin{pmatrix} -4 \\ -2 \\ 5 \end{pmatrix} \cdot \begin{pmatrix} 2 \\ -5 \\ 3 \end{pmatrix}$

$= (3 \times 2 + 5 \times (-5) + (-1) \times 3) + ((-4) \times 2 + (-2) \times (-5) + 5 \times 3) = ($ ⑰ $)$

(5) $2 \begin{pmatrix} -7 \\ 5 \\ 3 \end{pmatrix} \cdot \begin{pmatrix} 5 \\ -4 \\ 3 \end{pmatrix} = \begin{pmatrix} -14 \\ 10 \\ 6 \end{pmatrix} \cdot \begin{pmatrix} 5 \\ -4 \\ 3 \end{pmatrix} = -14 \times 5 + 10 \times (-4) + 6 \times 3 = -92$

(6) $2 \left(\begin{pmatrix} -7 \\ 5 \\ 3 \end{pmatrix} \cdot \begin{pmatrix} 5 \\ -4 \\ 3 \end{pmatrix} \right) = 2 \left((-7) \times 5 + 5 \times (-4) + 3 \times 3 \right) = ($ ⑱ $)$

線型性

ベクトル a, b, c とスカラー（数）k, l に対して，次が成り立つ．

$(ka + lb) \cdot c = k(a \cdot c) + l(b \cdot c)$

---

(7) $\begin{pmatrix} 3 \\ 4 \end{pmatrix} \cdot \begin{pmatrix} 3 \\ 4 \end{pmatrix} = 3 \times 3 + 4 \times 4 = ($ ⑲ $)$

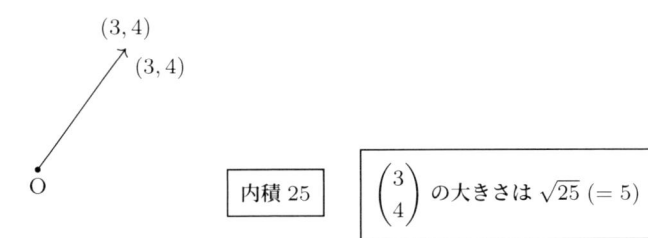

$(3, 4)$

$(3, 4)$

O

内積 25 $\begin{pmatrix} 3 \\ 4 \end{pmatrix}$ の大きさは $\sqrt{25}\,(=5)$

ベクトル a に対して，内積 $a \cdot a$ は 0 以上であり，これが 0 であるような a はゼロベクトルのみである．

正定値性

ベクトル a に対して，次が成り立つ．

$a \cdot a \geq 0$ （等号成立は $a = 0$（ゼロベクトル）のときのみ）

なお，ベクトル a の **大きさ** は，内積 $a \cdot a$ の正の平方根 $(\sqrt{})$ をとった値である．たとえば，

すぐ上の例題 7.9(7) において，ベクトル $\begin{pmatrix} 3 \\ 4 \end{pmatrix}$ を座標平面上に図示した際の原点 O からの距離「5」が，ベクトル $\begin{pmatrix} 3 \\ 4 \end{pmatrix}$ の大きさになることが確認できる．

ベクトルの大きさ

ベクトル a に対して，$\sqrt{a \cdot a}$ を a の大きさ（またはノルム）といい，$|a|$ であらわす．

例題 7.10　ベクトルの大きさを求める

次のベクトルの大きさを求めてみよう．

(1) $\begin{pmatrix} 12 \\ 5 \end{pmatrix}$
(2) $2 \begin{pmatrix} 3 \\ -5 \end{pmatrix}$
(3) $-\dfrac{1}{5} \begin{pmatrix} 2 \\ 3 \\ -5 \end{pmatrix}$
(4) $\sqrt{3} \begin{pmatrix} -\sqrt{2} \\ \sqrt{6} \\ 1 \end{pmatrix}$

解答

(1) $\begin{pmatrix} 12 \\ 5 \end{pmatrix} \cdot \begin{pmatrix} 12 \\ 5 \end{pmatrix} = 12 \times 12 + 5 \times 5 = 169$ である．

よって，$\begin{pmatrix} 12 \\ 5 \end{pmatrix}$ の大きさは，$\sqrt{169} = 13$ より，13 である．

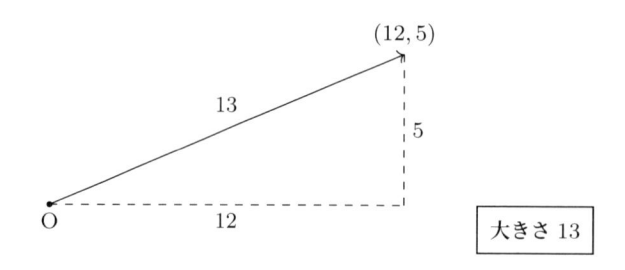

大きさ 13

(2) $2 \begin{pmatrix} 3 \\ -5 \end{pmatrix} \cdot 2 \begin{pmatrix} 3 \\ -5 \end{pmatrix} = 2 \left(\begin{pmatrix} 3 \\ -5 \end{pmatrix} \cdot 2 \begin{pmatrix} 3 \\ -5 \end{pmatrix} \right) = (2 \times 2) \left(\begin{pmatrix} 3 \\ -5 \end{pmatrix} \cdot \begin{pmatrix} 3 \\ -5 \end{pmatrix} \right)$

$= (2 \times 2)(3 \times 3 + (-5) \times (-5)) = (2 \times 2) \times 34$ である．

よって，$\begin{pmatrix} 3 \\ -5 \end{pmatrix}$ の大きさは，$\sqrt{2 \times 2 \times 34} = 2\sqrt{34}$ より，$2\sqrt{34}$ である．

(3) $-\dfrac{1}{5} \begin{pmatrix} 2 \\ 3 \\ -5 \end{pmatrix} \cdot \left(-\dfrac{1}{5} \right) \begin{pmatrix} 2 \\ 3 \\ -5 \end{pmatrix} = \left(-\dfrac{1}{5} \times \left(-\dfrac{1}{5} \right) \right)(2 \times 2 + 3 \times 3 + (-5) \times (-5))$

$= \dfrac{1}{25} \times 38$ である．

よって, $\begin{pmatrix} 2 \\ 3 \\ -5 \end{pmatrix}$ の大きさは, $\sqrt{\dfrac{1}{25} \times 38} = \sqrt{\dfrac{1}{5} \times \dfrac{1}{5} \times 38} = \dfrac{1}{5}\sqrt{38}$ より, $\dfrac{1}{5}\sqrt{38}$ である.

(4) $\sqrt{3} \begin{pmatrix} -\sqrt{2} \\ \sqrt{6} \\ 1 \end{pmatrix} \cdot \sqrt{3} \begin{pmatrix} -\sqrt{2} \\ \sqrt{6} \\ 1 \end{pmatrix} = (\sqrt{3} \times \sqrt{3})((-\sqrt{2}) \times (-\sqrt{2}) + \sqrt{6} \times \sqrt{6} + 1 \times 1)$

$\quad = 3 \times 9$ である.

よって, $\begin{pmatrix} -\sqrt{2} \\ \sqrt{6} \\ 1 \end{pmatrix}$ の大きさは, $\sqrt{3 \times 9} = \sqrt{3 \times 3 \times 3} = 3\sqrt{3}$ より, $3\sqrt{3}$ である.

問題 7.9

次のベクトルの内積を求めよ.

(1) $\begin{pmatrix} 2 \\ 1 \end{pmatrix} \cdot \begin{pmatrix} 3 \\ 5 \end{pmatrix}$
  (2) $\begin{pmatrix} 3 \\ 6 \end{pmatrix} \cdot \begin{pmatrix} -8 \\ 4 \end{pmatrix}$
  (3) $\begin{pmatrix} 1 \\ 5 \\ -5 \end{pmatrix} \cdot \begin{pmatrix} 10 \\ -2 \\ 3 \end{pmatrix}$

(4) $\dfrac{1}{100} \begin{pmatrix} 20 \\ 70 \end{pmatrix} \cdot \begin{pmatrix} -50 \\ 40 \end{pmatrix}$
  (5) $\begin{pmatrix} 2 \\ 2 \\ 7 \end{pmatrix} \cdot \left(-\begin{pmatrix} -13 \\ 7 \\ -5 \end{pmatrix} + 3\begin{pmatrix} 0 \\ 2 \\ -3 \end{pmatrix} \right)$

問題 7.10

次のベクトルの大きさを求めよ.

(1) $\begin{pmatrix} 9 \\ -2 \end{pmatrix}$
  (2) $\begin{pmatrix} 3/1000 \\ 21/1000 \end{pmatrix}$
  (3) $\dfrac{19}{5}\begin{pmatrix} -4 \\ -3 \end{pmatrix}$
  (4) $\begin{pmatrix} 10 \\ 20 \\ 30 \end{pmatrix}$

例題 7.11　直交するベクトルを求める

2次元ベクトル $\begin{pmatrix} 1 \\ 3 \end{pmatrix}$ と直交する2次元ベクトルをひとつ求めてみよう（ただし, ゼロベクトルは除く）.

解説

内積が0になるような2つのベクトルは直交するので, このベクトルとの内積が0になるベクトルを求めたい.

内積は同じ行の成分どうしをそれぞれかけてたしたものなので, これを0にするには上下を入れ替えて片方にマイナスをつければよさそうである. たとえば,

$$\begin{pmatrix} 1 \\ 3 \end{pmatrix} \cdot \begin{pmatrix} 3 \\ -1 \end{pmatrix} = 1 \times 3 + 3 \times (-1) = 0$$

となることが確認できるので，$\begin{pmatrix} 3 \\ -1 \end{pmatrix}$ は求めるベクトルであることがわかる．ほかに，$\begin{pmatrix} -3 \\ 1 \end{pmatrix}$，$\begin{pmatrix} 6 \\ -2 \end{pmatrix}$ などでもいい．

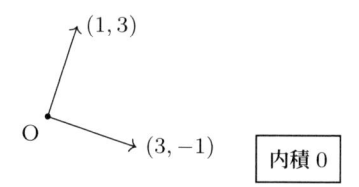

問題 7.11

2 次元ベクトル $\begin{pmatrix} -10 \\ 19 \end{pmatrix}$ と直交するような 2 次元ベクトルをひとつ求めよ（ただし，ゼロベクトルは除く）．

問題 7.12

互いに直交するような 2 つの 2 次元ベクトルの組の例をあげよ．

問題 7.13

それらのどの対も互いに直交するような 3 つの 3 次元ベクトルの組の例をあげよ．

7.4　Excel による演習

ベクトルの計算を Excel を使ってやってみよう．

例題 7.12　計算式を入力してベクトルの計算をおこなう

2 次元ベクトル $a = \begin{pmatrix} 33 \\ 56 \end{pmatrix}$，$b = \begin{pmatrix} -77 \\ 36 \end{pmatrix}$ について，$a + b$，$a - b$，$2a + 3b$，内積 $a \cdot b$，大きさ $|a|$，$|b|$ を，Excel に計算式を入力することにより，それぞれ求めよう．

	A	B	C	D	E	F	G	H	I	J
1	a		b		a+b		a-b		2a+3b	
2	33		-77							
3	56		36							
4										
5					a・b		|a|		|b|	
6										
7										

まず，上記のように入力する．

(i) セル範囲 E2:E3 に $a+b$ を計算しよう．セル E2 に「=A2+C2」と入力し，これをセル E3 にオートフィルすると，$a + b = \begin{pmatrix} -44 \\ 92 \end{pmatrix}$ が計算される．

(ii) セル範囲 G2:G3 に $a-b$ を計算しよう．セル G2 に「=A2-C2」と入力し，これをセル G3 にオートフィルすると，$a - b = \begin{pmatrix} 110 \\ 20 \end{pmatrix}$ が計算される．

(iii) セル範囲 I2:I3 には $2a + 3b$ を計算しよう．セル I2 に「=2*A2+3*C2」と入力し，これをセル I3 にオートフィルすると，$2a + 3b = \begin{pmatrix} -165 \\ 220 \end{pmatrix}$ が計算される．

(iv) セル E6 に「=A2*C2+A3*C3」と入力し，a と b の内積を求めよう．すると，$a \cdot b = -525$ であることがわかる．

(v) セル G6 に「=SQRT(A2*A2+A3*A3)」と入力して a の大きさを求めよう．SQRT 関数は正の平方根を返す関数である．そして，このセル（G6）を右クリックしてコピーし，セル I6 に貼り付け，b の大きさも求めよう．すると，$|a| = 65$, $|b| = 85$ であることがわかる．セル I6 には「=SQRT(C2*C2+C3*C3)」と入力される．

例題 7.13 関数を使ってベクトルの内積を求める

例題 7.12 のファイルを開き，内積 $a \cdot b$ を SUMPRODUCT 関数を使って求めなおそう．ここで，SUMPRODUCT 関数は，配列において対応する数どうしをそれぞれかけてたしたものを返す関数である．

セル E6 に「=SUMPRODUCT(」と入力し，2 次元ベクトル a の成分が入力されているセル範囲（A2:A3）をドラッグして選択したあと，Ctrl キーを押しながら，2 次元ベクトル b の成分が入力されているセル範囲（C2:C3）をドラッグして選択する．

そして Enter キーを押すと，a と b の内積 -525 が計算される．セルには「=SUMPRODUCT(A2:A3,C2:C3)」と入力される．

117

問題 7.14

例題 7.12 または例題 7.13 のファイルを開き, a を $\begin{pmatrix} 84 \\ -13 \end{pmatrix}$, b を $\begin{pmatrix} -77 \\ -36 \end{pmatrix}$ に変更し, $a + b$, $a - b$, $2a + 3b$, 内積 $a \cdot b$, 大きさ $|a|$, $|b|$ をそれぞれ求めよ.

第**8**章

行列の演算

この章では，行列どうしのたし算やかけ算はどういうものか理解し，演習をおこなう．

行列とは，「縦と横に数を配置してひとまとめにしたもの」である．データを行列としてとらえ簡潔にあらわすことができることもあり，画像データ，文字データも行列であらわすことがある．たとえば，データを行列で表現することにより，そのなかのある特定のデータを取り出して計算することを，行列の演算として一気に実行することができることもある．行列はデータサイエンスにおいて頻出する概念といえる．

また，連立方程式を解くのにも行列は使われている．

$$\begin{cases} x + 2y - 10z = 14 \\ 2x - y + 6z = -8 \end{cases}$$

というような複数の数式も，次のように行列を使ったひとつの式で表現することができる．

$$\begin{pmatrix} 1 & 2 & -10 \\ 2 & -1 & 6 \end{pmatrix} \begin{pmatrix} x \\ y \\ z \end{pmatrix} = \begin{pmatrix} 14 \\ -8 \end{pmatrix}$$

複数の変数もひとつのベクトルにまとめることができるのである．

行列や線型空間（ベクトル空間）を中心とした理論を研究する分野は線型代数とよばれ，数学においても基礎的な役割をはたしている．

8.1 行列の和とスカラー倍

前章では，行列の特別な場合であるベクトル（1列の行列）の加法やスカラー倍について学習した．この章では，一般の行列について計算をしてみよう．

ふたつの行列が同じ型であるとき，**行列の和**は，対応する成分どうしの和によって計算され，**行列の差**は，対応する成分どうしの差によって計算される．また，行列に対してもスカラー（数）をかけることが定義できる．**行列のスカラー倍**は，行列のそれぞれの成分をスカラー倍することによって計算される．

なお，ふたつの行列は，型が同じでかつどの対応する成分どうしも等しいとき，またそのときに限って，互いに**等しい**といわれる．

例題 8.1　行列の和を求める

たとえば，次のように計算される．

$$\begin{pmatrix} 10 & 20 & 30 \\ 40 & 50 & 60 \end{pmatrix} + \begin{pmatrix} 1 & 2 & 3 \\ 4 & 5 & 6 \end{pmatrix} = \begin{pmatrix} 10+1 & 20+2 & 30+3 \\ 40+4 & 50+5 & 60+6 \end{pmatrix} = (\ \ ①\ \ ),$$

$$\begin{pmatrix} 10 & 20 \\ 30 & 40 \\ 50 & 60 \end{pmatrix} + \begin{pmatrix} 1 & 2 \\ 3 & 4 \\ 5 & 6 \end{pmatrix} = \begin{pmatrix} 10+1 & 20+2 \\ 30+3 & 40+4 \\ 50+5 & 60+6 \end{pmatrix} = (\ \ ②\ \ )$$

以下，行列の和を考えるときは，同じ型の行列どうし，つまり，行数も互いに等しくて列数も互いに等しい行列どうしに限るとする．

> **問題 8.1**
>
> 次の行列の計算をせよ．
>
> $$(1)\ \begin{pmatrix} 21 & -23 \\ 33 & -17 \end{pmatrix} + \begin{pmatrix} 13 & -24 \\ 37 & -50 \end{pmatrix} \qquad (2)\ \begin{pmatrix} 5 & -8 & -6 & 4 \\ 10 & -7 & 3 & 12 \\ -11 & -2 & 9 & 1 \end{pmatrix} + \begin{pmatrix} 9 & 12 & 10 & 1 \\ 6 & -2 & 11 & -8 \\ 3 & -7 & 5 & 4 \end{pmatrix}$$

すべての成分が 0 である行列は**ゼロ行列**とよばれ，0 または O と書かれる．またたとえば，

$$O_2 = O_{2,2} = \begin{pmatrix} 0 & 0 \\ 0 & 0 \end{pmatrix}, \quad O_{3,4} = \begin{pmatrix} 0 & 0 & 0 & 0 \\ 0 & 0 & 0 & 0 \\ 0 & 0 & 0 & 0 \end{pmatrix}, \quad O_{1,5} = \begin{pmatrix} 0 & 0 & 0 & 0 & 0 \end{pmatrix}$$

のように，行列の型を O に付記することもある．

例題 8.2　指定された型のゼロ行列を求める

たとえば，2行3列のゼロ行列は $O_{2,3} = \begin{pmatrix} 0 & 0 & 0 \\ 0 & 0 & 0 \end{pmatrix}$ である．

3 行 2 列のゼロ行列，また，1 行 3 列のゼロ行列を書け．

例題 8.3　行列のスカラー倍を求める

たとえば，下記のように計算される．

$$10 \begin{pmatrix} 1 & 2 & 3 \\ 4 & 5 & 6 \end{pmatrix} = \begin{pmatrix} 10 \times 1 & 10 \times 2 & 10 \times 3 \\ 10 \times 4 & 10 \times 5 & 10 \times 6 \end{pmatrix} = (\quad ③ \quad),$$

$$-\frac{1}{10} \begin{pmatrix} 10 & 20 \\ 30 & 40 \\ 50 & 60 \end{pmatrix} = \begin{pmatrix} -\frac{1}{10} \times 10 & -\frac{1}{10} \times 20 \\ -\frac{1}{10} \times 30 & -\frac{1}{10} \times 40 \\ -\frac{1}{10} \times 50 & -\frac{1}{10} \times 60 \end{pmatrix} = (\quad ④ \quad)$$

なお一般に，行列 A に対して，$(-1)A$ を $-A$ とも書く．

また，同じ型の行列 A，B に対し，行列の差を $A - B = A + (-B)$ によって，つまり，対応する成分どうしの差によって計算する．

例題 8.4　行列の差を求める

たとえば，下記のように計算される．

$$\begin{pmatrix} -3 & -6 & -9 \end{pmatrix} - \begin{pmatrix} -1 & 0 & 2 \end{pmatrix} = \begin{pmatrix} -3 - (-1) & -6 - 0 & -9 - 2 \end{pmatrix} = (\quad ⑤ \quad)$$

次の行列の計算をせよ．

$$(1)\ 3 \begin{pmatrix} 1 & -2 \\ -1 & 3 \end{pmatrix} - \begin{pmatrix} 3 & -6 \\ -3 & 9 \end{pmatrix} \qquad (2)\ \begin{pmatrix} 2 & -11 \\ 12 & 10 \\ -2 & -16 \end{pmatrix} - \frac{1}{2} \begin{pmatrix} 3 & 2 \\ 8 & -6 \\ -10 & 8 \end{pmatrix}$$

$A = \begin{pmatrix} 5 & -10 & -5 \\ -15 & -20 & 0 \end{pmatrix}$，$B = \begin{pmatrix} -2 & 1 & -3 \\ -4 & 2 & -5 \end{pmatrix}$ のとき，次の行列を求めよ．

(1) $A + B$ $\qquad$ (2) $2B$ $\qquad$ (3) $A - B$ $\qquad$ (4) $\dfrac{1}{5}A - 2B$

121

補足 8.1（線型空間（ベクトル空間）の公理）

行列の加法とスカラー倍は次の公理をみたす（A, B, C は行列, k, l はスカラーとする. また, O はゼロ行列とする）. なお, 行列の特別な場合であるベクトル（1 列の行列）の加法とスカラー倍については, 次の公理をみたすことを前章で言及している.

[加法の公理]

$$(A + B) + C = A + (B + C), \quad A + B = B + A$$
$$O + A = A + O = A, \quad (-A) + A = A + (-A) = O$$

[スカラー倍の公理]

$$k(A + B) = kA + kB, \quad (k + l)A = kA + lA, \quad (kl)A = k(lA), \quad 1A = A$$

8.2　行列の積

例題 8.5　行列の積があらわす意味を考える

例題 7.2 において, ある店舗で販売している「1 本 500 円で 520 g の重さの白ビール」と「1 本 300 円で 370 g の重さの黒ビール」について,

$$\begin{pmatrix} 500 & 300 \\ 520 & 370 \end{pmatrix}$$

と行列で表現した.

たとえば, 白ビールを 5 本, 黒ビールを 2 本買うとすると, 合計金額は

$$500 \times 5 + 300 \times 2 = 3100$$

となり, 合計の重さは

$$520 \times 5 + 370 \times 2 = 3340$$

となる. このことを**行列の積**として,

$$\begin{pmatrix} 500 & 300 \\ 520 & 370 \end{pmatrix} \begin{pmatrix} 5 \\ 2 \end{pmatrix} = \begin{pmatrix} 500 \times 5 + 300 \times 2 \\ 520 \times 5 + 370 \times 2 \end{pmatrix} = (\quad ⑥ \quad)$$

というようにあらわしたい.

また,「1 本 5000 円で 1500 g の重さの赤ワイン」と「1 本 3000 円で 1300 g の重さの白ワイン」と「1 本 4000 円で 1400 g の重さのロゼワイン」についても,

$$\begin{pmatrix} 5000 & 3000 & 4000 \\ 1500 & 1300 & 1400 \end{pmatrix}$$

というように行列で表現した.

たとえば, 赤ワインを 5 本, 白ワインを 3 本, ロゼワインを 2 本買うとすると, 合計金額は

$$5000 \times 5 + 3000 \times 3 + 4000 \times 2 = 42000$$

となり，合計の重さは

$$1500 \times 5 + 1300 \times 3 + 1400 \times 2 = 14200$$

となるが，このことも行列の積として，

$$\begin{pmatrix} 5000 & 3000 & 4000 \\ 1500 & 1300 & 1400 \end{pmatrix} \begin{pmatrix} 5 \\ 3 \\ 2 \end{pmatrix} = \begin{pmatrix} 5000 \times 5 + 3000 \times 3 + 4000 \times 2 \\ 1500 \times 5 + 1300 \times 3 + 1400 \times 2 \end{pmatrix} = (\quad ⑦\quad)$$

というようにあらわすことができる．

補足 8.2（単位込みの行列の積）

上記における，行列の積として表現を単位込みで書いてみると，下記のようになる．

$$\begin{pmatrix} 500(円) & 300(円) \\ 520(g) & 370(g) \end{pmatrix} \begin{pmatrix} 5(個) \\ 2(個) \end{pmatrix} = \begin{pmatrix} (500 \times 5 + 300 \times 2)(円) \\ (520 \times 5 + 370 \times 2)(g) \end{pmatrix} = \begin{pmatrix} 3100(円) \\ 3340(g) \end{pmatrix},$$

$$\begin{pmatrix} 5000(円) & 3000(円) & 4000(円) \\ 1500(g) & 1300(g) & 1400(g) \end{pmatrix} \begin{pmatrix} 5(個) \\ 3(個) \\ 2(個) \end{pmatrix} = \begin{pmatrix} (5000 \times 5 + 3000 \times 3 + 4000 \times 2)(円) \\ (1500 \times 5 + 1300 \times 3 + 1400 \times 2)(g) \end{pmatrix}$$

$$= \begin{pmatrix} 42000(円) \\ 14200(g) \end{pmatrix}$$

行列の和，スカラー倍は，成分ごとにおこなわれる数の演算をただまとめて書いたものにすぎなかったが，ここではじめて本質的に新しい演算として，行列の積を定義することになる．

行列の積については，例でしくみを理解しよう．

左の行列からは「行」，右の行列からは「列」を取り出して，それらの積和を計算しているのである．つまり，積 AB の (m, n) 成分は，「A の m 行目」と「B の n 列目」を取り出して，それらの積和を計算したものである．

例題 8.6 　行列の積を求める

上記の例と同じ型の行列の積について，他の例も計算してみよう．

解答

まず，2 行 2 列の行列と 2 行 1 列の行列の積については，たとえば，

$$\begin{pmatrix} 1 & 2 \\ 3 & 4 \end{pmatrix} \begin{pmatrix} 5 \\ 6 \end{pmatrix} = \begin{pmatrix} 1 \times 5 + 2 \times 6 \\ 3 \times 5 + 4 \times 6 \end{pmatrix} = (\quad ⑧\quad)$$

というように計算する．つまり，

(i) $(2, 2)$ 行列と $(2, 1)$ 行列の積は $(2, 1)$ 行列になる.

(ii) 積の $(1, 1)$ 成分は,「左の行列の 1 行目 $\begin{pmatrix} 1 & 2 \end{pmatrix}$」と「右の行列の 1 列目 $\begin{pmatrix} 5 \\ 6 \end{pmatrix}$」について, 対応する成分どうしの積の和をとって求める.

(iii) 積の $(2, 1)$ 成分は,「左の行列の 2 行目 $\begin{pmatrix} 3 & 4 \end{pmatrix}$」と「右の行列の 1 列目 $\begin{pmatrix} 5 \\ 6 \end{pmatrix}$」について, 対応する成分どうしの積の和をとって求める.

また, 2 行 3 列の行列と 3 行 1 列の行列の積については, たとえば,

$$\begin{pmatrix} 1 & 2 & 3 \\ 4 & 5 & 6 \end{pmatrix} \begin{pmatrix} 7 \\ 8 \\ 9 \end{pmatrix} = \begin{pmatrix} 1 \times 7 + 2 \times 8 + 3 \times 9 \\ 4 \times 7 + 5 \times 8 + 6 \times 9 \end{pmatrix} = (\quad ⑨ \quad)$$

というように計算する. つまり,

(i) $(2, 3)$ 行列と $(3, 1)$ 行列の積は $(2, 1)$ 行列になる.

(ii) 積の $(1, 1)$ 成分は,「左の行列の 1 行目 $\begin{pmatrix} 1 & 2 & 3 \end{pmatrix}$」と「右の行列の 1 列目 $\begin{pmatrix} 7 \\ 8 \\ 9 \end{pmatrix}$」について, 対応する成分どうしの積の和をとって求める.

(iii) 積の $(2, 1)$ 成分は,「左の行列の 2 行目 $\begin{pmatrix} 4 & 5 & 6 \end{pmatrix}$」と「右の行列の 1 列目 $\begin{pmatrix} 7 \\ 8 \\ 9 \end{pmatrix}$」について, 対応する成分どうしの積の和をとって求める.

　一般に, **左の行列の列数と右の行列の行数が一致するときのみ積が求められ, (m, k) 行列と (k, n) 行列の積は (m, n) 行列になる**ことに注意しよう. いつでも積が定義されるわけではないのである.

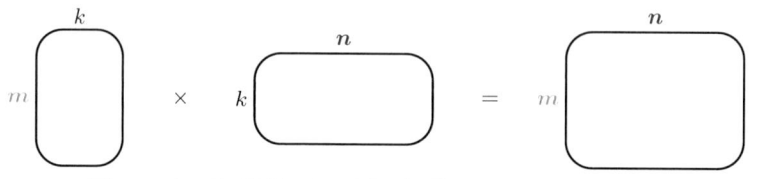

図 8.1　(m, k) 行列と (k, n) 行列の積は (m, n) 行列になる

例題 8.7　行列の積が定義されない例を考える

たとえば,

$$\begin{pmatrix} 1 & 2 & 3 \\ 4 & 5 & 6 \end{pmatrix} \begin{pmatrix} 7 \\ 8 \end{pmatrix}$$

というような, $(2, 3)$ 行列と $(2, 1)$ 行列の積は定義されない. 左の行列の列数「3」と右の行列の行数「2」が一致しないからである. 実際, むりやり計算しようとしても,

$$\begin{pmatrix} 1 \times 7 + 2 \times 8 + 3 \times ? \\ 4 \times 7 + 5 \times 8 + 6 \times ? \end{pmatrix}$$

というように，うまくいかないことがわかる．

例題 8.8　　2 行 2 列の行列どうしの積を求める

2 行 2 列の行列と 2 行 2 列の行列の積については，たとえば，

$$\begin{pmatrix} 1 & 2 \\ 3 & 4 \end{pmatrix}\begin{pmatrix} 5 & 6 \\ 7 & 8 \end{pmatrix} = \begin{pmatrix} 1 \times 5 + 2 \times 7 & 1 \times 6 + 2 \times 8 \\ 3 \times 5 + 4 \times 7 & 3 \times 6 + 4 \times 8 \end{pmatrix} = (\quad ⑩ \quad)$$

というように計算する．つまり，

(i) $(2, 2)$ 行列と $(2, 2)$ 行列の積は $(2, 2)$ 行列になる．

(ii) 積の $(1, 1)$ 成分は，「左の行列の 1 行目 $\begin{pmatrix} 1 & 2 \end{pmatrix}$」と「右の行列の 1 列目 $\begin{pmatrix} 5 \\ 7 \end{pmatrix}$」について，対応する成分どうしの積の和をとって求める．

(iii) 積の $(1, 2)$ 成分は，「左の行列の 1 行目 $\begin{pmatrix} 1 & 2 \end{pmatrix}$」と「右の行列の 2 列目 $\begin{pmatrix} 6 \\ 8 \end{pmatrix}$」について，対応する成分どうしの積の和をとって求める．

(iv) 積の $(2, 1)$ 成分は，「左の行列の 2 行目 $\begin{pmatrix} 3 & 4 \end{pmatrix}$」と「右の行列の 1 列目 $\begin{pmatrix} 5 \\ 7 \end{pmatrix}$」について，対応する成分どうしの積の和をとって求める．

(v) 積の $(2, 2)$ 成分は，「左の行列の 2 行目 $\begin{pmatrix} 3 & 4 \end{pmatrix}$」と「右の行列の 2 列目 $\begin{pmatrix} 6 \\ 8 \end{pmatrix}$」について，対応する成分どうしの積の和をとって求める．

例題 8.9　　行列の積についての計算法則を確認する

$A = \begin{pmatrix} 1 & 2 \\ 3 & 4 \end{pmatrix}, B = \begin{pmatrix} 5 & 6 \\ 7 & 8 \end{pmatrix}, C = \begin{pmatrix} 9 \\ 10 \end{pmatrix}$ とする．

上記より，$AB = (\quad ⑩ \quad)$ であることがわかった．よって，$(AB)C$ は次のように計算される．

$$(AB)C = \begin{pmatrix} 19 & 22 \\ 43 & 50 \end{pmatrix}\begin{pmatrix} 9 \\ 10 \end{pmatrix} = \begin{pmatrix} 19 \times 9 + 22 \times 10 \\ 43 \times 9 + 50 \times 10 \end{pmatrix} = \begin{pmatrix} 391 \\ 887 \end{pmatrix}$$

また，BC を計算すると，

$$\begin{pmatrix} 5 & 6 \\ 7 & 8 \end{pmatrix}\begin{pmatrix} 9 \\ 10 \end{pmatrix} = \begin{pmatrix} 5 \times 9 + 6 \times 10 \\ 7 \times 9 + 8 \times 10 \end{pmatrix} = (\quad ⑪ \quad)$$

となるので，$A(BC)$ は次のように計算される．

$$A(BC) = \begin{pmatrix} 1 & 2 \\ 3 & 4 \end{pmatrix}\begin{pmatrix} 105 \\ 143 \end{pmatrix} = \begin{pmatrix} 1 \times 105 + 2 \times 143 \\ 3 \times 105 + 4 \times 143 \end{pmatrix} = (\quad ⑫ \quad)$$

これより，$(AB)C = A(BC)$ となることが確認できた.
このことは，一般にも成り立つ.

乗法の結合法則

行列 A, B, C に対して，次が成り立つ（積が定義できる場合）.

$(AB)C = A(BC)$　　　　（この左辺（＝右辺）を ABC とも書くことにする）

BA を計算してみると，

$$BA = \begin{pmatrix} 5 & 6 \\ 7 & 8 \end{pmatrix} \begin{pmatrix} 1 & 2 \\ 3 & 4 \end{pmatrix} = \begin{pmatrix} 5 \times 1 + 6 \times 3 & 5 \times 2 + 6 \times 4 \\ 7 \times 1 + 8 \times 3 & 7 \times 2 + 8 \times 4 \end{pmatrix} = (\quad ⑬ \quad)$$

となる. よって，$AB \neq BA$ となることが確認できた.

このように，**行列 A, B において，一般には交換法則 $AB = BA$ は成立しない.** また，**行列のかけ算では，積 AB が定義されても，積 BA はかならずしも定義されない**ことにも注意しよう. 積の順序が重要である.

$(A + B)C$ は次のように計算される.

$$(A + B)C = \left(\begin{pmatrix} 1 & 2 \\ 3 & 4 \end{pmatrix} + \begin{pmatrix} 5 & 6 \\ 7 & 8 \end{pmatrix} \right) \begin{pmatrix} 9 \\ 10 \end{pmatrix} = (\quad ⑭ \quad) \begin{pmatrix} 9 \\ 10 \end{pmatrix}$$

$$= \begin{pmatrix} 6 \times 9 + 8 \times 10 \\ 10 \times 9 + 12 \times 10 \end{pmatrix} = \begin{pmatrix} 134 \\ 210 \end{pmatrix}$$

また，$AC + BC$ は次のように計算される.

$$AC + BC = \begin{pmatrix} 1 & 2 \\ 3 & 4 \end{pmatrix} \begin{pmatrix} 9 \\ 10 \end{pmatrix} + \begin{pmatrix} 5 & 6 \\ 7 & 8 \end{pmatrix} \begin{pmatrix} 9 \\ 10 \end{pmatrix}$$

$$= \begin{pmatrix} 1 \times 9 + 2 \times 10 \\ 3 \times 9 + 4 \times 10 \end{pmatrix} + \begin{pmatrix} 5 \times 9 + 6 \times 10 \\ 7 \times 9 + 8 \times 10 \end{pmatrix} = (\quad ⑮ \quad) + (\quad ⑯ \quad) = \begin{pmatrix} 134 \\ 210 \end{pmatrix}$$

これより，$(A + B)C = AC + BC$ となることが確認できた.
このことは，一般にも成り立つ.

乗法の右側分配法則

行列 A, B, C に対して，次が成り立つ（積が定義できる場合）.

$(A + B)C = AC + BC$

また，次も成り立つ.

> **乗法の左側分配法則**
>
> 行列 A, B, C に対して，次が成り立つ（積が定義できる場合）.
>
> $$A(B+C) = AB + AC$$

AI は次のように計算される（I は単位行列. 第7章参照）.

$$AI = \begin{pmatrix} 1 & 2 \\ 3 & 4 \end{pmatrix} \begin{pmatrix} 1 & 0 \\ 0 & 1 \end{pmatrix} = \begin{pmatrix} 1\times1+2\times0 & 1\times0+2\times1 \\ 3\times1+4\times0 & 3\times0+4\times1 \end{pmatrix} = (\quad ⑰ \quad) = A$$

また，IA は次のように計算される.

$$IA = \begin{pmatrix} 1 & 0 \\ 0 & 1 \end{pmatrix} \begin{pmatrix} 1 & 2 \\ 3 & 4 \end{pmatrix} = \begin{pmatrix} 1\times1+0\times3 & 1\times2+0\times4 \\ 0\times1+1\times3 & 0\times2+1\times4 \end{pmatrix} = (\quad ⑱ \quad) = A$$

よって，**A に単位行列をどちらからかけても不変である**ことが確認できた.

このことは，一般にも成り立つ.

> **乗法単位元**
>
> どの行列 A に対しても，単位行列 I について，次が成り立つ（積が定義できる場合）.
>
> $$AI = A, \qquad IA = A$$

AO は次のように計算される.

$$AO = \begin{pmatrix} 1 & 2 \\ 3 & 4 \end{pmatrix} \begin{pmatrix} 0 & 0 \\ 0 & 0 \end{pmatrix} = \begin{pmatrix} 1\times0+2\times0 & 1\times0+2\times0 \\ 3\times0+4\times0 & 3\times0+4\times0 \end{pmatrix} = (\quad ⑲ \quad) = O$$

また，OA は次のように計算される.

$$OA = \begin{pmatrix} 0 & 0 \\ 0 & 0 \end{pmatrix} \begin{pmatrix} 1 & 2 \\ 3 & 4 \end{pmatrix} = \begin{pmatrix} 0\times1+0\times0 & 0\times2+0\times4 \\ 0\times2+0\times4 & 0\times2+0\times4 \end{pmatrix} = (\quad ⑳ \quad) = O$$

よって，**A にゼロ行列をどちらからかけても O になる**ことが確認できた.

このことは，一般にも成り立つ.

> **乗法吸収元**
>
> どの行列 A に対しても，ゼロ行列 O について，次が成り立つ（積が定義できる場合）.
>
> $$AO = O, \qquad OA = O$$
>
> （上のどちらの式についても，A が正方行列でないときは，左辺の O と右辺の O は互いに同じ型ではない）

問題 8.5

次の行列の積を計算せよ.

(1) $\begin{pmatrix} 1 & 3 \\ 5 & 7 \end{pmatrix} \begin{pmatrix} -2 \\ -6 \end{pmatrix}$

(2) $\begin{pmatrix} 1 & 3 \\ 5 & 7 \end{pmatrix} \begin{pmatrix} -2 & -4 \\ -6 & -8 \end{pmatrix}$

(3) $\begin{pmatrix} 3 & 6 & 9 \\ -2 & -4 & -6 \end{pmatrix} \begin{pmatrix} 1 \\ 5 \\ 10 \end{pmatrix}$

(4) $\begin{pmatrix} 3 & 6 & 9 \\ -2 & -4 & -6 \end{pmatrix} \begin{pmatrix} 1 & -1 \\ 5 & -5 \\ 10 & -10 \end{pmatrix}$

例題 8.10　行列の積が定義されるかどうかを確認する

次の行列の積が定義されるかどうか型を確認し，定義できれば積を計算しよう.

(1) $\begin{pmatrix} 1 & 2 \end{pmatrix} \begin{pmatrix} 3 \\ 4 \end{pmatrix}$

(2) $\begin{pmatrix} 1 & 2 & 3 \end{pmatrix} \begin{pmatrix} 4 \\ 5 \\ 6 \end{pmatrix}$

(3) $\begin{pmatrix} 1 \\ 2 \end{pmatrix} \begin{pmatrix} 3 & 4 \end{pmatrix}$

(4) $\begin{pmatrix} 1 \\ 2 \\ 3 \end{pmatrix} \begin{pmatrix} 4 & 5 & 6 \end{pmatrix}$

(5) $\begin{pmatrix} 1 \\ 2 \\ 3 \end{pmatrix} \begin{pmatrix} 4 & 5 & 6 \\ 7 & 8 & 9 \end{pmatrix}$

(6) $\begin{pmatrix} 1 & 4 \\ 2 & 5 \\ 3 & 6 \end{pmatrix} \begin{pmatrix} 7 \\ 8 \end{pmatrix}$

解答

(1) 積が定義される　$((1,2)$ 型 $\times (2,1)$ 型 $= (1,1)$ 型$)$

$$\begin{pmatrix} 1 & 2 \end{pmatrix} \begin{pmatrix} 3 \\ 4 \end{pmatrix} = 1 \times 3 + 2 \times 4 = 11$$

(2) 積が定義される　$((1,3)$ 型 $\times (3,1)$ 型 $= (1,1)$ 型$)$

$$\begin{pmatrix} 1 & 2 & 3 \end{pmatrix} \begin{pmatrix} 4 \\ 5 \\ 6 \end{pmatrix} = 1 \times 4 + 2 \times 5 + 3 \times 6 = 32$$

(3) 積が定義される　$((2,1)$ 型 $\times (1,2)$ 型 $= (2,2)$ 型$)$

$$\begin{pmatrix} 1 \\ 2 \end{pmatrix} \begin{pmatrix} 3 & 4 \end{pmatrix} = \begin{pmatrix} 1 \times 3 & 1 \times 4 \\ 2 \times 3 & 2 \times 4 \end{pmatrix} = \begin{pmatrix} 3 & 4 \\ 6 & 8 \end{pmatrix}$$

(4) 積が定義される　$((3,1)$ 型 $\times (1,3)$ 型 $= (3,3)$ 型$)$

$$\begin{pmatrix} 1 \\ 2 \\ 3 \end{pmatrix} \begin{pmatrix} 4 & 5 & 6 \end{pmatrix} = \begin{pmatrix} 1 \times 4 & 1 \times 5 & 1 \times 6 \\ 2 \times 4 & 2 \times 5 & 2 \times 6 \\ 3 \times 4 & 3 \times 5 & 3 \times 6 \end{pmatrix} = \begin{pmatrix} 4 & 5 & 6 \\ 8 & 10 & 12 \\ 12 & 15 & 18 \end{pmatrix}$$

(5) 積は定義されない　$((3,1)$ 行列と $(2,3)$ 行列の積は定義されない$)$

(6) 積が定義される （$(3,2)$ 型 $\times (2,1)$ 型 $= (3,1)$ 型）

$$\begin{pmatrix} 1 & 4 \\ 2 & 5 \\ 3 & 6 \end{pmatrix} \begin{pmatrix} 7 \\ 8 \end{pmatrix} = \begin{pmatrix} 1 \times 7 + 4 \times 8 \\ 2 \times 7 + 5 \times 8 \\ 3 \times 7 + 6 \times 8 \end{pmatrix} = \begin{pmatrix} 39 \\ 54 \\ 69 \end{pmatrix}$$

問題 8.6

次の行列の積を計算せよ．ただし，積が定義されないときは「積は定義されない」と書け．

(1) $\begin{pmatrix} -6 & 3 \end{pmatrix} \begin{pmatrix} 2 \\ -4 \end{pmatrix}$

(2) $\begin{pmatrix} 5 & -2 & -3 \end{pmatrix} \begin{pmatrix} 1 \\ -4 \\ -6 \end{pmatrix}$

(3) $\begin{pmatrix} 8 \\ -1 \end{pmatrix} \begin{pmatrix} 3 & -10 \end{pmatrix}$

(4) $\begin{pmatrix} 5 \\ -3 \\ 11 \end{pmatrix} \begin{pmatrix} -4 & 9 & 0 \end{pmatrix}$

(5) $\begin{pmatrix} 1 \\ 9 \\ -3 \end{pmatrix} \begin{pmatrix} 4 & 2 \\ -5 & -7 \end{pmatrix}$

問題 8.7

次の行列の積を計算せよ．ただし，積が定義されないときは「積は定義されない」と書け．

(1) $\begin{pmatrix} 1 & 0 \end{pmatrix} \begin{pmatrix} 1 & 2 \\ 3 & 4 \end{pmatrix}$

(2) $\begin{pmatrix} -4 & 5 \end{pmatrix} \begin{pmatrix} 8 & -1 \\ 0 & -3 \\ 2 & -6 \end{pmatrix}$

(3) $\begin{pmatrix} 2 \\ -11 \end{pmatrix} \begin{pmatrix} 7 & -5 & 1 \\ 9 & -12 & 10 \end{pmatrix}$

(4) $\begin{pmatrix} 4 & 1 \\ 3 & 2 \end{pmatrix} \begin{pmatrix} 0 & 3 & 1 \\ 2 & 0 & -1 \end{pmatrix}$

(5) $\begin{pmatrix} 1 & 6 \\ 2 & 5 \\ 3 & 4 \end{pmatrix} \begin{pmatrix} 0 & -1 \\ 1 & 0 \end{pmatrix}$

問題 8.8

$A = \begin{pmatrix} 2 & 7 \end{pmatrix}$, $B = \begin{pmatrix} -10 \\ -19 \end{pmatrix}$, $C = \begin{pmatrix} 5 & 4 \\ -1 & -8 \end{pmatrix}$ のとき，次の行列の積を計算せよ．ただし，積が定義されないときは「積は定義されない」と書け．

(1) AB (2) AC (3) BA

(4) BC (5) CA (6) CB

8.3 Excel による演習

行列の計算を Excel を使ってやってみよう.

例題 8.11 計算式を入力して行列の計算をおこなう

2 行 2 列の行列 $A = \begin{pmatrix} 1 & 2 \\ 3 & 4 \end{pmatrix}$, $B = \begin{pmatrix} 5 & 6 \\ 7 & 8 \end{pmatrix}$ について, $A+B$, $A-B$, $2A+3B$, AB, BA を, Excel に計算式を入力することにより, それぞれ求めよう.

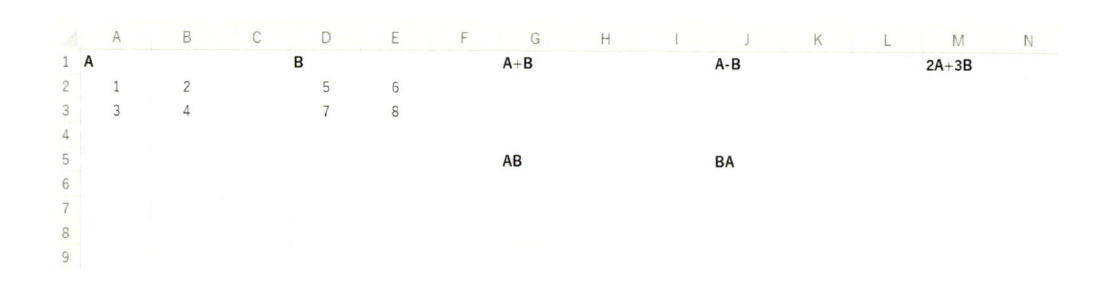

まず, 上記のように入力する.

(i) セル範囲 G2:H3 に $A+B$ を計算しよう. セル G2 に「=A2+D2」と入力し, これをセル G3 にオートフィルし, さらに, そのままセル範囲 G2:G3 を右に (H 列まで) オートフィルする. すると, $A+B = \begin{pmatrix} 6 & 8 \\ 10 & 12 \end{pmatrix}$ が計算される.

(ii) セル範囲 J2:K3 に $A-B$ を計算しよう. セル J2 に「=A2-D2」と入力し, これをオートフィルすることにより, $A-B = \begin{pmatrix} -4 & -4 \\ -4 & -4 \end{pmatrix}$ が計算される.

(iii) セル範囲 M2:N3 には $2A+3B$ を計算しよう. セル M2 に「=2*A2+3*D2」と入力し, これをオートフィルすることにより, $2A+3B = \begin{pmatrix} 17 & 22 \\ 27 & 32 \end{pmatrix}$ が計算される.

(iv) 行列の積を返す MMULT 関数を使い, スピルによって積 AB を求めよう. セル G6 に「=MMULT(A2:B3,D2:E3)」と入力し, Enter キーを押すと, $AB = \begin{pmatrix} 19 & 22 \\ 43 & 50 \end{pmatrix}$ が計算される (計算式のなかの「A2:B3」を入力するにはセル範囲 A2:B3 をドラッグして指定すればいい.「D2:E3」の入力についても同様である).

(v) 同様に, セル J6 に「=MMULT(D2:E3,A2:B3)」と入力し, Enter キーを押すと, $BA = \begin{pmatrix} 23 & 34 \\ 31 & 46 \end{pmatrix}$ が計算される.

なお, $A+B$ について, セル G3 に「=A2:B3+D2:E3」と入力して Enter キーを押し, スピ

ルによって求めてもいい. 同様に, $A - B$, $2A + 3B$ についてもスピルによって求めてもいい.

補足 8.3

Excel のバージョンが 2019 以前の場合はスピルを使えない. そのような場合に行列の積 AB を求めるには, セル範囲 G6:H7 を選択し,「=MMULT(A2:B3,D2:E3」を入力したあと, Shift キー +Ctrl キー +Enter キーを押そう.

問題 8.9

例題 8.11 のファイルを開き, 行列 A を $\begin{pmatrix} 1 & 7 \\ 2 & 9 \end{pmatrix}$, 行列 B を $\begin{pmatrix} 87 & -53 \\ -93 & -19 \end{pmatrix}$ に変更し, $A + B$, $A - B$, $2A + 3B$, AB, BA をそれぞれ求めよ.

例題 8.12　スピルを使って行列の計算をおこなう

スピルを使って, $9 \begin{pmatrix} 37 & 54 & -12 \\ -71 & 21 & 92 \end{pmatrix} + \dfrac{1}{2} \begin{pmatrix} 32 & 34 & 12 \\ 20 & -38 & -56 \end{pmatrix}$ を計算をしよう.

	A	B	C	D	E	F	G	H	I	J	K	L
1	A				B				9A+(1/2)B			
2	37	54	-12		32	34	12					
3	-71	21	92		20	-38	-56					
4												
5												

まず, 上記のように入力する.

スピルによって, $9A + (1/2)B$ を計算しよう. ここで,

$$A = \begin{pmatrix} 37 & 54 & -12 \\ -71 & 21 & 92 \end{pmatrix}, \quad B = \begin{pmatrix} 32 & 34 & 12 \\ 20 & -38 & -56 \end{pmatrix}$$

とおいている.

セル I2 に「=9*A2:C3+1/2*E2:G3」と入力し, Enter キーを押すと,

$$9A + (1/2)B = \begin{pmatrix} 349 & 503 & -102 \\ -629 & 170 & 800 \end{pmatrix}$$

が計算される（計算式のなかの「A2:C3」を入力するにはセル範囲 A2:C3 をドラッグして指定すればいい.「E2:G3」の入力についても同様である）.

補足 8.4

Excel のバージョンが 2019 以前の場合はスピルを使えない. そのような場合に $9A + (1/2)B$ を求めるには, セル I2 に「=9*A2+1/2*E2」と入力し, それをオートフィルしよう.

問題 8.10

Excel を使って，次を計算せよ．

(1) $-\dfrac{1}{3}\begin{pmatrix} 33 & 84 & 42 \\ -21 & -90 & -63 \end{pmatrix} - 3\begin{pmatrix} -5 & 4 & 10 \\ -3 & -9 & 7 \end{pmatrix}$

(2) $13\begin{pmatrix} -89 & -1 & 23 \end{pmatrix} - \dfrac{4}{5}\begin{pmatrix} -35 & 105 & 0 \end{pmatrix}$

例題 8.13　正方行列どうし以外の行列の積を求める

正方行列どうし以外の行列の積も，MMULT 関数を使って求めることができる．たとえば，下記の行列の積を計算しよう．$(3, 3)$ 行列と $(3, 2)$ 行列の積なので，$(3, 2)$ 行列になるはずである．

$$\begin{pmatrix} 23 & 68 & -17 \\ -55 & 57 & 33 \\ 52 & -38 & -19 \end{pmatrix}\begin{pmatrix} 21 & 37 \\ 60 & -81 \\ -43 & -91 \end{pmatrix}$$

	A	B	C	D	E	F	G	H	I	J	K	L
1	A				B			AB			BA	
2	23	68	-17		21	37						
3	-55	57	33		60	-81						
4	52	-38	-19		-43	-91						
5												
6												

まず，上記のように入力する．

スピルによって，積 AB を求めよう．ここで，

$$A = \begin{pmatrix} 23 & 68 & -17 \\ -55 & 57 & 33 \\ 52 & -38 & -19 \end{pmatrix}, \quad B = \begin{pmatrix} 21 & 37 \\ 60 & -81 \\ -43 & -91 \end{pmatrix}$$

とおいている．

セル H2 に「=MMULT(A2:C4,E2:F4)」と入力し，Enter キーを押すと，

$$AB = \begin{pmatrix} 5294 & -3110 \\ 846 & -9655 \\ -371 & 6731 \end{pmatrix}$$

が計算される．

つぎに，行列の積が定義されないときに，MMULT 関数を使って積を求めようとすると，どうなるのかを見てみよう．

たとえば，下記の行列の積 BA を求めようとしてみよう．$(3, 2)$ 行列と $(3, 3)$ 行列の積なの

で，定義されないはずである．

$$\begin{pmatrix} 21 & 37 \\ 60 & -81 \\ -43 & -91 \end{pmatrix} \begin{pmatrix} 23 & 68 & -17 \\ -55 & 57 & 33 \\ 52 & -38 & -19 \end{pmatrix}$$

積 BA を求めようとして，セル K2 に「=MMULT(E2:F4,A2:C4」と入力し，Enter キーを押すと，「#VALUE!」と表示され，計算されないことが確認できる．

問題 8.11

Excel を使って，次を計算せよ．

(1) $\begin{pmatrix} 87 & -3 \\ 76 & 9 \\ 101 & 3 \\ -17 & -66 \end{pmatrix} \begin{pmatrix} 34 & 90 & -28 \\ 31 & -76 & 51 \end{pmatrix}$
　(2) $\begin{pmatrix} 87 & -3 \\ 76 & 9 \\ 101 & 3 \\ -17 & -66 \end{pmatrix} \begin{pmatrix} 34 & 90 & -28 & 28 \\ 31 & -76 & 51 & -21 \end{pmatrix}$

(3) $\begin{pmatrix} 87 \\ 76 \\ 101 \\ -17 \end{pmatrix} \begin{pmatrix} 34 & 90 & -28 & 28 \end{pmatrix}$
　(4) $\begin{pmatrix} 34 & 90 & -28 & 28 \end{pmatrix} \begin{pmatrix} 87 \\ 76 \\ 101 \\ -17 \end{pmatrix}$

133

第**9**章

多項式関数

　本章では，関数とはどういうものかということから学習をはじめる．関数のグラフについては，まずは対応する x と y の組 (x, y) を座標平面上に点として表示することから作成をおこなう．1 次関数のグラフが直線をあらわし，2 次関数のグラフが放物線をあらわすことをたしかめてみよう．

　関数というのは，値を決めると，それに応じてあるひとつの値が決まるという対応のことである．たとえば，ガソリンスタンドにおいて，料金は入れたガソリンの量の関数とみなせる．また，物体を真上に投げあげるとき，物体の高さは投げてからの時間の関数である．このように，関数とみなせるものは身近ないたるところで見つけることができる．

　なお，第 6 章において，相関とは 2 変数間における直線的な関係であることを学習した．相関が強いときは，その散布図に直線をあてはめて近似することがある．そして，その直線があらわす 1 次関数の式を使って予測値を求めることもできる．

　関数はデータサイエンスを含むさまざまな分野で活用されているのである．

9.1　多項式関数とは

例題 9.1　関数とはなにかを確認する

　たとえば，100 円のりんごが 10 個まで買えるとする．100 円のりんご 3 個の値段（円）は 100×3 で求められる．同じように考えると，りんご x 個（x は 10 以下の自然数）の値段 y（円）は $100 \times x$ とあらわすことができる．つまり，

$$y = 100x$$

という関係が成り立つことになる．集合 $\{0, 1, 2, \cdots, 10\}$ の元 x に対してひとつの値 y が対応しているので，y は x の関数である（定義域は集合 $\{0, 1, 2, \cdots, 10\}$）．

関数とは

ある集合 A のどの元 x に対しても，集合 B のあるひとつの値 y が対応しているとき，その対応のことを関数とよぶ（A 上の関数，または，A から B への関数ともいう）．またこのとき，y は x の関数であるという．集合 A のことを定義域，集合 B のことを終域という．

　関数について定義域が指定されていないときは，想定できるもっとも広い範囲を定義域として考えよう．

　y が x の関数であるとき，関数（x から y への対応のこと）を f などであらわし，

$$y = f(x)$$

と書く．x, y という文字は，そこに数を入れることができるもので，**変数**とよばれる．変数 x のことは**独立変数**，x に応じて決まる変数 y のことは**従属変数**とよばれる．そして，$y = f(x)$ で定まる関数 f について，$x = a$ を代入したときに対応する y の値を $f(a)$ とあらわす．つまりたとえば，

$$f(x) = 100x$$

とすると，$f(0) = 100 \times 0 = 0$, $f(1) = 100 \times 1 = 100$, $f(2) = (\quad ① \quad)$ となる．

　なお，$y = f(x)$ で定まる関数 f のことを，関数 $y = f(x)$，または，関数 $f(x)$ と書くこともある．

例題 9.2　関数の例

　100 円のりんごが 10 個まで買えるとする．100 円のりんご x 個（x は 10 以下の自然数）と 2000 円のメロン 1 個を合わせた値段を y（円）とする．y を x の式であらわすと，

$$y = 100x + 2000$$

とあらわすことができる．集合 $\{0, 1, 2, \cdots, 10\}$ の元 x に対してひとつの値 y が対応しているので，y は x の関数である（定義域は集合 $\{0, 1, 2, \cdots, 10\}$）．

　ここで，

$$f(x) = 100x + 2000$$

とおくと，たとえば，

$$f(0) = 100 \times 0 + 2000 = 2000, \quad f(1) = 100 \times 1 + 2000 = 2100,$$
$$f(2) = 100 \times 2 + 2000 = 2200, \quad f(3) = (\quad ② \quad)$$

のように書くことができる．

問題 9.1

次において，y は x の関数であるかどうかを答えよ．また，y は x の関数である場合，y を x の式であらわせ．

(1) 80 円のみかんが 20 個まで買えるとする．80 円のみかん x 個（x は 20 以下の自然数）と 100 円のりんご 3 個を合わせた値段を y（円）とする．

(2) ある実数 x $(0 \leq x < 24)$ に対して，今日がはじまってから今までの時間を x（時間），今日の残りの時間を y（時間）とする．

(3) ある実数 x に対して，x の 2 乗（x を 2 個かけあわせた数）を y とする．

(4) ある正の実数 x に対して，x の平方根（2 個かけあわせると x になる数）を y とする．

　関数のグラフをかくと，その関数がどのようなものかを視覚的にとらえることができる．

　下図のように，平面上に互いに直交する x 軸（横軸）と y 軸（縦軸）を定めたとき，その平面上の点の位置を示すために与えられる 2 つの数の組 (a, b) は**座標**とよばれる．

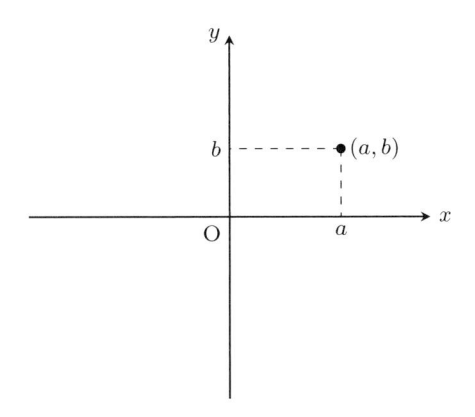

　そして，このなかの a は x 座標，b は y 座標とよばれる．また，このような，軸（座標軸という）が定められた平面は**座標平面**または **xy 座標平面**といわれる．x 軸と y 軸の交わる点を**原点**とよび，ふつうは O（Origin の略）であらわされる．

例題 9.3　関数のグラフとはなにかを確認する

　関数 $y = 2x + 1$ について，対応する x と y の値の組 (x, y) を xy 座標平面上に点として表示してみよう．

$$f(x) = 2x + 1$$

とおくと，たとえば，

$$f(-3) = 2 \times (-3) + 1 = -5, \quad f(0) = 2 \times 0 + 1 = 1, \quad f(3) = (\quad ③\quad)$$

となる．xy 座標平面上に点 $(-3, -5)$，点 $(0, 1)$，点 $(3, 7)$ を表示してみると，下図のようになる．

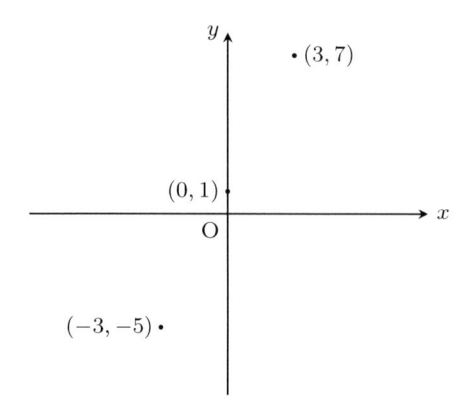

x はどんな実数でもとりうるので，これらの点を線で結ぼう．

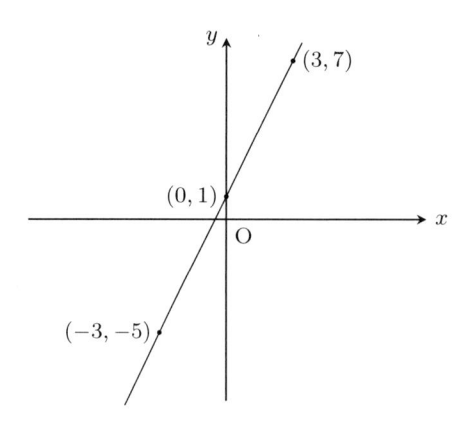

　この線は，関数 $y = 2x + 1$ について，対応する x と y の値の組 (x, y) を xy 座標平面上に点として表示したときの，点全体をあらわすといえる．これをこの関数の**グラフ**という．

例題 9.4　関数のグラフをかく

　関数 $y = x^2$ について，対応する x と y の値の組 (x, y) を，次の $(1), (2), (3)$ の手順で xy 座標平面上に点として表示することにより，グラフをかいてみよう．

(1) $f(x) = x^2 \, (= x \times x)$ とおき，$f(-4)$，$f(-3)$，$f(-2)$，$f(-1)$，$f(0)$，$f(1)$，$f(2)$，$f(3)$，$f(4)$ を求める．

$$f(-4) = 16, \quad f(-3) = 9, \quad f(-2) = 4, \quad f(-1) = 1, \quad f(0) = 0,$$

$f(1) = 1, \ f(2) = 4, \ f(3) = 9, \ f(4) = (\ \textcircled{4} \ )$

(2) xy 座標平面上に点 $(-4, f(-4))$, 点 $(-3, f(-3))$, 点 $(-2, f(-2))$, 点 $(-1, f(-1))$, 点 $(0, f(0))$, 点 $(1, f(1))$, 点 $(2, f(2))$, 点 $(3, f(3))$, 点 $(4, f(4))$ を表示する.

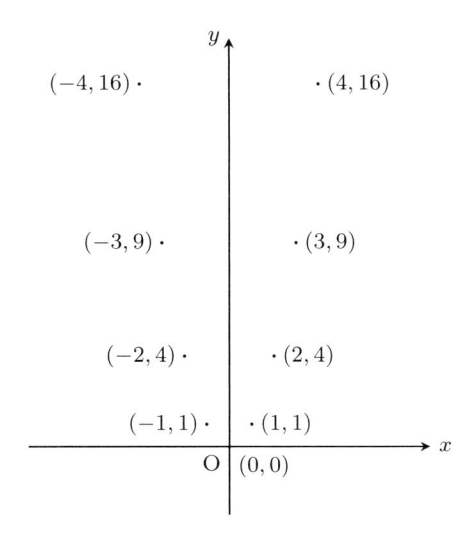

(3) 表示した点をなめらかな線で結ぶ.

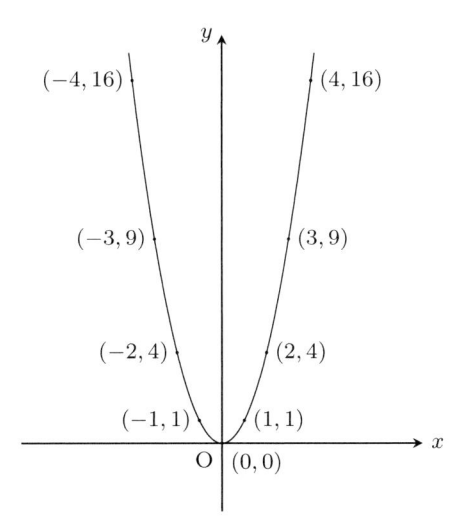

┌─ **問題 9.2** ───────────────────

関数 $y = \dfrac{1}{27}x^3 + 3$ について, 対応する x と y の値の組 (x, y) を, いくつか自分で選び, xy 座標平面上に点として表示することにより, グラフをかけ (たとえば, $x = -6$, $x = -3$, $x = 0$, $x = 3$, $x = 6$ などについて, それぞれに対応する y の値を調べよ).

└──────────────────────────────

139

ここで,

　　関数 $y = 100x$, $y = 100x + 2000$, $y = 2x + 1$, $y = x^2$, $y = \dfrac{1}{27}x^3 + 3$

のような

　　$y = a_n x^n + a_{n-1} x^{n-1} + \cdots + a_1 x + a_0$ 　$(n$ は自然数, $a_n \neq 0)$

の形の関数は**多項式関数**, または, **n 次関数**とよばれる. このとき, n は**次数**とよばれる. また, $a_0, a_1, \cdots, a_{n-1}, a_n$ は**係数**とよばれる.

　　関数 $y = 100x$, $y = 100x + 2000$, $y = 2x + 1$ は **1 次関数**であり, $y = x^2$ は **2 次関数**であり, $y = \dfrac{1}{27}x^3 + 3$ は **3 次関数**である.

9.2　1 次関数のグラフ

　1 次関数は, $a\,(\neq 0)$, b を定数として $y = ax + b$ とあらわすことができる. 1 次関数のグラフは**直線**といわれる. そこで, 1 次関数 $y = ax + b$ のグラフである直線が, 定数 a, b によってどのように特徴づけられるのかを調べてみよう.

例題 9.5　　1 次関数において x が 1 増えたとき y がどれだけ増えるのか計算する

　上記でもあつかった 1 次関数 $y = 2x + 1$ について, x が 1 増えたとき y がどれだけ増えるのか計算してみよう.

　対応する x と y の値の組, たとえば, $(1,3)$, $(2,5)$ に注目すると, x は 1 から 2 に増えて, y は 3 から 5 に増えている. つまり, x が $1\,(= 2 - 1)$ 増えたとき y は（　⑤　）$(= 5 - 3)$ だけ増えることがわかる. グラフは直線なので, その上のどの 2 点に注目しても同じ結果が得られる.

　一般に, 1 次関数 $y = ax + b$ について, x が 1 増えたとき y は a だけ増える. つまり, a はそれが（＋の値で）大きくなるほどグラフの直線の傾斜が急になるので, 直線の**傾き**とよばれる.

　また, 1 次関数 $y = 2x + 1$ について, $x = 0$ のときの y の値は $y = 2 \times 0 + 1 = ($ 　⑥　$)$ であることがわかる.

　一般に, 1 次関数 $y = ax + b$ について, $x = 0$ のときの y の値は $y = a \times 0 + b = b$ である. つまり, b はグラフの直線と y 軸との交点の y 座標をあらわすので, 直線の **y 切片**とよばれる.

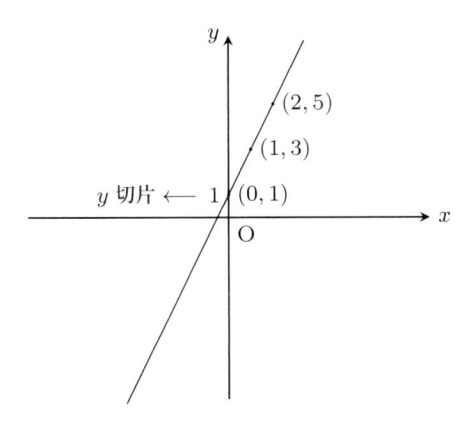

例題 9.6　指定された条件をみたす直線があらわす 1 次関数を求める

　グラフの直線が次の条件をみたす 1 次関数の式を求め，グラフをかこう．

(1) 傾きが -3 で，y 切片が 5 である

(2) 傾きが 5 で，点 $(0, -7)$ を通る

(3) 傾きが -1 で，点 $(3, 0)$ を通る

(4) y 切片が -2 で，点 $(-4, 10)$ を通る

(5) 点 $(2, 0)$，点 $(4, 1)$ を通る

(1) の解答

　求める 1 次関数を $y = ax + b$ とおくと，$a = -3$，$b = 5$ となるので，$y = -3x + 5$ であることがわかる．

　y 切片が 5 なので，直線は点（　⑦　）を通る．また，傾きが -3 なので，x が 1 増えたとき y は -3 だけ増える，つまり，3 だけ減る．これより，直線は点 $(1, 2)$ を通ることがわかる．

　よって，グラフは下記のようになる．

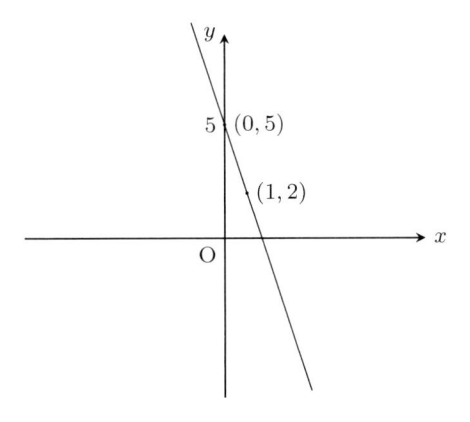

(2) の解答

　求める 1 次関数を $y = ax + b$ とおくと，$a = 5$，$b = -7$ となるので，$y = 5x - 7$ であることがわかる．

　直線は点 $(0, -7)$ を通る．また，傾きが 5 なので，x が 1 増えたとき y は 5 だけ増える．これより，直線は点（　⑧　）を通ることがわかる．

　よって，グラフは下記のようになる．

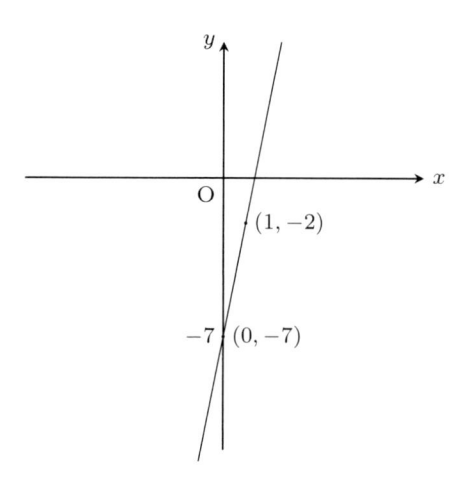

(3) の解答

　求める 1 次関数を $y = ax + b$ とおくと，$a = -1$ となり，$y = -x + b$ となる．直線は点 $(3, 0)$ を通るので，$x = 3$ のとき $y = 0$ である．これを代入すると，$0 = -3 + b$ となり，これより，$b = 3$ である．

　つまり，求める 1 次関数は（　⑨　）であることがわかる．

　y 切片が 3 なので，直線は点 $(0, 3)$ を通る．さらに点 $(3, 0)$ を通ることから，グラフは下記のようになる．

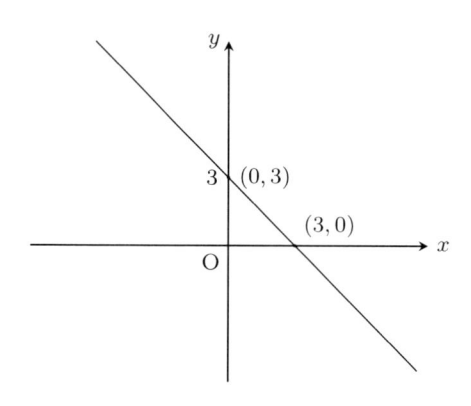

(4) の解答

　求める1次関数を $y = ax + b$ とおくと，$b = -2$ となり，$y = ax - 2$ となる．直線は点 $(-4, 10)$ を通るので，$x = -4$ のとき $y = 10$ である．これを代入すると，$10 = -4a - 2$ となり，これより，$a = -3$ である．

　つまり，求める1次関数は（　⑩　）であることがわかる．

　y 切片が -2 なので，直線は点 $(0, -2)$ を通る．さらに点 $(-4, 10)$ を通ることから，グラフは下記のようになる．

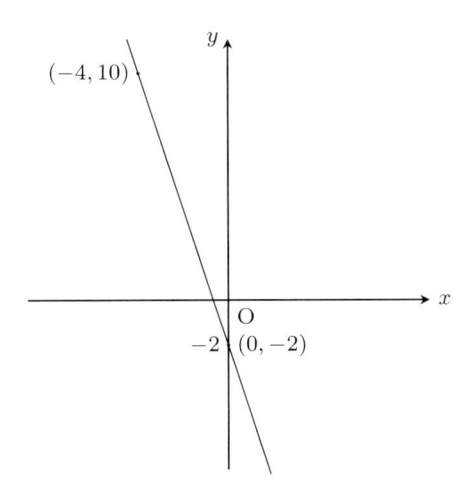

(5) の解答

　求める1次関数を $y = ax + b$ とおく．直線は点 $(2, 0)$ を通るので，$x = 2$ のとき $y = 0$ である．これを代入すると，$0 = 2a + b$ となるので，$b = -2a$ となる．また，直線は点 $(4, 1)$ を通るので，$x = 4$ のとき $y = 1$ である．これを代入すると，$1 = 4a + b$ となる．$b = -2a$ を代入すると，$1 = 4a - 2a$ となるので，$a = \dfrac{1}{2}$ であることがわかる．これより，$b = -2 \times \dfrac{1}{2} = -1$ であることもわかる．

　つまり，求める1次関数は（　⑪　）である．

　直線は点 $(2, 0)$，点 $(4, 1)$ を通ることから，グラフは下記のようになる．

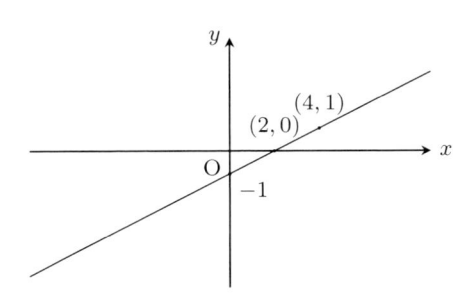

問題 9.3

グラフの直線が次の条件をみたす 1 次関数の式を求め，グラフをかけ．

(1) 傾きが 2 で，y 切片が -6 である

(2) 傾きが $-\dfrac{1}{3}$ で，点 $(0,5)$ を通る

(3) 傾きが 1 で，点 $(-3,-5)$ を通る

(4) y 切片が 1 で，点 $(-3,-1)$ を通る

(5) 点 $(-8,3)$，点 $(8,-3)$ を通る

例題 9.7　1 次関数のグラフ上の点を求める

1 次関数についての次の問いを考えよう．

(1) 傾きが 10 で，y 切片が 5 である直線があらわす 1 次関数において，$x = 13$ のときの y の値を求めよ．

(2) 傾きが -8 で，点 $(1,0)$ を通る直線と y 軸との交点の座標を求めよ．

(3) 傾きが -15 で，点 $(1,-10)$ を通る直線と x 軸との交点の座標を求めよ．

(4) 1 次関数 $y = -\dfrac{2}{5}x - \dfrac{1}{5}$ のグラフの直線に平行で，点 $(15,-3)$ を通る直線があらわす 1 次関数について，$x = 10$ のときの y の値を求めよ．

(5) 点 $(2,-11)$，点 $(8,13)$ を通る直線があらわす 1 次関数について，$x = 5$ のときの y の値を求めよ．

(1) の解答

問題における 1 次関数を $y = ax + b$ とおくと，$a = 10$，$b = 5$ となるので，$y = 10x + 5$ であることがわかる．$x = 13$ を代入すると，$y = 10 \times 13 + 5 = 135$ となる．

(2) の解答

問題の直線があらわす 1 次関数を $y = ax + b$ とおくと，$a = -8$ となり，$y = -8x + b$ となる．直線は点 $(1,0)$ を通るので，$x = 1$ のとき $y = 0$ である．これを代入すると，$0 = -8 + b$ となり，これより，$b = 8$ である．y 切片が 8 ということなので，求める y 軸との交点の座標は $(0,8)$ である．

(3) の解答

問題の直線があらわす 1 次関数を $y = ax + b$ とおくと，$a = -15$ となり，$y = -15x + b$ となる．直線は点 $(1,-10)$ を通るので，$x = 1$ のとき $y = -10$ である．これを代入すると，$-10 = -15 + b$ となり，これより，$b = 5$ である．

つまり，問題の直線があらわす 1 次関数は $y = -15x + 5$ であることがわかる．直線と x 軸との交点の y 座標は 0 なので，$y = 0$ を代入すると，$0 = -15x + 5$ となる．これより，$x = \dfrac{1}{3}$ となるので，求める座標は $\left(\dfrac{1}{3}, 0\right)$ となる．

(4) の解答

問題の1次関数を $y = ax + b$ とおくと，そのグラフの直線が1次関数 $y = -\dfrac{2}{5}x - \dfrac{1}{5}$ のグラフの直線に平行なので，傾き $a = -\dfrac{2}{5}$ となる．よって，問題の1次関数は $y = -\dfrac{2}{5}x + b$ となる．そのグラフの直線は点 $(15, -3)$ を通るので，$x = 15$ のとき $y = -3$ である．これを代入すると，$-3 = -6 + b$ となり，これより，$b = 3$ である．

つまり，問題の1次関数は $y = -\dfrac{2}{5}x + 3$ であることがわかる．$x = 10$ を代入すると，$y = -\dfrac{2}{5} \times 10 + 3 = -1$ となる．

(5) の解答

問題の1次関数を $y = ax + b$ とおく．直線は点 $(2, -11)$ を通るので，$x = 2$ のとき $y = -11$ である．これを代入すると，$-11 = 2a + b$ となるので，$b = -2a - 11$ となる．また，直線は点 $(8, 13)$ を通るので，$x = 8$ のとき $y = 13$ である．これを代入すると，$13 = 8a + b$ となる．$b = -2a - 11$ を代入すると，$13 = 8a - 2a - 11$ となるので，$a = 4$ であることがわかる．これより，$b = -2 \times 4 - 11 = -19$ であることもわかる．

つまり，問題の1次関数は $y = 4x - 19$ である．$x = 5$ を代入すると，$y = 4 \times 5 - 19 = 1$ となる．

問題 9.4

1次関数についての次の問いに答えよ．

(1) 傾きが -9 で，点 $(12, 10)$ を通る直線と y 軸との交点の座標を求めよ．

(2) 1次関数 $y = \dfrac{1}{8}x - 16$ のグラフの直線に平行で，点 $(0, 31)$ を通る直線があらわす1次関数について，$x = -32$ のときの y の値を求めよ．

(3) 点 $(-1, -9)$，点 $(2, 16)$ を通る直線があらわす1次関数について，$x = 1$ のときの y の値を求めよ．

9.3　2次関数のグラフ

2次関数は，$a\,(\neq 0)$，b，c を定数として $y = ax^2 + bx + c$ とあらわすことができる．2次関数のグラフは**放物線**といわれる．

また，2次関数 $y = ax^2 + bx + c$ を $y = a(x - p)^2 + q$ の形に変形したとき，点 (p, q) はグラフ（放物線）の**頂点**とよばれる．

例題 9.8　下に凸な2次関数の例

上記でもあつかった2次関数 $y = x^2$ は

$$y = (x - 0)^2 + 0$$

と変形でき，そのグラフは頂点 $(0, 0)$ の放物線になる．また，これは**下に凸**な関数である．

　ここで，下に凸な関数とは，そのグラフ上のどの 2 点を結んだ線分もグラフの上側にある関数のことをいう.

　2 次関数の式の x^2 の係数（a）が正のときは，下に凸になる.

例題 9.9　上に凸な 2 次関数の例

　2 次関数 $y = -x^2$ は

$$y = -(x-0)^2 + 0$$

と変形でき，そのグラフは頂点 $(0,0)$ の放物線になる. また，これは**上に凸**な関数である.

　ここで，上に凸な関数とは，そのグラフ上のどの 2 点を結んだ線分もグラフの下側にある関数のことをいう.

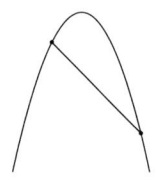

　2 次関数の式の x^2 の係数（a）が負のときは，上に凸になる.

　実際に，対応する x と y の値の組 (x, y) を，次の (1), (2) の手順で xy 座標平面上に点として表示することにより，グラフをかいてたしかめてみよう.

(1) $f(x) = -x^2 (= -1 \times x \times x)$ とおき，$f(-4)$, $f(-3)$, $f(-2)$, $f(-1)$, $f(0)$, $f(1)$, $f(2)$, $f(3)$, $f(4)$ を求める.

$$f(-4) = -16, \ f(-3) = -9, \ f(-2) = -4, \ f(-1) = -1,$$
$$f(0) = 0, \ f(1) = -1, \ f(2) = -4, \ f(3) = -9, \ f(4) = (\quad ⑫ \quad)$$

(2) xy 座標平面上に点 $(-4, f(-4))$, 点 $(-3, f(-3))$, 点 $(-2, f(-2))$, 点 $(-1, f(-1))$, 点 $(0, f(0))$, 点 $(1, f(1))$, 点 $(2, f(2))$, 点 $(3, f(3))$, 点 $(4, f(4))$ を表示し，それらをなめらかな線で結ぶ.

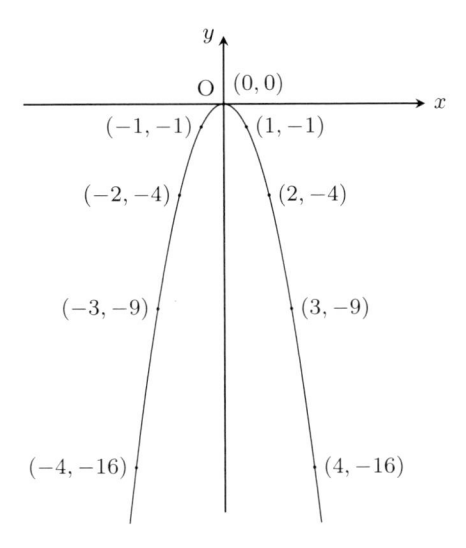

例題 9.10　2次関数のグラフをかく 1

2次関数 $y = \dfrac{1}{2}x^2$ のグラフの頂点を求め，対応する x と y の値の組 (x, y) を，xy 座標平面上に点として表示することにより，グラフをかいてみよう．

$y = \dfrac{1}{2}x^2$ は

$$y = \frac{1}{2}(x - 0)^2 + 0$$

と変形できるので，そのグラフは頂点 $(0, 0)$ の放物線になる．また，これは下に凸な関数である．

$$f(x) = \frac{1}{2}x^2 \left(= \frac{1}{2} \times x \times x\right)$$

とおくと，たとえば，

$$f(-4) = 8, \ f(-3) = \frac{9}{2}, \ f(-2) = 2, \ f(-1) = \frac{1}{2}, \ f(0) = 0,$$
$$f(1) = \frac{1}{2}, \ f(2) = 2, \ f(3) = \frac{9}{2}, \ f(4) = (\quad ⑬\quad)$$

となるので，グラフは下記のようになる．

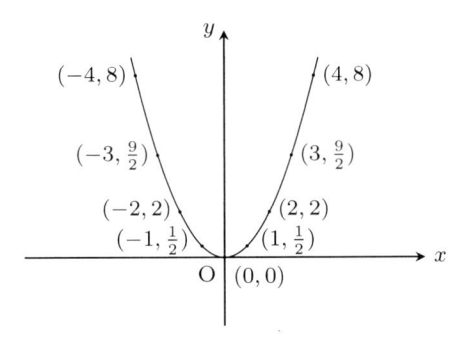

147

問題 9.5

2 次関数 $y = 2x^2$ のグラフの頂点を求め，対応する x と y の値の組 (x, y) を，xy 座標平面上に点として表示することにより，グラフをかけ．

例題 9.11　　2 次関数のグラフをかく 2

2 次関数 $y = x^2 + 3$ は

$$y = (x - 0)^2 + 3$$

と変形できる．よって，そのグラフは頂点 $(0, 3)$ の放物線になり，頂点 $(0, 0)$ の 2 次関数 $y = x^2$ のグラフを y 軸方向に（縦に）3 だけ平行移動させたものである．また，これは下に凸な関数である．

　実際に，対応する x と y の値の組 (x, y) を，xy 座標平面上に点として表示することにより，グラフをかいてたしかめてみよう．

$f(x) = x^2 + 3 \, (= x \times x + 3)$ とおくと，たとえば，

$f(-4) = 19, \ f(-3) = 12, \ f(-2) = 7, \ f(-1) = 4, \ f(0) = (\quad ⑭ \quad)$,
$f(1) = 4, \ f(2) = 7, \ f(3) = 12, \ f(4) = 19$

となるので，グラフは下記のようになる．

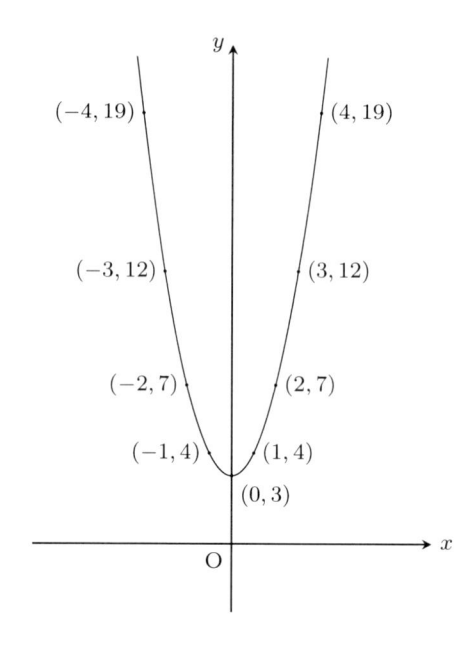

問題 9.6

2 次関数 $y = x^2 - 3$ のグラフの頂点を求め，対応する x と y の値の組 (x, y) を，xy 座標平面上に点として表示することにより，グラフをかけ．

例題 9.12　2 次関数のグラフをかく 3

2 次関数 $y = x^2 + 6x + 10$ は

$$y = (x + 3)^2 - 9 + 10 = (x - (-3))^2 + 1$$

と変形できる．よって，そのグラフは頂点 $(-3, 1)$ の放物線になり，2 次関数 $y = x^2$ のグラフを x 軸方向に（横に）-3 だけ，y 軸方向に（縦に）1 だけ平行移動させたものである．また，これは下に凸な関数である．

実際に，対応する x と y の値の組 (x, y) を，xy 座標平面上に点として表示することにより，グラフをかいてたしかめてみよう．

$f(x) = x^2 + 6x + 10$ とおくと，たとえば，

$f(-7) = 17,\ f(-6) = 10,\ f(-5) = 5,\ f(-4) = 2,\ f(-3) = ($　⑮　$),$
$f(-2) = 2,\ f(5) = 5,\ f(0) = 10,\ f(1) = 17$

となるので，グラフは下記のようになる．

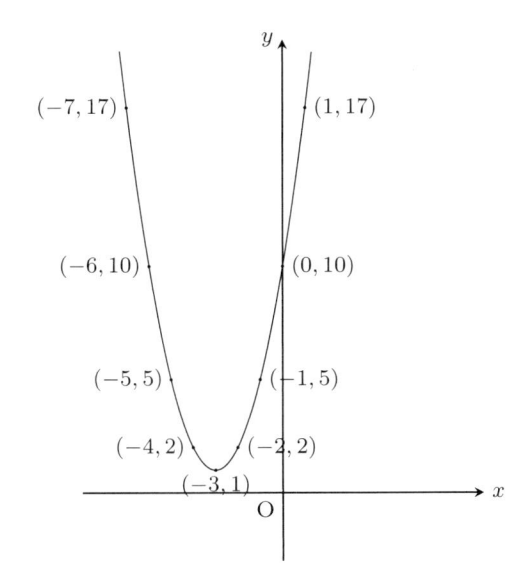

問題 9.7

2 次関数 $y = x^2 - 2x + 5$ のグラフの頂点を求め，対応する x と y の値の組 (x, y) を，xy 座標平面上に点として表示することにより，グラフをかけ．

例題 9.13　2 次関数のグラフをかく 4

2 次関数 $y = -2x^2 + 4x + 6$ は

$$y = -2(x^2 - 2x) + 6 = -2\left((x-1)^2 - 1\right) + 6 = -2(x-1)^2 + 2 + 6 = -2(x-1)^2 + 8$$

と変形できる．よって，そのグラフは頂点 $(1,8)$ の放物線になり，2 次関数 $y = -2x^2$ のグラフを x 軸方向に（横に）（　⑯　）だけ，y 軸方向に（縦に）（　⑰　）だけ平行移動させたものである．また，これは上に凸な関数である．

　実際に，対応する x と y の値の組 (x, y) を，xy 座標平面上に点として表示することにより，グラフをかいてたしかめてみよう．

　$f(x) = -2x^2 + 4x + 6$ とおくと，たとえば，

　$f(-2) = -10,\ f(-1) = 0,\ f(1) = (\ ⑱\ ),\ f(3) = 0,\ f(4) = -10$

となるので，グラフは下記のようになる．

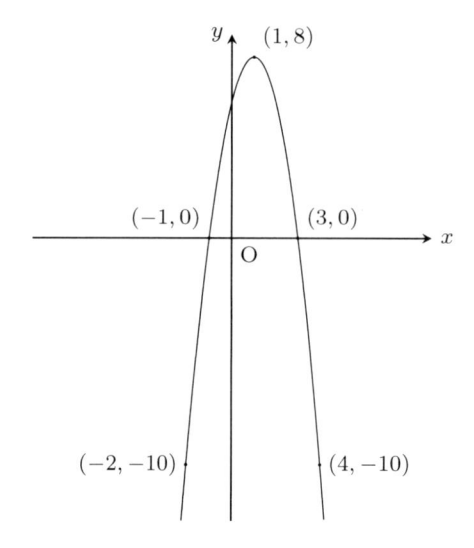

　なお，グラフと x 軸との交点が $(-1, 0)$ と $(3, 0)$ であることより，2 次関数は $y = -2(x+1)(x-3)$ という因数分解した形であらわせることがわかる（実際，この式について，$x = -1$ を代入すると $y = 0$ になり，また，$x = 3$ を代入すると $y = 0$ になる．よって，この式があらわす関数のグラフは点 $(-1, 0)$，点 $(3, 0)$ を通ることが確認できる）．

問題 9.8

2 次関数 $y = 3x^2 + 6x - 9$ のグラフの頂点を求め，対応する x と y の値の組 (x, y) を，xy 座標平面上に点として表示することにより，グラフをかけ．

例題 9.14　指定された条件をみたす放物線があらわす 2 次関数を求める

　点 $(-2, -18)$，$(0, 20)$，$(1, 9)$ の 3 点を通る放物線があらわす 2 次関数の式を求めよう．

解答

　求める 2 次関数を $y = ax^2 + bx + c$ とおくと，これのグラフが点 $(-2, -18)$，$(0, 20)$，$(1, 9)$ の 3 点を通ることから，

$$-18 = 4a - 2b + c, \quad 20 = c, \quad 9 = a + b + c$$

となる．この連立方程式を解くと，$a = ($ ⑲ $), b = ($ ⑳ $), c = 20$ となる．

よって，求める 2 次関数は $y = -10x^2 - x + 20$ であることがわかる．

問題 9.9

点 $(-1, 13)$，$(0, 7)$，$(2, 1)$ の 3 点を通る放物線があらわす 2 次関数の式を求めよ．

問題 9.10

x 軸との交点が $(3, 0)$ と $(-9, 0)$ であり，点 $(0, -54)$ を通る放物線があらわす 2 次関数の式を求めよ（ヒント：求める 2 次関数は $y = a(x - 3)(x + 9)$ という因数分解した形であらわせるので，これに点 $(0, -54)$ の座標を代入して方程式をたててもいい）．

問題 9.11

頂点が $(1, -5)$ であり，点 $(-4, 0)$ を通る放物線があらわす 2 次関数の式を求めよ（ヒント：求める 2 次関数は $y = a(x - 1)^2 - 5$ という形であらわせるので，これに点 $(-4, 0)$ の座標を代入して方程式をたてよ）．

補足 9.1（ラグランジュ補間）

一般に，x 座標が相異なる 2 点 (x_1, y_1)，(x_2, y_2) が与えられたとき，グラフがそれらを通るような 1 次関数または定数関数がひとつに決まり，その式は次のようになる．

$$y = y_1 \frac{x - x_2}{x_1 - x_2} + y_2 \frac{x - x_1}{x_2 - x_1}$$

たとえば，グラフが点 $(-1, 18)$，$(5, 6)$ を通るような 1 次関数の式は次のように求められる．

$$y = 18 \times \frac{x - 5}{-1 - 5} + 6 \times \frac{x - (-1)}{5 - (-1)} = -3(x - 5) + (x + 1) = -2x + 16$$

また，x 座標が相異なる 3 点 (x_1, y_1)，(x_2, y_2)，(x_3, y_3) が与えられたとき，グラフがそれらを通るような 2 次関数または 1 次関数または定数関数がひとつに決まり，その式は次のようになる．

$$y = y_1 \frac{(x - x_2)(x - x_3)}{(x_1 - x_2)(x_1 - x_3)} + y_2 \frac{(x - x_1)(x - x_3)}{(x_2 - x_1)(x_2 - x_3)} + y_3 \frac{(x - x_1)(x - x_2)}{(x_3 - x_1)(x_3 - x_2)}$$

たとえば，グラフが点 $(0, 0)$，$(1, -1)$，$(2, 0)$ を通るような 2 次関数の式は次のように求められる．

$$y = 0 \times \frac{(x - 1)(x - 2)}{(0 - 1)(0 - 2)} + (-1) \times \frac{(x - 0)(x - 2)}{(1 - 0)(1 - 2)} + 0 \times \frac{(x - 0)(x - 1)}{(2 - 0)(2 - 1)} = x(x - 2) = x^2 - 2x$$

9.4　Excel による演習

1 次関数，2 次関数などのグラフを Excel で作成してみよう．

例題 9.15 　 1 次関数のグラフを作成する

1 次関数 $y = -3x + \dfrac{5}{2}$ のグラフを Excel で作成しよう.

まず, セル範囲 A2:A102 に, x の値として -10, -9.8, $\cdots$, 9.8, 10 を用意する. そのため, セル A2 に「-10」, セル A3 に「-9.8」と入力し, その範囲 A2:A3 を 102 行目まで下にオートフィルする. また, セル A1 には「x」, セル B1 には「y」と入力する.

つぎに, セル B2 に「=-3*A2+5/2」と入力し, これを 102 行目まで下にオートフィルする. その際, セル B2 を選択し, その右下あたりにマウスポインタを合わせ「＋」の形にし, この状態のままダブルクリックすることによりオートフィルすることもできる.

そして, そのままセル範囲 B2:B102 が選択されている状態で, 挿入タブの (グラフグループにある)［折れ線/面グラフの挿入］の「2-D 折れ線」の「折れ線」を選ぶ.

作成されたグラフが選択されたまま, グラフのデザインタブの (データグループにある)［データの選択］をクリックする.「データソースの選択」ダイアログボックスが出てくるので, 横 (項目) 軸ラベルの「編集」をクリックする (**注意**:「データソースの選択」ダイアログボックスには「編集」ボタンが 2 つあるが, 右にあるほうをクリックしよう). A 列の該当箇所 (A2:A102) をドラッグして表示させて「OK」を押す. すると, グラフの横軸の値が A 列の値に変わる.

なお, グラフエリアのサイズの変更, 縦横比の変更については, グラフエリアを選択しているときに周囲の枠の頂点などに出ているハンドル ○ をドラッグするとできる. レイアウトやスタイルは, グラフのデザインタブと書式タブを使って自由に変更しよう.

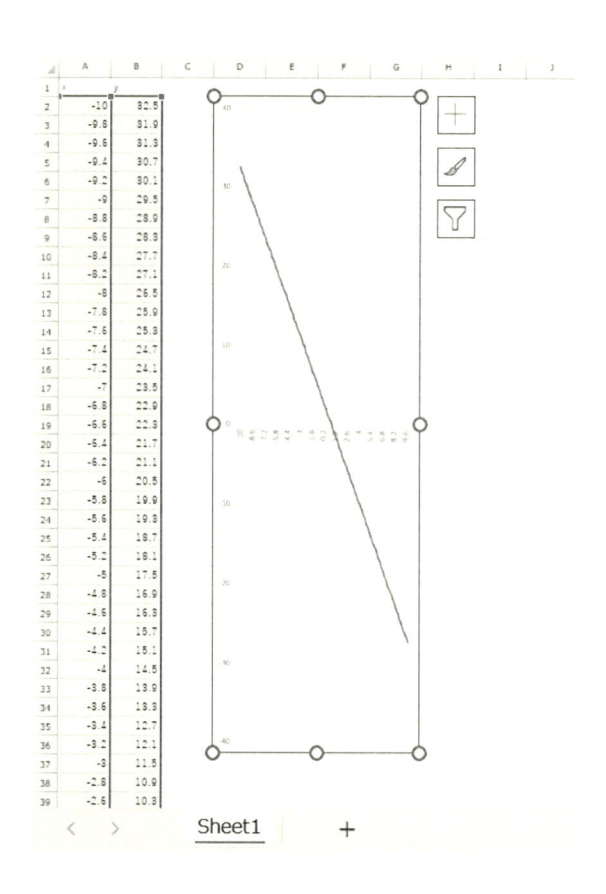

以下の問題においては，すでに作成したファイルを使用してもいい.

問題 9.12

1 次関数 $y = \dfrac{7}{3}x - 2$ のグラフを Excel で作成せよ.

例題 9.16　2 次関数のグラフを作成する

2 次関数 $y = x^2$ のグラフを Excel で作成しよう.

例題 9.15 または問題 9.12 のファイルにおいて，セル B2 を「=A2^2」に入力しなおし，これを 102 行目まで下にオートフィルすればいい.

グラフのサイズやレイアウトなどは自由に変更しよう.

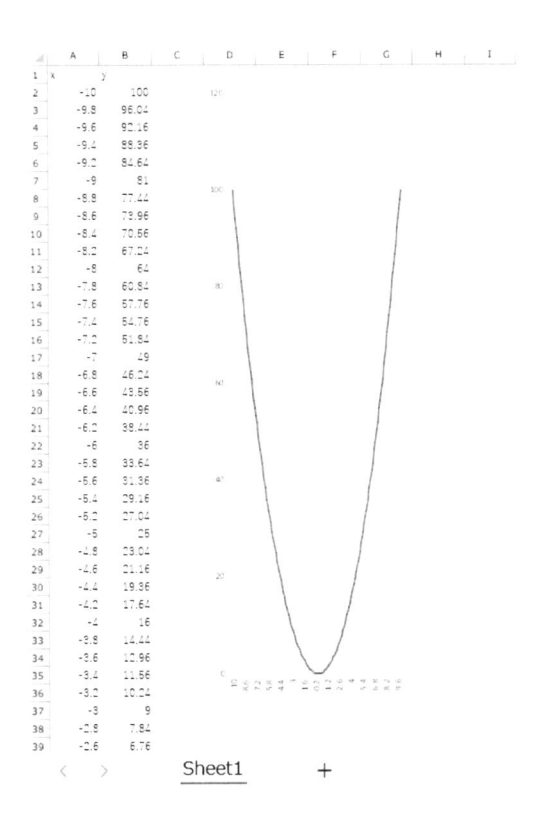

問題 9.13

2 次関数 $y = -\dfrac{1}{3}x^2 - 2x + 5$ のグラフを Excel で作成せよ.

問題 9.14

2 次関数 $y = \dfrac{1}{5}x^2 - \dfrac{3}{5}x - \dfrac{19}{5}$ のグラフを Excel で作成せよ.

問題 9.15

3 次関数 $y = x^3 + 2x^2 - 9x + 6$ のグラフを Excel で作成せよ.

問題 9.16

4 次関数 $y = x^4 - 3x^3 + 2x^2 - 7x - 3$ のグラフを Excel で作成せよ.

第10章

指数関数

　本章では，まず指数とはなにかを理解し，指数が正の整数の場合，整数の場合，有理数の場合というように，順に計算練習をおこなっていく．そして，指数関数のグラフをかく演習もおこない，グラフの特徴を確認しよう．

　この指数という表現は，大きな数，小さな数をあらわすときに使うと，視覚的に簡単になるうえ比較もしやすくなることがある．たとえば，1光年は約 9460000000000000 m であるというより，9.46×10^{15} m であるというほうがわかりやすい．コインを 20 回投げてすべて表が出る確率について，約 0.0000000009313 と書くよりも約 9.313×10^{-10} と書いたほうが簡単である．また，10000000000000 と 100000000000000 の大きさの比較も 10^{13} と 10^{14} と書けば簡単にできるのである．

　また指数表記によって，有効数字をあらわすこともできる．たとえば，130000 を 1.30×10^5 と表記することによって，有効数字は 3 けたであることをあらわすことができる．

　指数関数はいわゆる「ねずみ算」，金利の計算や薬物の血中濃度の半減期による計算などにおいてあらわれ，身のまわりによく出現する関数である．人口の予想や感染症流行の予想のためのモデルをあらわすのにも用いられることがある．増加する場合，減少する場合どちらについても，それぞれどんな形状のグラフになるか理解しよう．

10.1　指数の意味

例題 10.1　指数を使ってあらわす

たとえば，2 を 5 個かけあわせたものは 2^5 というようにあらわすことができる．つまり，

$$2^5 = 2 \times 2 \times 2 \times 2 \times 2 = 32$$

となる．「2^5」を **2 の 5 乗**とよび，このなかの「2」を**底**，2 の右上にある「5」を**指数**とよぶ．

---

a の「正の整数」乗

正の定数 a と正の整数 n に対して，次のように定められている．

$$a^n = \underbrace{a \times a \times \cdots \times a}_{n \text{ 個かけあわせる}}$$

補足 10.1（べき根）

ある正の定数 a に対して，正の平方根（2 個かけあわせると a になる正の実数）を $\sqrt{a}$ とあらわす（たとえば，$\sqrt{9} = \sqrt{3 \times 3} = 3$ である）．

また一般に，正の n 乗根（n 個かけあわせると a になる正の実数）を $\sqrt[n]{a}$ とあらわす（たとえば，$\sqrt[5]{243} = \sqrt[5]{3 \times 3 \times 3 \times 3 \times 3} = 3$ である）．

例題 10.2　指数の例

- $(2^3)^2$ は「2 の 3 乗」の 2 乗であり，次のように計算される．

  $$(2^3)^2 = (2^3) \times (2^3) = (2 \times 2 \times 2) \times (2 \times 2 \times 2) = 64$$

- $\sqrt{10}^2$ は次のように計算される．

  $$\sqrt{10}^2 = \sqrt{10} \times \sqrt{10} = 10 \quad (\sqrt{10} \text{ は「2 個かけあわせると 10 になる数」なので})$$

- $\sqrt[3]{10}^3$ は次のように計算される．

  $$\sqrt[3]{10}^3 = \sqrt[3]{10} \times \sqrt[3]{10} \times \sqrt[3]{10} = 10 \quad (\sqrt[3]{10} \text{ は「3 個かけあわせると 10 になる数」なので})$$

問題 10.1

次の値を求めよ.

(1) 3^5 　　　(2) $3^2 \times 3^3$ 　　　(3) $\dfrac{3^7}{3^2}$ 　　　(4) $(3^2)^3$

(5) $3^{(2 \times 3)}$ 　　　(6) $(2 \times 3)^5$ 　　　(7) $\left(\dfrac{2}{3}\right)^5$ 　　　(8) $\sqrt{5}^2$

このように，正の定数 a に対し，a の「正の整数」乗は，a を「正の整数」個かけあわせることによって求めることができる．

では，2^{-5} のような，a の「整数」乗はどのように計算すればいいのだろうか．

例題 10.3　2^{-5} のような値はどう求めればいいか考える

$$2^5 = 2 \times 2 \times 2 \times 2 \times 2 = 32, \quad 2^4 = 2 \times 2 \times 2 \times 2 = (\quad ① \quad),$$

$$2^3 = 2 \times 2 \times 2 = 8, \quad 2^2 = 2 \times 2 = (\quad ② \quad), \quad 2^1 = 2$$

というように，かけあわせる 2 の個数を減らしていくと，それぞれ順に $\frac{1}{2}$ 倍になっていく．この規則をあてはめ自然に拡張すると，

$$\mathbf{2^0 = 1}, \quad \mathbf{2^{-1}} = (\quad ③ \quad) \left(= \frac{1}{2^1}\right), \quad \mathbf{2^{-2}} = \frac{1}{4} \left(= \frac{1}{2^2}\right),$$

$$\mathbf{2^{-3}} = (\quad ④ \quad) \left(= \frac{1}{2^3}\right), \quad \mathbf{2^{-4}} = \frac{1}{16} \left(= \frac{1}{2^4}\right), \quad \mathbf{2^{-5}} = (\quad ⑤ \quad) \left(= \frac{1}{2^5}\right)$$

となっていく．

> **問題 10.2**
>
> 3^5, 3^4, 3^3, 3^2, 3^1 を計算し，かけあわせる 3 の個数を減らしていくと，それぞれ順に $\frac{1}{3}$ 倍になっていくことを確認せよ．そして，この規則をあてはめ自然に拡張すると，3^0, 3^{-1}, 3^{-2}, 3^{-3}, 3^{-4}, 3^{-5} はどのような値になるか求めよ．

そして一般にも，このように計算される．

---

a の「整数」乗

正の定数 a と正の整数 n に対して，次のように定められている．

$$a^0 = 1, \quad a^{-n} = \frac{1}{a^n}$$

例題 10.4　「整数」乗の値を求める

たとえば，下記のようになる．

$$10^0 = 1, \quad 10^{-1} = \frac{1}{10}, \quad 10^{-2} = \frac{1}{10^2} = \frac{1}{100}, \quad 10^{-3} = \frac{1}{10^3} = (\quad ⑥ \quad)$$

なお，正の定数 a は正の整数とは限らない．

$$\left(\frac{1}{2}\right)^{-1} = \frac{1}{\left(\frac{1}{2}\right)^1} = \frac{1}{\left(\frac{1}{2}\right)} = 2, \quad \left(\frac{1}{10}\right)^{-2} = \frac{1}{\left(\frac{1}{10}\right)^2} = \frac{1}{\left(\frac{1}{100}\right)} = (\quad ⑦ \quad),$$

$$\left(\frac{2}{11}\right)^{-1} = \frac{1}{\left(\frac{2}{11}\right)^1} = \frac{1}{\left(\frac{2}{11}\right)} = \frac{11}{2}, \quad \left(\frac{3}{7}\right)^{-2} = \frac{1}{\left(\frac{3}{7}\right)^2} = \frac{1}{\left(\frac{9}{49}\right)} = (\quad ⑧ \quad),$$

$$\left(\sqrt{3}\right)^{-2} = \frac{1}{\left(\sqrt{3}\right)^2} = \frac{1}{3}, \quad \left(\frac{\sqrt[3]{10}}{2}\right)^{-3} = \frac{1}{\left(\frac{\sqrt[3]{10}}{2}\right)^3} = \frac{1}{\left(\frac{10}{8}\right)} = (\quad ⑨ \quad)$$

157

> **問題 10.3**
>
> 次の値を求めよ.
>
> (1) 2^{-6}　　　　(2) 71^{-1}　　　　(3) $\sqrt{1210}^{0}$　　　　(4) $\left(\dfrac{6}{5}\right)^{-2}$

例題 10.5　指数法則を確認する

$$(4^2)^3 = (4^2) \times (4^2) \times (4^2) = 4 \times 4 \times 4 \times 4 \times 4 \times 4 = 4^{(\ ⑩\ )},$$

$$4^{2 \times 3} = 4^{(\ ⑩\ )}$$

より, $(4^2)^3 = 4^{2 \times 3}$ が成り立つ. 同様に,

$$(4^{-2})^3 = (4^{-2}) \times (4^{-2}) \times (4^{-2}) = \frac{1}{4 \times 4} \times \frac{1}{4 \times 4} \times \frac{1}{4 \times 4} = \frac{1}{4 \times 4 \times 4 \times 4 \times 4 \times 4} = 4^{(\ ⑪\ )},$$

$$4^{-2 \times 3} = 4^{(\ ⑪\ )}$$

より, $(4^{-2})^3 = 4^{-2 \times 3}$ が成り立つことも確認できる. この法則は一般に成り立つものである.

---

a の「整数」乗についての指数法則

正の定数 a と整数 p, q に対して, 次が成り立つ.

$$(a^p)^q = a^{p \times q}$$

これで, 正の定数 a に対し, a の「整数」乗はどのように計算すればいいのかがわかった. つぎは, $9^{\frac{1}{2}}$ のような, 正の定数 a に対する a の「有理数」乗はどのように計算すればいいのかを考えよう.

これについても, a の「整数」乗の自然な拡張にしたいので,「正の定数 a と整数 p, q に対して」成り立つ法則を「正の定数 a と有理数 p, q に対して」も成り立つように拡張したい. つまり, a の「有理数」乗についても, 上記の法則「$(a^p)^q = a^{p \times q}$」が成立するように計算したいと考える.

例題 10.6　$9^{\frac{1}{2}}$ のような値はどう求めればいいか考える

上記の法則「$(a^p)^q = a^{p \times q}$」を適用すると, たとえば,

$$(9^{\frac{1}{2}})^2 = 9^{\frac{1}{2} \times 2} = 9^1 = 9, \qquad (64^{\frac{1}{3}})^3 = 64^{\frac{1}{3} \times 3} = 64^1 = 64$$

となり, $(9^{\frac{1}{2}})$ の 2 乗は 9, また, $(64^{\frac{1}{3}})$ の 3 乗は 64 になることがわかる.

このことから, $(9^{\frac{1}{2}})$ は「2 個かけあわせると 9 になるもの」にしたいので, $\sqrt{9}$ とすれば都合がいい. よって,

$$9^{\frac{1}{2}} = \sqrt{9} = \sqrt{3 \times 3} = 3$$

と決められるのである. また同様に, $(64^{\frac{1}{3}})$ は「3 個かけあわせると 64 になるもの」にしたいの

で，$\sqrt[3]{64}$ とすれば都合がいい．よって，

$$64^{\frac{1}{3}} = \sqrt[3]{64} = \sqrt[3]{4 \times 4 \times 4} = 4$$

と決められる．さらに同じように考えると，

$$1^{\frac{1}{2}} = \sqrt{1} = 1, \quad 2^{\frac{1}{2}} = \sqrt{2}, \quad 4^{\frac{1}{2}} = \sqrt{4} = 2, \quad 100^{\frac{1}{2}} = \sqrt{100} = 10,$$

$$1^{\frac{1}{3}} = \sqrt[3]{1} = 1, \quad 2^{\frac{1}{3}} = \sqrt[3]{2}, \quad 8^{\frac{1}{3}} = \sqrt[3]{8} = 2, \quad 1000^{\frac{1}{3}} = \sqrt[3]{1000} = 10,$$

$$1^{\frac{1}{4}} = \sqrt[4]{1} = (\quad ⑫ \quad), \quad 2^{\frac{1}{4}} = \sqrt[4]{2}, \quad 16^{\frac{1}{4}} = \sqrt[4]{16} = (\quad ⑬ \quad),$$

$$10000^{\frac{1}{4}} = \sqrt[4]{10000} = (\quad ⑭ \quad)$$

と拡張できる．そして一般にも，このように計算される．

---

a の「n 分の 1」乗

正の定数 a，正の整数 n に対し，次のように定められている．

$$a^{\frac{1}{n}} = \sqrt[n]{a}$$

なお，正の定数 a は正の整数とは限らない．

$$\left(\frac{1}{9}\right)^{\frac{1}{2}} = \sqrt{\frac{1}{9}} = \sqrt{\frac{1}{3} \times \frac{1}{3}} = \frac{1}{3},$$

$$0.04^{\frac{1}{2}} = \sqrt{0.04} = \sqrt{0.2 \times 0.2} = (\quad ⑮ \quad),$$

$$\left(\frac{8}{125}\right)^{\frac{1}{3}} = \sqrt[3]{\frac{8}{125}} = \sqrt[3]{\frac{2}{5} \times \frac{2}{5} \times \frac{2}{5}} = \frac{2}{5},$$

$$\left(\frac{1}{10000}\right)^{\frac{1}{4}} = \sqrt[4]{\frac{1}{10000}} = \sqrt[4]{\frac{1}{10} \times \frac{1}{10} \times \frac{1}{10} \times \frac{1}{10}} = (\quad ⑯ \quad)$$

問題 10.4

次の値を求めよ．

(1) $81^{\frac{1}{2}}$ (2) $32^{\frac{1}{5}}$ (3) $1000000^{\frac{1}{6}}$ (4) $\left(\dfrac{1}{625}\right)^{\frac{1}{4}}$

以上より，正の定数 a，正の整数 n に対して，$a^{\frac{1}{n}}$ はどういうものかわかった．一般の a の「有理数」乗については，法則「$a^{p \times q} = (a^p)^q$」が成立することとし，次のように変形して計算しよう．

---

a の「有理数」乗

正の定数 a，正の整数 n，整数 p に対し，次のように変形して計算する．

$$a^{\frac{p}{n}} = \left(a^{\frac{1}{n}}\right)^p$$

159

例題 10.7　「有理数」乗の値を求める

たとえば，次のように計算することができる.

$$4^{-\frac{1}{2}} = (4^{\frac{1}{2}})^{-1} = (\sqrt{4})^{-1} = (\sqrt{2 \times 2})^{-1} = 2^{-1} = \frac{1}{2},$$

$$9^{\frac{3}{2}} = (9^{\frac{1}{2}})^3 = (\sqrt{9})^3 = (\sqrt{3 \times 3})^3 = 3^3 = 27,$$

$$8^{\frac{2}{3}} = (8^{\frac{1}{3}})^2 = (\sqrt[3]{8})^2 = (\sqrt[3]{2 \times 2 \times 2})^2 = 2^2 = 4,$$

$$16^{-\frac{5}{4}} = (16^{\frac{1}{4}})^{-5} = (\sqrt[4]{16})^{-5} = (\sqrt[4]{2 \times 2 \times 2 \times 2})^{-5} = 2^{-5} = \frac{1}{2^5} = \frac{1}{32},$$

$$\left(\frac{25}{36}\right)^{-\frac{3}{2}} = \left(\left(\frac{25}{36}\right)^{\frac{1}{2}}\right)^{-3} = \left(\sqrt{\frac{25}{36}}\right)^{-3} = \left(\sqrt{\frac{5}{6} \times \frac{5}{6}}\right)^{-3} = \left(\frac{5}{6}\right)^{-3} = \frac{1}{\left(\frac{5}{6}\right)^3}$$

$$= \frac{1}{\frac{125}{216}} = \frac{216}{125}$$

問題 10.5

次の値を求めよ.

(1) $9^{-\frac{1}{2}}$　　　(2) $1000^{\frac{2}{3}}$　　　(3) $25^{\frac{3}{2}}$　　　(4) $8^{-\frac{2}{3}}$

(5) $10000000000^{-\frac{2}{5}}$　(6) $\left(\frac{1}{8}\right)^{\frac{2}{3}}$　　(7) $\left(\frac{1}{10000}\right)^{-\frac{1}{4}}$　(8) $\left(\frac{8}{125}\right)^{-\frac{4}{3}}$

これで一般に，正の定数 a に対し，a の「有理数」乗についてもなにかわかった. a の「無理数」乗についての定義は省略するが，1 ではない正の定数 a に対し，関数 $y = a^x$ のグラフは途切れずなめらかにつながるようになるということを知っておこう.

　一般に，1 ではない正の定数 a に対し，関数 $y = a^x$ を **a を底とする指数関数** とよぶ.

　なお一般に，次の指数法則が成り立つ.

指数法則

正の定数 a, b と実数 p, q に対し，次が成り立つ.

$$a^p a^q = a^{p+q}, \quad \frac{a^p}{a^q} = a^{p-q}, \quad (a^p)^q = a^{p \times q}, \quad (ab)^p = a^p b^p, \quad \left(\frac{a}{b}\right)^p = \frac{a^p}{b^p}$$

たとえば，

$$2^3 \cdot 2^4 = 2^{3+4}, \quad \frac{2^4}{2^3} = 2^{4-3}, \quad (2^3)^4 = 2^{3 \times 4}, \quad (2 \cdot 3)^4 = 2^4 \cdot 2^4, \quad \left(\frac{2}{3}\right)^4 = \frac{2^4}{3^4}$$

が成り立つことが確認できる.

例題 10.8　指数法則を使って計算をする

指数法則を使って次の値を求めよう.

(1) $8^{\frac{1}{3}} \times 8^{\frac{2}{3}}$　　　　(2) $\dfrac{4^{\frac{5}{2}}}{4^{\frac{1}{2}}}$　　　　(3) $\left(1000^{\frac{1}{3}}\right)^6$　　　(4) $(25 \times 4)^{\frac{1}{2}}$　　　(5) $\left(\dfrac{1}{32}\right)^{\frac{1}{5}}$

解答

(1) $8^{\frac{1}{3}} \times 8^{\frac{2}{3}} = 8^{\frac{1}{3}+\frac{2}{3}} = 8^1 = 8$ $\left(\text{指数法則を使わずに求めると, } 8^{\frac{1}{3}} \times 8^{\frac{2}{3}} = 2 \times 4 = 8 \text{ となる}\right)$

(2) $\dfrac{4^{\frac{5}{2}}}{4^{\frac{1}{2}}} = 4^{\frac{5}{2}-\frac{1}{2}} = 4^2 = 16$ $\left(\text{指数法則を使わずに求めると, } \dfrac{4^{\frac{5}{2}}}{4^{\frac{1}{2}}} = \dfrac{32}{2} = 16 \text{ となる}\right)$

(3) $\left(1000^{\frac{1}{3}}\right)^6 = 1000^{\frac{1}{3} \times 6} = 1000^2 = 1000000$

$\left(\text{指数法則を使わずに求めると, } \left(1000^{\frac{1}{3}}\right)^6 = 10^6 = 1000000 \text{ となる}\right)$

(4) $(25 \times 4)^{\frac{1}{2}} = 25^{\frac{1}{2}} \times 4^{\frac{1}{2}} = 5 \times 2 = 10$

$\left(\text{指数法則を使わずに求めると, } (25 \times 4)^{\frac{1}{2}} = 100^{\frac{1}{2}} = 10 \text{ となる}\right)$

(5) $\left(\dfrac{1}{32}\right)^{\frac{1}{5}} = \dfrac{1^{\frac{1}{5}}}{32^{\frac{1}{5}}} = \dfrac{1}{2}$

$\left(\text{指数法則を使わずに求めると, } \left(\dfrac{1}{32}\right)^{\frac{1}{5}} = \left(\dfrac{1}{2} \times \dfrac{1}{2} \times \dfrac{1}{2} \times \dfrac{1}{2} \times \dfrac{1}{2}\right)^{\frac{1}{5}} = \dfrac{1}{2} \text{ となる}\right)$

問題 10.6

次の値を求めよ.

(1) $9^{\frac{1}{2}} \times 9^{\frac{3}{2}}$　　　　(2) $(36 \times 81)^{\frac{1}{2}}$　　　(3) $\dfrac{16^{\frac{5}{4}}}{16}$　　　(4) $\left(\dfrac{343}{1000}\right)^{\frac{1}{3}}$

(5) $\left(11^{\frac{2}{5}}\right)^5$　　　　(6) $10^{\frac{5}{7}} \times 10^{\frac{9}{7}}$　　　(7) $\dfrac{169^{\frac{13}{4}}}{169^{\frac{11}{4}}}$　　　(8) $(27 \times 1000000)^{\frac{1}{3}}$

10.2　指数関数のグラフ

a を 1 ではない正の数とし, 指数関数 $y = a^x$ のグラフはどのようになるのか調べてみよう.

$f(x) = a^x$ とすると, どんな a に対しても, $f(0) = a^0 = 1$ なので, 指数関数 $y = a^x$ のグラフは a によらずに点 $(0, 1)$ を通ることはすぐわかる.

例題 10.9　指数関数 $y = a^x$ のグラフは，a が 1 より大きいときはどんな形になるのか たしかめる

　関数 $y = 2^x$ について，対応する x と y の値の組 (x, y) を，次の (1), (2) の手順で xy 座標平面上に点として表示することにより，グラフをかいてみよう．

(1) $f(x) = 2^x$ とおき，$f(-4)$, $f(-3)$, $f(-2)$, $f(-1)$, $f(0)$, $f(1)$, $f(2)$, $f(3)$, $f(4)$ を求める．

$$f(-4) = (\quad ⑰ \quad), \ f(-3) = \frac{1}{8}, \ f(-2) = \frac{1}{4}, \ f(-1) = \frac{1}{2}, \ f(0) = (\quad ⑱ \quad),$$
$$f(1) = 2, \ f(2) = 4, \ f(3) = 8, \ f(4) = (\quad ⑲ \quad)$$

(2) xy 座標平面上に点 $(-4, f(-4))$，点 $(-3, f(-3))$，点 $(-2, f(-2))$，点 $(-1, f(-1))$，点 $(0, f(0))$，点 $(1, f(1))$，点 $(2, f(2))$，点 $(3, f(3))$，点 $(4, f(4))$ を表示し，それらをなめらかな線で結ぶ．

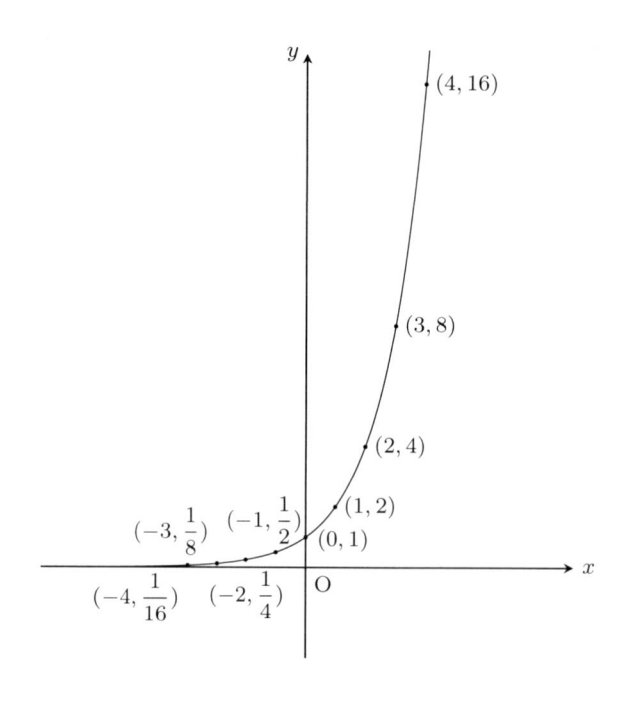

　一般に，a が 1 より大きいときは，指数関数 $y = a^x$ のグラフは右上がりになる．そして，y の値はつねに正であり，x が大きくなるにつれて急激に増加し，x が小さくなるにつれて 0 に近づくという特徴がある．

　また，x が正のときは，

　　たとえば「$2^x < 5^x$」というように，「$a < b$ ならば $a^x < b^x$」

となり，x が負のときは，

　　たとえば「$5^x < 2^x$」というように，「$a < b$ ならば $b^x < a^x$」

となる．

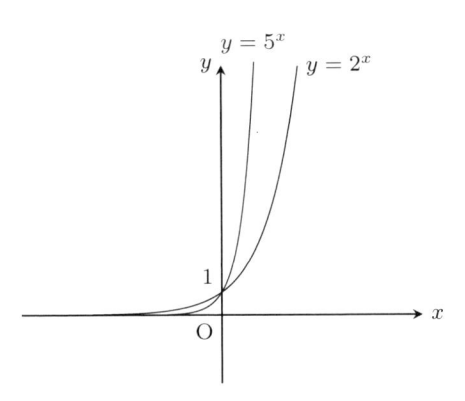

問題 10.7

関数 $y = 3^x$ について，対応する x と y の値の組 (x, y) を，いくつか自分で選び，xy 座標平面上に点として表示することにより，グラフをかけ．

例題 10.10　指数関数 $y = a^x$ のグラフは，a が 1 より小さいときはどんな形になるのかたしかめる

関数 $y = \left(\dfrac{1}{2}\right)^x$ について，対応する x と y の値の組 (x, y) を，次の $(1), (2)$ の手順で xy 座標平面上に点として表示することにより，グラフをかいてみよう．

(1) $f(x) = \left(\dfrac{1}{2}\right)^x$ とおき，$f(-4), \ f(-3), \ f(-2), \ f(-1), \ f(0), \ f(1), \ f(2), \ f(3), \ f(4)$ を求める．

$$f(-4) = (\quad ⑳ \quad), \ f(-3) = 8, \ f(-2) = 4, \ f(-1) = 2, \ f(0) = (\quad ㉑ \quad),$$
$$f(1) = \frac{1}{2}, \ f(2) = \frac{1}{4}, \ f(3) = \frac{1}{8}, \ f(4) = (\quad ㉒ \quad)$$

(2) xy 座標平面上に点 $(-4, f(-4))$，点 $(-3, f(-3))$，点 $(-2, f(-2))$，点 $(-1, f(-1))$，点 $(0, f(0))$，点 $(1, f(1))$，点 $(2, f(2))$，点 $(3, f(3))$，点 $(4, f(4))$ を表示し，それらをなめらかな線で結ぶ．

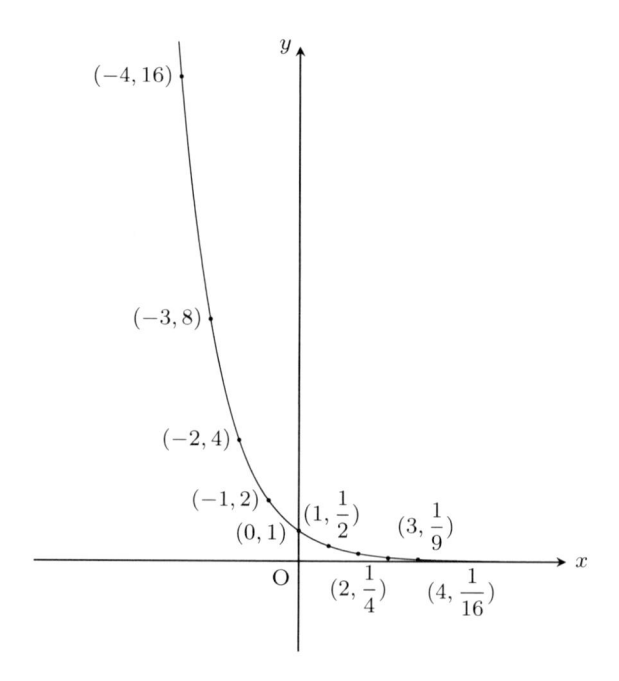

　一般に，a が 1 より小さいときは，指数関数 $y = a^x$ のグラフは右下がりになる．そして，y の値はつねに正であり，x が大きくなるにつれて 0 に近づき，x が小さくなるにつれて急激に増加するという特徴がある．

　また，x が正のときは，

　　　たとえば「$\left(\dfrac{1}{5}\right)^x < \left(\dfrac{1}{2}\right)^x$」というように，「$b < a$ ならば $b^x < a^x$」

となり，x が負のときは，

　　　たとえば「$\left(\dfrac{1}{2}\right)^x < \left(\dfrac{1}{5}\right)^x$」というように，「$b < a$ ならば $a^x < b^x$」

となる．

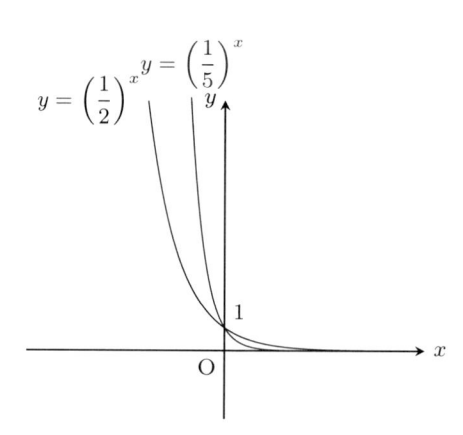

> **問題 10.8**
>
> 関数 $y = \left(\dfrac{1}{3}\right)^x$ について，対応する x と y の値の組 (x, y) を，いくつか自分で選び，xy 座標平面上に点として表示することにより，グラフをかけ．

> **問題 10.9**
>
> 関数 $y = \left(\dfrac{5}{2}\right)^{-\frac{1}{2}x}$ について，対応する x と y の値の組 (x, y) を，いくつか自分で選び，xy 座標平面上に点として表示することにより，グラフをかけ．

10.3 Excel による演習

Excel で指数の計算をやってみよう．また，指数関数のグラフを作成してみよう．

例題 10.11　計算式を入力して指数の計算をおこなう

次の値を Excel に計算式を入力することによって求めよう．(1) はセル A1 に，(2) はセル A2 に，$\cdots$，(12) はセル A12 に求めよう．

(1) 10^3　　　　　(2) 10^{-3}　　　　　(3) 7^3　　　　　(4) 11^0

(5) $100^{\frac{1}{2}}$　　　　(6) $64^{\frac{1}{3}}$　　　　(7) $128^{\frac{1}{7}}$　　　　(8) 2^{-1}

(9) $\left(\dfrac{1}{12}\right)^{-1}$　　(10) $\left(\dfrac{1}{3}\right)^{-4}$　　(11) $216^{\frac{2}{3}}$　　(12) $16^{-\frac{1}{4}}$

次のように入力すると，

	A	B
1	=10^3	
2	=10^(-3)	
3	=7^3	
4	=11^0	
5	=100^(1/2)	
6	=64^(1/3)	
7	=128^(1/7)	
8	=2^(-1)	
9	=(1/12)^(-1)	
10	=(1/3)^(-4)	
11	=216^(2/3)	
12	=16^(-1/4)	
13		

下記のような結果が得られる．

	A	B	C
1	1000		
2	0.001		
3	343		
4	1		
5	10		
6	4		
7	2		
8	0.5		
9	12		
10	81		
11	36		
12	0.5		
13			

問題 10.10

次の値を Excel に計算式を入力することによって求めよ．(1) はセル A1 に，(2) はセル A2 に，$\cdots$，(8) はセル A8 に求めよ．

(1) 19^3 　　　　(2) $\left(\dfrac{1}{30}\right)^{-1}$ 　　　　(3) 2009^0 　　　　(4) $169^{\frac{1}{2}}$

(5) $\left(\dfrac{1}{8}\right)^{-\frac{1}{3}}$ 　　　　(6) $1000^{\frac{5}{3}}$ 　　　　(7) $\left(\dfrac{8}{27}\right)^{-\frac{2}{3}}$ 　　　　(8) $\left(121^{\frac{1}{2}}\right)^3$

例題 10.12　指数関数のグラフを作成する

指数関数 $y = 2^x$ のグラフを Excel で作成してみよう．

まず，セル範囲 A2:A102 に，x の値として $-10, -9.8, \cdots, 9.8, 10$ を用意する．そのため，セル A2 に「-10」，セル A3 に「-9.8」と入力し，その範囲 A2:A3 を 102 行目まで下にオートフィルする．また，セル A1 には「x」，セル B1 には「2 の x 乗」と入力する．

つぎに，セル B2 に「=2^A2」と入力し，これを 102 行目まで下にオートフィルする．その際，セル B2 を選択し，その右下あたりにマウスポインタを合わせ「＋」の形にし，この状態のままダブルクリックすることによりオートフィルすることもできる．

そして，セル範囲 B1:B102 を選択し，挿入タブの（グラフグループにある）［折れ線/面グラフの挿入］の「2-D 折れ線」の「折れ線」を選ぶ．

作成されたグラフが選択されたまま，グラフのデザインタブの（データグループにある）［データの選択］をクリックする．「データソースの選択」ダイアログボックスが出てくるので，横（項目）軸ラベルの「編集」をクリックする．A 列の該当箇所（A2:A102）をドラッグして表示させて「OK」を押す．すると，グラフの横軸の値が A 列の値に変わる．

グラフのサイズやレイアウトなどは自由に変更しよう．

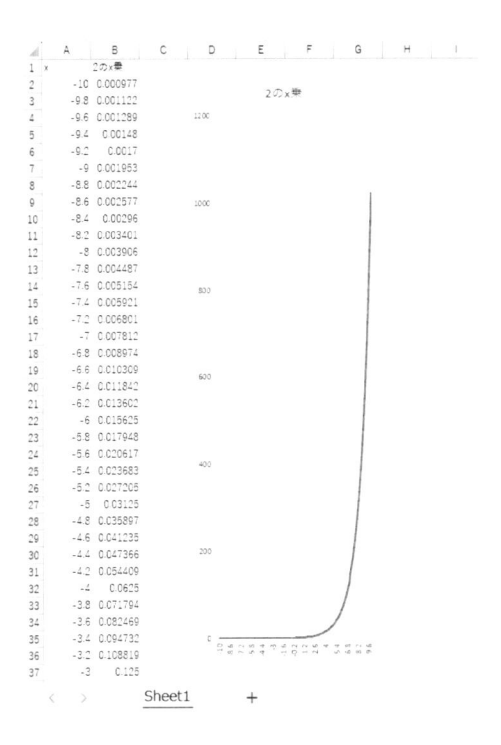

以下の問題においては，すでに作成したファイルを使用してもいい．

問題 10.11

指数関数 $y = \left(\dfrac{1}{2}\right)^x$ のグラフを Excel で作成せよ．

例題 10.13　指数関数 $y = 10^x$ のグラフと指数関数 $y = \left(\dfrac{1}{10}\right)^x$ のグラフを作成して比較する

　指数関数 $y = 10^x$ のグラフと指数関数 $y = \left(\dfrac{1}{10}\right)^x$ のグラフを Excel で同一グラフエリアに作成してみよう．

　まず，セル範囲 A2:A102 に，x の値として $-10, -9.8, \cdots, 9.8, 10$ を用意し，セル A1 に「x」，セル B1 に「10 の x 乗」，セル C1 に「1/10 の x 乗」と入力する．セル B2 には「=10^A2」，セル C2 には「=(1/10)^A2」と入力し，これらを 102 行目まで下にオートフィルする．

　そして，セル範囲 B1:C102 を選択し，挿入タブの（グラフグループにある）［折れ線/面グラフの挿入］の「2-D 折れ線」の「折れ線」を選ぶ．

　作成されたグラフが選択されたまま，グラフのデザインタブの（データグループにある）［データの選択］を使って，グラフの横軸の値を A 列の値に変更させる．

　グラフのサイズやレイアウトなどは自由に変更しよう．

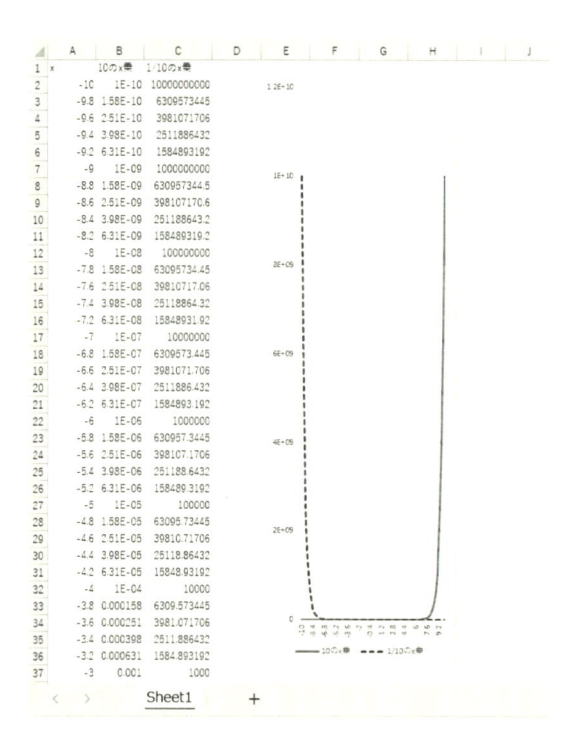

問題 10.12

指数関数 $y = 5^x$ のグラフと 指数関数 $y = \left(\dfrac{1}{5}\right)^x$ のグラフを Excel で同一グラフエリアに作成せよ.

問題 10.13

指数関数 $y = 2^x$ のグラフと指数関数 $y = 3^x$ のグラフを Excel で同一グラフエリアに作成せよ.

問題 10.14

指数関数 $y = 2^x$ のグラフと指数関数 $y = 3^x$ のグラフと指数関数 $y = 4^x$ のグラフを Excel で同一グラフエリアに作成せよ.

例題 10.14　指数関数のグラフと 2 次関数のグラフを作成して比較する

指数関数 $y = 2^x$ のグラフと 2 次関数 $y = x^2$ のグラフを Excel で同一グラフエリアに作成してみよう.

例題 10.13 のファイルにおいて, セル B1 を「2 の x 乗」, セル C1 を「x の 2 乗」に入力しなおす. また, セル B2 を「=2^A2」, セル C2 を「=A2^2」に入力しなおし, これらを 102 行目まで下にオートフィルする.

グラフのサイズやレイアウトなどは自由に変更しよう．

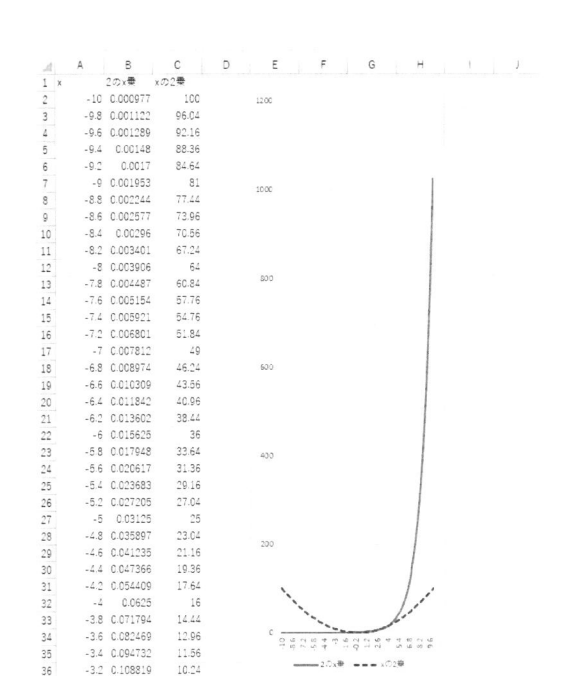

問題 10.15

指数関数 $y = 5^x$ のグラフと 2 次関数 $y = x^5$ のグラフを Excel で同一グラフエリアに作成せよ．

第11章

対数関数

　本章では，指数関数の逆関数である対数関数について学習する．まずは対数の使い方や計算法則を理解し，計算練習をおこなう．そして，対数関数のグラフをかく演習もおこない，グラフの特徴を確認しよう．

　底が 10 である対数つまり常用対数は，10 を何個かけあわせたらその数になるのかというものである．たとえば，10000000000000 と100000000000000 は指数を使ってそれぞれ10^{13} と 10^{14} とあらわすことができるが，常用対数をとるとそれぞれ $\log_{10} 10000000000000 =$ 13 と $\log_{10} 100000000000000 = 14$ となる．これらについては「桁数 -1」が対応しているともいえる．

　対数をとることによって，大きな数，小さな数，また，「差」よりも「比」に意味のありそうなデータをあつかいやすくできることがある．たとえば，地震のエネルギーはとても大きいので，その指標値であるマグニチュードについては数値の対数をとってあらわされ，あつかいやすくしている．また，株価の収益率などのさまざまなデータについて，対数をとると正規分布に近くなることがあり，分析しやすくなることもある．

11.1　対数の意味

例題 11.1　対数を使ってあらわす

指数を使った関係式，たとえば

$$2^5 = 32$$

のなかの底「2」については，

$$2 = 32^{\frac{1}{5}} \left(= \sqrt[5]{32} \right)$$

とあらわすことができる．そして，指数「5」つまり「$2^{\square} = 32$ となるときの $\square$」については，

$$5 = \log_2 32$$

とあらわすこととする．この「$\log_2 32$」は **底を 2 とする 32 の対数** とよばれる．また，このなかの「32」は**真数**とよばれる．

底を a とする p の対数

1 ではない正の定数 a と正の実数 p に対して，

$$a^q = p$$

をみたす実数 q がひとつ決まる．これを底を a とする p の対数とよび，次のように書く．

$$q = \log_a p$$

例題 11.2　対数の例

(1) $\log_3 3^{69} = 69$　　　「$3^{\square} = 3^{69}$ となるときの $\square$」

一般にも，同様のことがいえる．

$\log_a a^p$ の値

1 ではない正の定数 a と実数 p に対し，次が成り立つ．

$$\log_a a^p = p$$

---

(2) $\log_3 9 = \log_3 3^2 = 2$　　　「$3^{\square} = 9$ となるときの $\square$」

(3) $\log_3 \dfrac{1}{3} = \log_3 3^{-1} = -1$　　　「$3^{\square} = \dfrac{1}{3}$ となるときの $\square$」

(4) $\log_{\frac{1}{3}} 3 = \log_{\frac{1}{3}} \left(\dfrac{1}{3} \right)^{-1} = -1$　　　「$\left(\dfrac{1}{3} \right)^{\square} = 3$ となるときの $\square$」

(5) $\log_{\sqrt{3}} 3 = \log_{\sqrt{3}} \sqrt{3}^2 = 2$　　　「$\sqrt{3}^{\square} = 3$ となるときの $\square$」

(6) $\log_3 \sqrt{3} = \log_3 3^{\frac{1}{2}} = \dfrac{1}{2}$　　　「$3^{\square} = \sqrt{3}$ となるときの $\square$」

(7) $\log_3 \dfrac{1}{9} = \log_3 \dfrac{1}{3^2} = \log_3 3^{-2} = -2$ 　　　「$3^\square = \dfrac{1}{9}$ となるときの $\square$」

(8) $\log_3 \dfrac{1}{\sqrt{3}} = \log_3 \dfrac{1}{3^{\frac{1}{2}}} = \log_3 3^{-\frac{1}{2}} = -\dfrac{1}{2}$ 　　　「$3^\square = \dfrac{1}{\sqrt{3}}$ となるときの $\square$」

(9) $\log_{\sqrt{3}} \dfrac{1}{3} = \log_{\sqrt{3}} \dfrac{1}{\sqrt{3}^2} = \log_{\sqrt{3}} \sqrt{3}^{-2} = -2$ 　　　「$\sqrt{3}^\square = \dfrac{1}{3}$ となるときの $\square$」

(10) $\mathbf{\log_3 1} = \log_3 3^0 = \mathbf{0}$ 　　　「$3^\square = 1$ となるときの $\square$」

どんな正の定数 a に対しても $a^0 = 1$ なので，一般にも次が成り立つ.

$\log_a 1$ の値

1 ではない正の定数 a に対し，次が成り立つ.

$\log_a 1 = 0$

---

(11) $\mathbf{\log_3 3} = \log_3 3^1 = \mathbf{1}$ 　　　「$3^\square = 3$ となるときの $\square$」

どんな正の定数 a に対しても $a^1 = a$ なので，一般にも次が成り立つ.

$\log_a a$ の値

1 ではない正の定数 a に対し，次が成り立つ.

$\log_a a = 1$

問題 11.1

次の値を求めよ.

(1) $\log_2 16$ 　　　(2) $\log_{10} \dfrac{1}{100}$ 　　　(3) $\log_5 \sqrt{5}$ 　　　(4) $\log_4 \dfrac{1}{2}$

(5) $\log_{\frac{1}{11}} 11$ 　　　(6) $\log_{\sqrt{8}} 8$ 　　　(7) $\log_{100} 1$ 　　　(8) $\log_7 7^{-70}$

ところで，第 10 章において，正の定数 a と実数 p, q に対し，

$$a^p a^q = a^{p+q}, \qquad \dfrac{a^p}{a^q} = a^{p-q}, \qquad (a^p)^q = a^{p \times q}$$

が成り立つという指数法則について学習した. これに対応する対数法則を確認したい. そのため，たとえば次のように変形してみよう.

$$\mathbf{\log_2 (8 \times 16)} = \log_2 \left(2^{(\ \textcircled{1}\ )} \times 2^{(\ \textcircled{2}\ )} \right) = \log_2 2^{(\ \textcircled{1}\ ) + (\ \textcircled{2}\ )}$$
$$= (\ \textcircled{1}\ ) + (\ \textcircled{2}\ ) = \mathbf{\log_2 8 + \log_2 16}$$

173

$$\log_3 \frac{27}{9} = \log_3 \frac{3^{(\ ③\ )}}{3^{(\ ④\ )}} = \log_3 3^{(\ ③\ )-(\ ④\ )}$$
$$= (\ ③\ ) - (\ ④\ ) = \log_3 27 - \log_3 9$$

$$\log_5 25^4 = \log_5 \left(5^{(\ ⑤\ )}\right)^4 = \log_5 5^{(\ ⑤\ )\times 4}$$
$$= (\ ⑤\ ) \times 4 = 4 \times (\ ⑤\ ) = 4 \times \log_5 25$$

一般にも，このような対数法則が成り立つ．

対数法則

1 ではない正の定数 a と正の実数 p, q に対し，次が成り立つ．

$$\log_a pq = \log_a p + \log_a q, \qquad \log_a \frac{p}{q} = \log_a p - \log_a q, \qquad \log_a p^q = q \log_a p$$

ところで，

$$\log_{10} 100 = \log_{10} 10^2 = 2, \quad \log_{10} 1000 = \log_{10} 10^3 = 3,$$
$$\log_{10} 10000 = \log_{10} 10^4 = (\ ⑥\ ), \quad \log_{10} 100000 = \log_{10} 10^5 = (\ ⑦\ ),$$
$$\log_{10} 1000000 = \log_{10} 10^6 = (\ ⑧\ )$$

となり，順に，

「100 の 0 の個数 2」，　「1000 の 0 の個数 3」，

「10000 の 0 の個数 4」，　「100000 の 0 の個数 5」，

「1000000 の 0 の個数 6」

となっている．このような，10 を底とする対数 $\log_{10} x$ を**常用対数**とよぶ．つまり，常用対数というのは 10 を何乗したらその数になるのかというものである．

対数法則を使うと，たとえば

$$\log_{10} 100000 = \log_{10} (100 \times 1000) = \log_{10} 100 + \log_{10} 1000,$$
$$\log_{10} 100 = \log_{10} \left(\frac{100000}{1000}\right) = \log_{10} 100000 - \log_{10} 1000,$$
$$\log_{10} 1000000 = \log_{10} 1000^2 = 2 \times \log_{10} 1000$$

と変形することができ，

「100000 の 0 の個数 5」＝「100 の 0 の個数 2」＋「1000 の 0 の個数 3」，

「100 の 0 の個数 2」＝「100000 の 0 の個数 5」－「1000 の 0 の個数 3」，

「1000000 の 0 の個数 6」＝ 2×「1000 の 0 の個数 3」

となっていることがたしかめられる．

例題 11.3　$\log_{10} 1$ から $\log_{10} 10$ の値を計算する

$\log_{10} 2 = 0.3010,\ \log_{10} 3 = 0.4771,\ \log_{10} 7 = 0.8451$ とするとき，次の値を計算してみよう．

(1) $\log_{10} 1$　　　　(2) $\log_{10} 4$　　　　(3) $\log_{10} 5$　　　　(4) $\log_{10} 6$

(5) $\log_{10} 8$　　　　(6) $\log_{10} 9$　　　　(7) $\log_{10} 10$

解答

(1) $\log_{10} 1 = 0$

(2) $\log_{10} 4 = \log_{10} 2^{(\ ⑨\ )} = (\ ⑨\ ) \times \log_{10} 2 = (\ ⑨\ ) \times 0.3010 = 0.6020$

(3) $\log_{10} 5 = \log_{10} \dfrac{(\ ⑩\ )}{2} = \log_{10} (\ ⑩\ ) - \log_{10} 2 = 1 - 0.3010 = 0.6990$

(4) $\log_{10} 6 = \log_{10} (2 \times 3) = \log_{10} 2 + (\ ⑪\ ) = 0.3010 + 0.4771 = 0.7781$

(5) $\log_{10} 8 = \log_{10} 2^{(\ ⑫\ )} = (\ ⑫\ ) \times \log_{10} 2 = (\ ⑫\ ) \times 0.3010 = 0.9030$

(6) $\log_{10} 9 = \log_{10} 3^{(\ ⑬\ )} = (\ ⑬\ ) \times \log_{10} 3 = (\ ⑬\ ) \times 0.4771 = 0.9542$

(7) $\log_{10} 10 = 1$

例題 11.4　対数法則を使って計算をする

次の値を求めよう．

(1) $\log_7 3 + \log_7 \dfrac{49}{3}$　　　　　　　(2) $\log_5 2 - \log_5 250$

(3) $3\log_2 3 - \log_2 \dfrac{27}{8}$　　　　　　(4) $\dfrac{1}{2}\log_{10} 9 - \log_{10} \dfrac{3}{5} - \log_{10} 500$

解答

(1) $\log_7 3 + \log_7 \dfrac{49}{3} = \log_7 \left(3 \times \dfrac{49}{3}\right) = \log_7 49 = \log_7 7^2 = 2$

(2) $\log_5 2 - \log_5 250 = \log_5 \dfrac{2}{250} = \log_5 \dfrac{1}{125} = \log_5 \dfrac{1}{5^3} = \log_5 5^{-3} = -3$

(3) $3\log_2 3 - \log_2 \dfrac{27}{8} = \log_2 3^3 - \log_2 \dfrac{27}{8} = \log_2 \dfrac{3^3}{\frac{27}{8}} = \log_2 8 = \log_2 2^3 = 3$

(4) $\dfrac{1}{2}\log_{10} 9 - \log_{10} \dfrac{3}{5} - \log_{10} 500 = \log_{10} 9^{\frac{1}{2}} - \log_{10} \dfrac{3}{5} - \log_{10} 500 = \log_{10} \dfrac{9^{\frac{1}{2}}}{\frac{3}{5}} - \log_{10} 500$

$\quad = \log_{10} 5 - \log_{10} 500 = \log_{10} \dfrac{5}{500} = \log_{10} \dfrac{1}{100} = \log_{10} \dfrac{1}{10^2} = \log_{10} 10^{-2} = -2$

問題 11.2

次の値を求めよ．

(1) $\log_2 \dfrac{1}{3} + \log_2 24$　　　　　　(2) $\log_{100} 50 + \log_{100} 2$

(3) $\log_5 100 - \log_5 4$　　　　　　(4) $2\log_2 \sqrt{6} + \log_2 \dfrac{16}{3}$

(5) $2\log_{10} \dfrac{\sqrt{7}}{100} - \dfrac{1}{2}\log_{10} 4900$　　　　(6) $\log_7 \dfrac{10}{19} - \log_7 \dfrac{1}{38} - \log_7 20$

(7) $2\log_{\frac{1}{2}} 3 + 2\log_{\frac{1}{2}} 10 - \log_{\frac{1}{2}} 225$　　　(8) $\dfrac{1}{2}\log_3 2 + \dfrac{1}{2}\log_3 6 - \log_3 2$

例題 11.5　底の変換公式を使って計算をする

(1) $\log_4 8$ の値を以下のように求めてみよう.

まず, $\log_4 8 = \square$ とすると, $4^\square = 8$ である. この両辺について, 底が 2 の対数をとると

$$\log_2 4^\square = \log_2 8$$

となる. この左辺は, 対数法則より $\square \times \log_2 4$ となるので,

$$\square \times \log_2 4 = \log_2 8$$

と変形できる. この式の両辺を $\log_2 4$ で割ると, 次のようになることがわかる.

$$\square \ (\text{つまり } \mathbf{\log_4 8}) = \frac{\mathbf{\log_2 8}}{\mathbf{\log_2 4}} = (\ \ ⑭\ \ )$$

以上より, 底を 4 とする対数が底を 2 とする対数に変換された. 一般にも, 同様の変形（**底の変換**）ができる.

底の変換公式

1 ではない正の定数 a, b と正の実数 p に対し, 次が成り立つ.
$$\log_a p = \frac{\log_b p}{\log_b a}$$

---

(2) $\log_{27} 81$ の値を底の変換公式を使って求めると, 次のようになる.

$$\log_{27} 81 = \frac{\log_3 81}{\log_3 27} = (\ \ ⑮\ \ )$$

なお, ここでは底を 3 に変換したが, 1 ではない正の定数であれば底はなんでもいい. ためしに, 底を 10 に変換してみよう.

$$\log_{27} 81 = \frac{\log_{10} 81}{\log_{10} 27} = \frac{\log_{10} 3^4}{\log_{10} 3^3} = \frac{4 \times \log_{10} 3}{3 \times \log_{10} 3} = (\ \ ⑯\ \ )$$

(3) $(\log_5 7) \cdot (\log_7 11) \cdot (\log_{11} 25)$ の値を底の変換公式を使って求めると, 次のようになる.

$$(\log_5 7) \cdot (\log_7 11) \cdot (\log_{11} 25) = \log_5 7 \cdot \frac{\log_5 11}{\log_5 7} \cdot \frac{\log_5 25}{\log_5 11} = \log_5 25 = (\ \ ⑰\ \ )$$

問題 11.3

次の値を求めよ.

(1) $\log_{32} 8$

(2) $(\log_3 8) \cdot (\log_2 9)$

(3) $(\log_{10} 2) \cdot (\log_2 5) \cdot (\log_5 10)$

(4) $(\log_3 2) \cdot (\log_{16} 3 + \log_8 27)$

(5) $\dfrac{\log_{25} 13}{\log_5 13}$

(6) $\log_3 6 - \log_9 12$

11.2 対数関数のグラフ

一般に，1ではない正の定数 a に対し，関数 $y = \log_a x$ を a **を底とする対数関数**とよぶ．定義域は $x > 0$ である．対数関数のグラフはどのようになるのか調べてみよう．

$f(x) = \log_a x$ とすると，どんな a に対しても，$f(1) = \log_a 1 = 0$ なので，対数関数 $y = \log_a x$ のグラフは a によらずに点 $(1, 0)$ を通ることはすぐわかる．

また，$y = \log_a x$ であることと，$x = a^y$ であることは同じなので，対数関数 $y = \log_a x$ は指数関数 $y = a^x$ の x と y を入れ替えたものである．つまり，対数関数 $y = \log_a x$ のグラフと指数関数 $y = a^x$ のグラフは直線 $y = x$ について対称であるということがわかる．

例題 11.6　対数関数 $y = \log_a x$ のグラフは，a が 1 より大きいときはどんな形になるのかたしかめる

関数 $y = \log_2 x$ について，対応する x と y の値の組 (x, y) を，次の (1), (2) の手順で xy 座標平面上に点として表示することにより，グラフをかいてみよう．

(1) $f(x) = \log_2 x$ とおき，$f\left(\dfrac{1}{16}\right)$, $f\left(\dfrac{1}{8}\right)$, $f\left(\dfrac{1}{4}\right)$, $f\left(\dfrac{1}{2}\right)$, $f(1)$, $f(2)$, $f(4)$, $f(8)$, $f(16)$ を求める．

$$f\left(\frac{1}{16}\right) = (\ \ ⑱\ \ ),\ f\left(\frac{1}{8}\right) = -3,\ f\left(\frac{1}{4}\right) = -2,\ f\left(\frac{1}{2}\right) = -1,$$
$$f(1) = (\ \ ⑲\ \ ),\ f(2) = 1,\ f(4) = 2,\ f(8) = 3,\ f(16) = (\ \ ⑳\ \ )$$

(2) xy 座標平面上に点 $\left(\dfrac{1}{16}, f\left(\dfrac{1}{16}\right)\right)$, 点 $\left(\dfrac{1}{8}, f\left(\dfrac{1}{8}\right)\right)$, 点 $\left(\dfrac{1}{4}, f\left(\dfrac{1}{4}\right)\right)$, 点 $\left(\dfrac{1}{2}, f\left(\dfrac{1}{2}\right)\right)$, 点 $(1, f(1))$, 点 $(2, f(2))$, 点 $(4, f(4))$, 点 $(8, f(8))$, 点 $(16, f(16))$ を表示し，それらをなめらかな線で結ぶ．

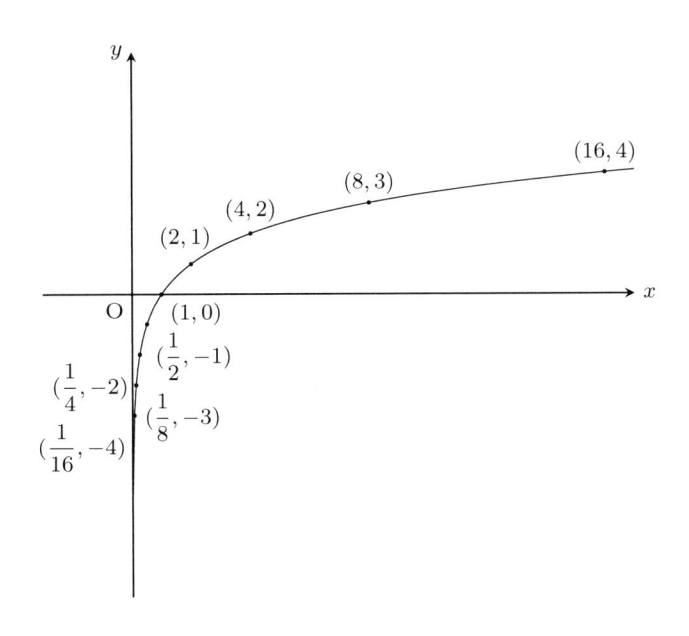

　一般に，a が 1 より大きいときは，対数関数 $y = \log_a x$ のグラフは定義域 $x > 0$ において右上がりになる．そして，x が大きくなるにつれてゆるやかに増加し，x が 0 に近づくにつれて無限に小さくなる（軸 $x = 0$ が漸近線）という特徴がある．

　また，$x > 1$ のときは，

　　　たとえば「$\log_5 x < \log_2 x$」というように，「$a < b$ ならば $\log_b x < \log_a x$」

となり，$0 < x < 1$ のときは，

　　　たとえば「$\log_2 x < \log_5 x$」というように，「$a < b$ ならば $\log_a x < \log_b x$」

となる．

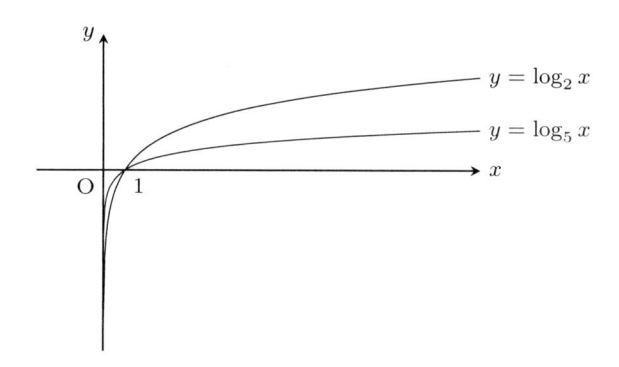

> **問題 11.4**
>
> 関数 $y = \log_3 x$ について，対応する x と y の値の組 (x, y) を，いくつか自分で選び，xy 座標平面上に点として表示することにより，グラフをかけ．

例題 11.7　対数関数 $y = \log_a x$ のグラフは，a が 1 より小さいときはどんな形になるのかたしかめる

　関数 $y = \log_{\frac{1}{2}} x$ について，対応する x と y の値の組 (x, y) を，次の $(1), (2)$ の手順で xy 座標平面上に点として表示することにより，グラフをかいてみよう．

(1) $f(x) = \log_{\frac{1}{2}} x$ とおき，$f\left(\dfrac{1}{16}\right)$，$f\left(\dfrac{1}{8}\right)$，$f\left(\dfrac{1}{4}\right)$，$f\left(\dfrac{1}{2}\right)$，$f(1)$，$f(2)$，$f(4)$，$f(8)$，$f(16)$ を求める．

$$f\left(\frac{1}{16}\right) = (\quad ㉑\quad),\ f\left(\frac{1}{8}\right) = 3,\ f\left(\frac{1}{4}\right) = 2,\ f\left(\frac{1}{2}\right) = 1,$$

$$f(1) = (\quad ㉒\quad),\ f(2) = -1,\ f(4) = -2,\ f(8) = -3,\ f(16) = (\quad ㉓\quad)$$

(2) xy 座標平面上に点 $\left(\dfrac{1}{16}, f\left(\dfrac{1}{16}\right)\right)$，点 $\left(\dfrac{1}{8}, f\left(\dfrac{1}{8}\right)\right)$，点 $\left(\dfrac{1}{4}, f\left(\dfrac{1}{4}\right)\right)$，点 $\left(\dfrac{1}{2}, f\left(\dfrac{1}{2}\right)\right)$，点 $(1, f(1))$，点 $(2, f(2))$，点 $(4, f(4))$，点 $(8, f(8))$，点 $(16, f(16))$ を表示し，それらをなめらかな線で結ぶ．

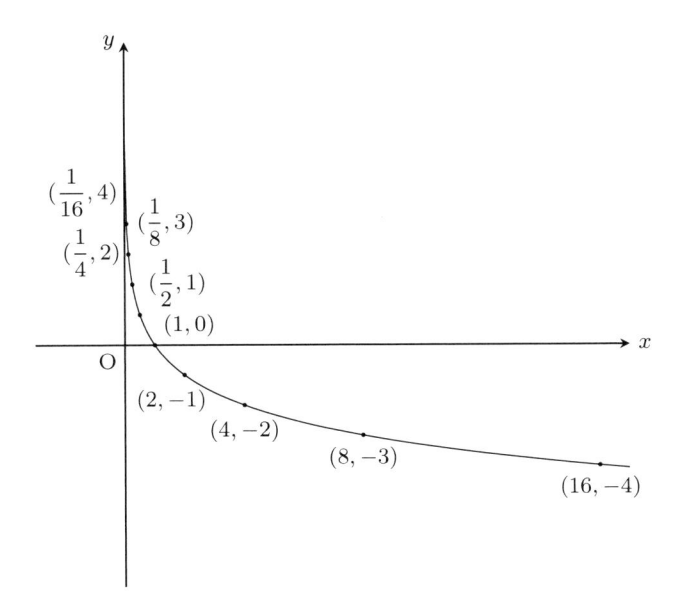

　一般に，a が 1 より小さいときは，対数関数 $y = \log_a x$ のグラフは定義域 $x > 0$ において右下がりになる．そして，x が大きくなるにつれてゆるやかに減少し，x が 0 に近づくにつれて無限に大きくなる（軸 $x = 0$ が漸近線）という特徴がある．

　また，$x > 1$ のときは，

　　たとえば「$\log_{\frac{1}{2}} x < \log_{\frac{1}{5}} x$」というように，「$b < a$ ならば $\log_a x < \log_b x$」

となり，$0 < x < 1$ のときは，

　　たとえば「$\log_{\frac{1}{5}} x < \log_{\frac{1}{2}} x$」というように，「$b < a$ ならば $\log_b x < \log_a x$」

となる．

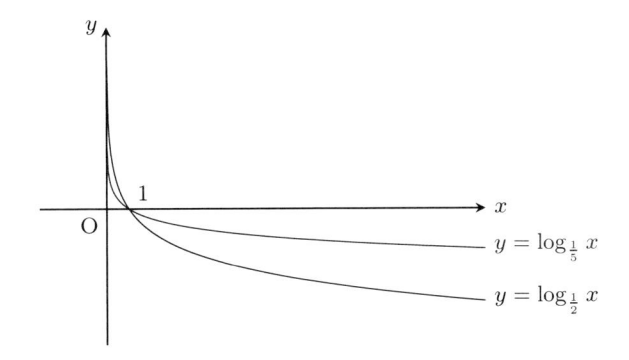

問題 11.5

関数 $y = \log_{\frac{1}{3}} x$ について，対応する x と y の値の組 (x, y) を，いくつか自分で選び，xy 座標平面上に点として表示することにより，グラフをかけ．

11.3　Excelによる演習

Excel で対数の計算をやってみよう．また，対数関数のグラフを作成してみよう．

例題 11.8　計算式を入力して対数の計算をおこなう

次の値を Excel に LOG 関数を入力することによって求めよう．たとえば，$\log_2 8$ は「=LOG(8,2)」と入力すると求めることができる．(1) はセル A1 に，(2) はセル A2 に，$\cdots$，(12) はセル A12 に求めよう．

(1) $\log_{10} 1000$　　(2) $\log_{10} \dfrac{1}{1000}$　　(3) $\log_7 343$　　(4) $\log_{11} 1$

(5) $\log_{100} 10$　　(6) $\log_{64} 4$　　(7) $\log_{128} 2$　　(8) $\log_2 \dfrac{1}{2}$

(9) $\log_{\frac{1}{12}} 12$　　(10) $\log_{\frac{1}{3}} 81$　　(11) $\log_{216} 36$　　(12) $\log_{16} \dfrac{1}{2}$

次のように入力すると，

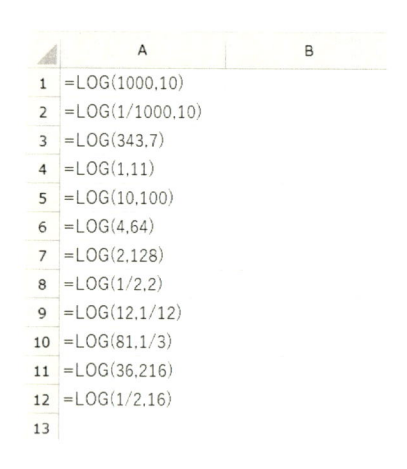

下記のような結果が得られる．

	A	B	C
1	3		
2	-3		
3	3		
4	0		
5	0.5		
6	0.333333		
7	0.142857		
8	-1		
9	-1		
10	-4		
11	0.666667		
12	-0.25		
13			

ここで，セル A5, A6, A7, A11, A12 の表示形式を「分数」にすると，下記のようになる（ホームタブの（数値グループの）［数値の書式］を「分数」に変更すればいい）．

	A	B	C
1	3		
2	-3		
3	3		
4	0		
5	1/2		
6	1/3		
7	1/7		
8	-1		
9	-1		
10	-4		
11	2/3		
12	- 1/4		
13			
14			

問題 11.6

次の値を Excel に LOG 関数を入力することによって求めよ．(1) はセル A1 に，(2) はセル A2 に，$\cdots$，(8) はセル A8 に求めよ．また，セル A4, A5, A6, A7, A8 の表示形式を「ユーザー定義」にし，種類を「?/?」に変更し，分数表示にせよ．

(1) $\log_{19} 6859$　　　(2) $\log_{\frac{1}{30}} 30$　　　(3) $\log_{2009} 1$　　　(4) $\log_{169} 13$

(5) $\log_{\frac{1}{8}} 2$　　　(6) $\log_{1000} 100000$　　　(7) $\log_{\frac{8}{27}} 2.25$　　　(8) $\log_{121} 1331$

例題 11.9　対数関数のグラフを作成する

対数関数 $y = \log_2 x$ のグラフを Excel で作成してみよう．

まず，セル範囲 A2:A102 に，x の値として 0, 0.1, $\cdots$, 9.9, 10 を用意する（$x = 0$ のときは $\log_2 x$ が定義されないが，横軸の最小の値として 0 を用意しておく）．そのため，セル A2 に「0」，セル A3 に「0.1」と入力し，その範囲 A2:A3 を 102 行目まで下にオートフィルする．また，セル A1 に「x」，セル B1 に「底を 2 とする x の対数」と入力し，セル B2 にはなにも入力しない．セル B3 には「=LOG(A3,2)」と入力し，これを 102 行目まで下にオートフィルする．その際，セル B3 を選択し，その右下あたりにマウスポインタを合わせ「＋」の形にし，この状態のままダブルクリックすることによりオートフィルすることもできる．

そして，セル範囲 B1:B102 を選択し，挿入タブの（グラフグループにある）［折れ線/面グラフの挿入］の「2-D 折れ線」の「折れ線」を選ぶ．

作成されたグラフが選択されたまま，グラフのデザインタブの（データグループにある）［データの選択］をクリックする．「データソースの選択」ダイアログボックスが出てくるので，横（項目）軸ラベルの「編集」をクリックする．A 列の該当箇所（A2:A102）をドラッグして表示させて「OK」を押す．すると，グラフの横軸の値が A 列の値に変わる．

グラフのサイズやレイアウトなどは自由に変更しよう.

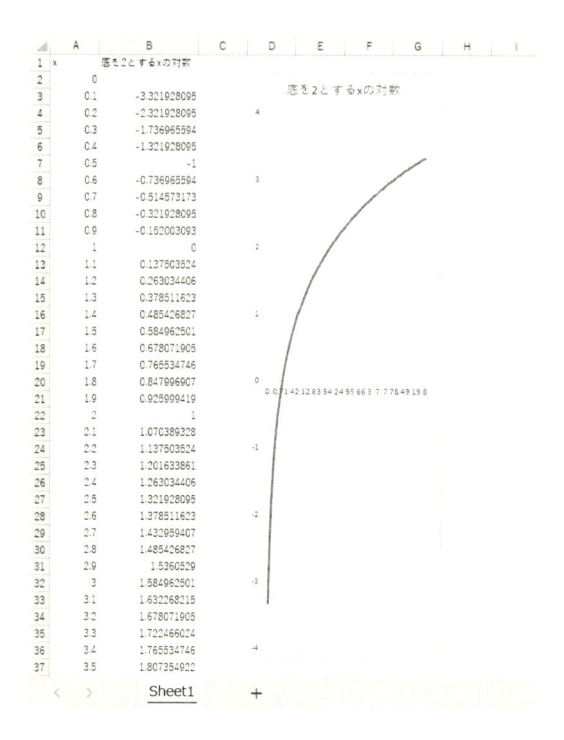

以下の問題においては，すでに作成したファイルを使用してもいい.

問題 11.7

対数関数 $y = \log_{\frac{1}{2}} x$ のグラフを Excel で作成せよ.

例題 11.10　対数関数 $y = \log_{10} x$ のグラフと対数関数 $y = \log_{\frac{1}{10}} x$ のグラフを作成して比較する

対数関数 $y = \log_{10} x$ のグラフと対数関数 $y = \log_{\frac{1}{10}} x$ のグラフを Excel で同一グラフエリアに作成してみよう.

まず，セル範囲 A2:A102 に，x の値として 0, 0.1, $\cdots$, 9.9, 10 を用意し，セル A1 に「x」，セル B1 に「底を 10 とする x の対数」，セル C1 に「底を 1/10 とする x の対数」と入力する. セル B3 には「=log(A3,10)」， セル C3 には「=log(A3,1/10)」と入力し，これらを 102 行目まで下にオートフィルする.

そして，セル範囲 B1:C102 を選択し，挿入タブの（グラフグループにある）[折れ線/面グラフの挿入] の「2-D 折れ線」の「折れ線」を選ぶ.

作成されたグラフが選択されたまま，グラフのデザインタブの（データグループにある）[データの選択] を使って，グラフの横軸の値を A 列の値に変更させる.

グラフのサイズやレイアウトなどは自由に変更しよう.

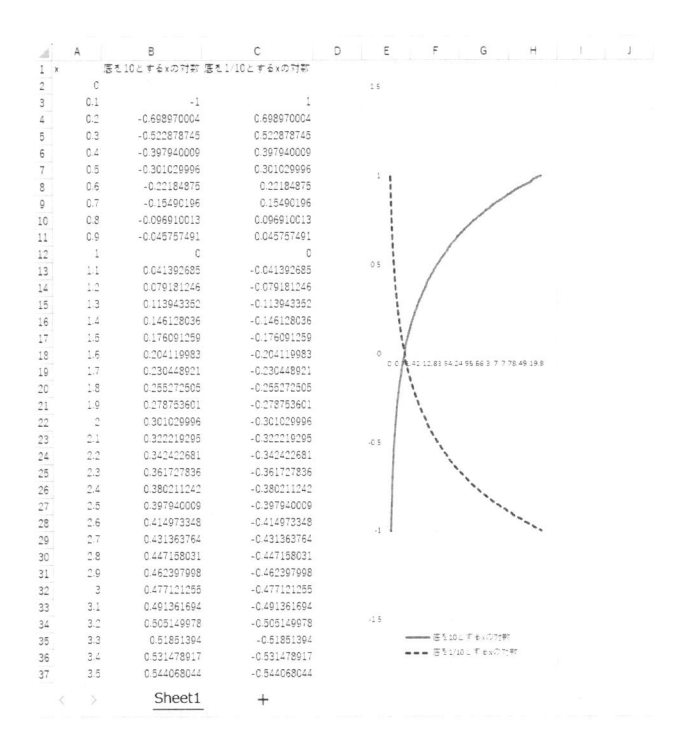

問題 11.8

対数関数 $y = \log_5 x$ のグラフと対数関数 $y = \log_{\frac{1}{5}} x$ のグラフを Excel で同一グラフエリアに作成せよ.

問題 11.9

対数関数 $y = \log_2 x$ のグラフと対数関数 $y = \log_3 x$ のグラフを Excel で同一グラフエリアに作成せよ.

問題 11.10

対数関数 $y = \log_2 x$ のグラフと対数関数 $y = \log_3 x$ のグラフと対数関数 $y = \log_4 x$ のグラフを Excel で同一グラフエリアに作成せよ.

例題 11.11　指数関数のグラフ，対数関数のグラフ，1 次関数のグラフを作成して比較する

指数関数 $y = 2^x$ のグラフ，対数関数 $y = \log_2 x$ のグラフ，および，1 次関数 $y = x$ のグラフを Excel で同一グラフエリアに作成してみよう．そして，$y = 2^x$ のグラフと $\log_2 x$ のグラフは，直線 $y = x$ について対称であることをたしかめよう．

まず，セル範囲 A2:A602 に，x の値として $-3, -2.99, \cdots, 2.99, 3$ を用意する．セル A1 に

183

「x」，セル B1 に「2 の x 乗」，セル C1 に「底を 2 とする x の対数」，セル D1 に「x」と入力する．セル B2 には「=2^A2」，セル C303 には「=log(A303,2)」，セル D2 には「=A2」と入力し，これらをそれぞれ 602 行目まで下にオートフィルする．

　そして，セル範囲 B1:D602 を選択し，挿入タブの（グラフグループにある）［折れ線/面グラフの挿入］の「2-D 折れ線」の「折れ線」を選ぶ．

　作成されたグラフが選択されたまま，グラフのデザインタブの（データグループにある）［データの選択］を使って，グラフの横軸の値を A 列の値に変更させる．

　グラフのサイズやレイアウトなどは自由に変更しよう．

　これで，$y = 2^x$ のグラフと $\log_2 x$ のグラフは，直線 $y = x$ について対称であることがたしかめられた．

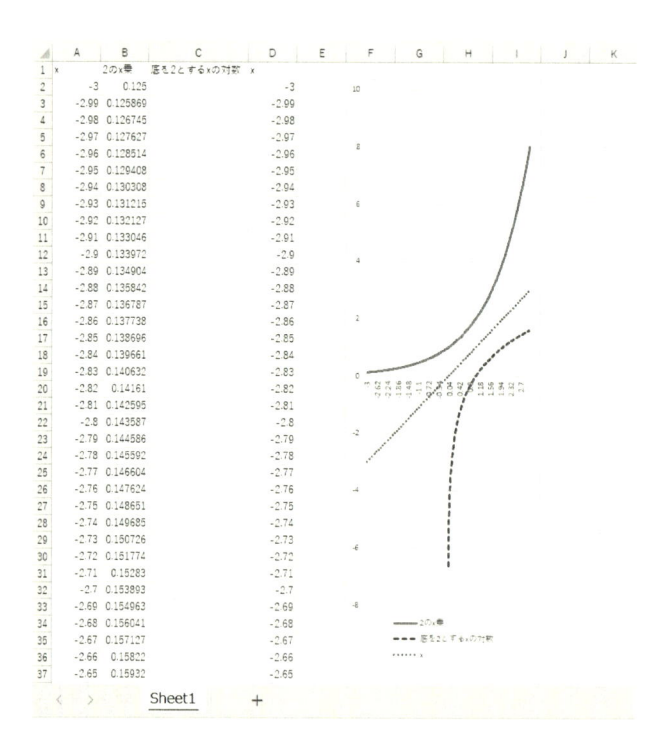

問題 11.11

指数関数 $y = 3^x$ のグラフ，対数関数 $y = \log_3 x$ のグラフ，および，1 次関数 $y = x$ のグラフを Excel で同一グラフエリアに作成せよ．

第12章

微分係数

本章では，まず関数における極限値の求め方について学習する．そして，関数の平均変化率を計算し，その幅（x の増加量）を小さくしていったものを求め，その極限値として微分係数を計算してみよう．関数のグラフにおいて，微分係数がその接線の傾きであることを理解し，接線の式を求める演習もおこなう．

ある点での微分係数を求めるということは，接線の傾きを求めるということであり，その接線はその点の付近でのグラフの近似直線とみることができる．そして，ある点での微分係数が正であり大きいときはそのあたりで急激に増加している，微分係数が正であるが小さいときはそのあたりでゆるやかに増加している，微分係数が負であるときはそのあたりで減少している，などという判断ができる．つまり，微分係数がわかればその瞬間の変化の度合いがわかり，グラフの形状の予測，その先の値の予測ができるようになる．たとえば，横軸を時間，縦軸を走行距離とすると，ある点での微分係数の値はその時点での瞬間の速さをあらわしていると考えられる．物理量や物理量の関係式の多くは微分を使ってあらわされるのである．

12.1　関数の極限

$x = a$ の近くで定義された関数 $y = f(x)$ について，x が a と異なる値をとりながら a に限りなく近づくとき，$f(x)$ があるひとつの値 b に限りなく近づくことは

$$\lim_{x \to a} f(x) = b$$

とあらわされる．ここで，$f(x)$ は $x = a$ において定義されていなくてもいい．このとき，b を $x \to a$ のときの $f(x)$ の**極限値**という．極限値はいつでも存在するわけではないことに注意しよう．

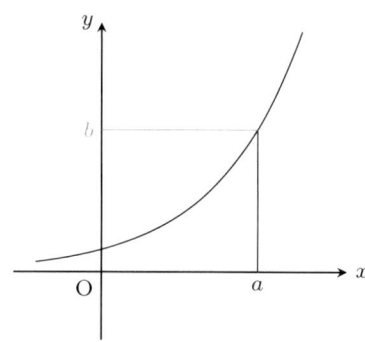

例題 12.1　グラフがつながっている関数の極限値

関数 $y = f(x)$ について，$f(x) = 2x + 1$ と定義されているとする．このとき，たとえば，

$$\lim_{x \to 3} f(x) = 7 \ \ (= f(3))$$

となる.

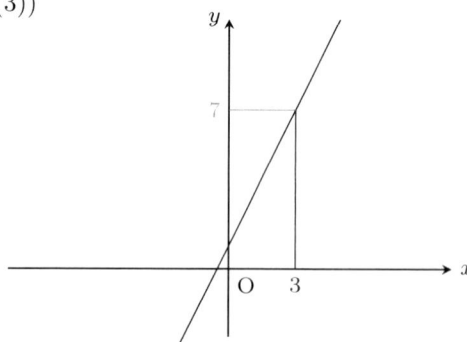

なお，このように，ある区間 I を定義域とする関数 $y = f(x)$ は，I の点 a に対し，$\lim_{x \to a} f(x)$ が存在してその値が $f(a)$ と一致するとき，**$x = a$ において連続**であるといわれる（I が閉区間であり点 a が I の端点ならば x が片側のみから a に近づくときの $f(x)$ の極限値が存在してその値が $f(a)$ と一致するとき，$x = a$ において連続であるといわれる）．上記の関数 f は $x = 3$ において連続であることがわかる．

そして，区間 I を定義域とする関数 $y = f(x)$ は，I の各点で連続であるとき，**I 上で連続**である，または，**連続関数**であるといわれる（区間を定義域とする関数に限って連続関数を定義することに注意しよう）．

グラフが各点でつながっているような関数は，連続関数であるといえる．

例題 12.2 グラフがつながっていない関数の極限値

関数 $y = f(x)$ について，$f(3) = 9$ であり，3 以外の x では $f(x) = 2x + 1$ と定義されているとする．このとき，

$$\lim_{x \to 3} f(x) = 7 \ (\neq f(3))$$

ということになる．この関数 f は $x = 3$ において連続ではない．

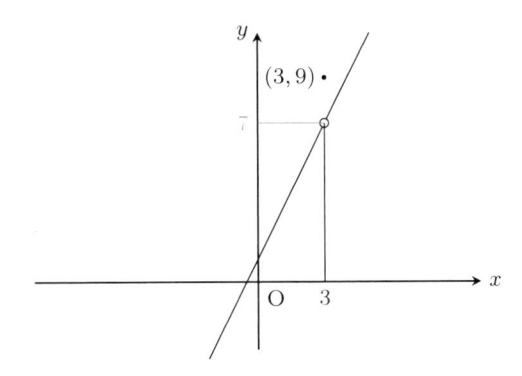

ところで一般に，関数 $y = f(x)$ について，x が a と異なる値をとりながら a に限りなく近づくとき，$f(x)$ は b に限りなく近づくことを

$$\lim_{x \to a} f(x) = b$$

とあらわしたが，これはどういうことなのかを以下で考えてみよう．

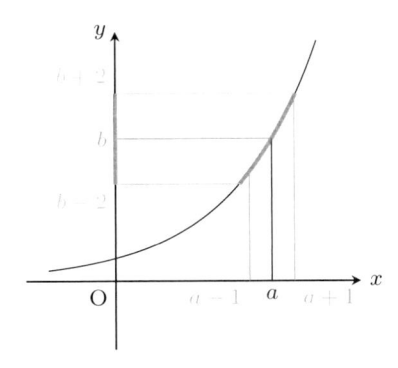

たとえば上図において，b との差の限界として，正の数 2（y についての幅）が与えられたとする．これに対して，x についての幅として 1 をとると，

「a からの距離が 1 より小さいようなすべての $x \ (\neq a)$ に対して，$f(x)$ と b との距離は 2 未満におさまる」

とすることができる．

187

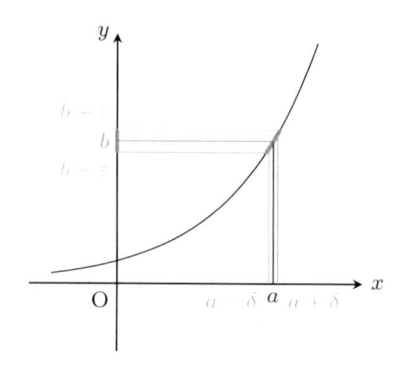

そして，b との差の限界として，2 よりもっと小さい正の数 ε（y についての幅）が与えられたとしても，これに応じて，x についての幅として 1 よりもっと小さいある正の数 δ をとると，

「a からの距離が δ より小さいようなすべての $x\,(\neq a)$ に対して，$f(x)$ と b との距離は ε 未満におさまる」

とすることができる.

関数の極限

$x = a$ の近くで定義された関数 $y = f(x)$ について，$\displaystyle\lim_{x \to a} f(x) = b$ は次のように定式化できる.

任意の正の数 ε に対し，ある正の数 δ が存在して，次が成り立つ.

　　「$0 < |x - a| < \delta$ をみたすすべての x に対して，$|f(x) - b| < \varepsilon$」

ここで，上記の ε は「イプシロン」と読み，δ は「デルタ」と読む.

補足 12.1（$x \to +\infty$ のときの関数の極限，$x \to -\infty$ のときの関数の極限）

同じように考えると，$\displaystyle\lim_{x \to +\infty} f(x) = b$ は次のように定式化できる.

任意の正の数 ε に対し，ある数 X が存在して，次が成り立つ.

　　「$x > X$ をみたすすべての x に対して，$|f(x) - b| < \varepsilon$」

また，$\displaystyle\lim_{x \to -\infty} f(x) = b$ とは次のことである.

任意の正の数 ε に対し，ある数 X が存在して，次が成り立つ.

　　「$x < X$ をみたすすべての x に対して，$|f(x) - b| < \varepsilon$」

例題 12.3　$\varepsilon\text{-}\delta$ 論法で関数の極限値を確認する

上記の定義を使って，「$\displaystyle\lim_{x \to 0} 3x = 0$」であることを確認しよう. つまり，任意の正の数 ε に対し，ある正の数 δ が存在して，次が成り立つことを確認しよう.

「$0 < |x - 0| < \delta$ をみたすすべての x に対して，$|3x - 0| < \varepsilon$」

解説

たとえば，もし $\varepsilon = 1$ とすると，$\delta = \dfrac{1}{3}$ とすれば成り立つ

$\left(0 < |x-0| < \dfrac{1}{3} \ \text{をみたすすべての} \ x \ \text{に対して,} \right.$

$\left. 3|x-0| < 1 \ \text{つまり} \ |3x - 0| < 1 \ \text{が成り立つから} \right).$

またたとえば，もし $\varepsilon = \dfrac{1}{10}$ とすると，$\delta = (\ ①\ )$ とすれば成り立つ

$\left(0 < |x-0| < \dfrac{1}{30} \ \text{をみたすすべての} \ x \ \text{に対して,} \right.$

$\left. 3|x-0| < \dfrac{1}{10} \ \text{つまり} \ |3x - 0| < \dfrac{1}{10} \ \text{が成り立つから} \right).$

さらにたとえば，もし $\varepsilon = \dfrac{1}{100}$ とすると，$\delta = (\ ②\ )$ とすれば成り立つ

$\left(0 < |x-0| < \dfrac{1}{300} \ \text{をみたすすべての} \ x \ \text{に対して,} \right.$

$\left. 3|x-0| < \dfrac{1}{100} \ \text{つまり} \ |3x - 0| < \dfrac{1}{100} \ \text{が成り立つから} \right).$

同じように考えて，任意の正の数 ε に対し，$\delta = \dfrac{\varepsilon}{3}$ とすれば成り立つことが確認できる

$\left(0 < |x-0| < \dfrac{\varepsilon}{3} \ \text{をみたすすべての} \ x \ \text{に対して,} \right.$

$\left. 3|x-0| < \varepsilon \ \text{つまり} \ |3x - 0| < \varepsilon \ \text{が成り立つから} \right).$

例題 12.4　関数の極限値を求める（連続関数）

次の極限値を求めよう．

(1) $\displaystyle\lim_{x \to -4}(10x + 100)$　　(2) $\displaystyle\lim_{x \to 0}\dfrac{2(x-5)^2 - 50}{x}$　　(3) $\displaystyle\lim_{x \to 10}\dfrac{x^2 + 5x - 50}{25}$

(4) $\displaystyle\lim_{x \to 7}\dfrac{x-7}{12}$　　(5) $\displaystyle\lim_{x \to 8}40$　　(6) $\displaystyle\lim_{x \to 0}\dfrac{(x-2)^3 + 8}{x}$

解答

どれも例題 12.1 のように

$$\lim_{x \to a} f(x) = f(a)$$

となり，$f(x)$ に $x = a$ を代入することによって極限が求められる．

(1) $\displaystyle\lim_{x \to -4}(10x + 100) = 10 \times (-4) + 100 = (\ ③\ )$

(2) $\displaystyle\lim_{x \to 0}\dfrac{2(x-5)^2 - 50}{x} = \lim_{x \to 0}\dfrac{2(x^2 - 10x + 25) - 50}{x} = \lim_{x \to 0}\dfrac{2x^2 - 20x}{x}$

　　$= \displaystyle\lim_{x \to 0}((\ ④\ )) = 2 \times 0 - 20 = -20$

(3) $\displaystyle\lim_{x \to 10}\dfrac{x^2 + 5x - 50}{25} = \dfrac{10^2 + 5 \times 10 - 50}{25} = (\ ⑤\ )$

(4) $\displaystyle\lim_{x \to 7}\dfrac{x-7}{12} = \dfrac{7-7}{12} = (\ ⑥\ )$

(5) $\displaystyle\lim_{x \to 8} 40 = 40$

(6) $\displaystyle\lim_{x \to 0} \frac{(x-2)^3 + 8}{x} = \lim_{x \to 0} \frac{x^3 - 6x^2 + 12x - 8 + 8}{x} = \lim_{x \to 0} ((\quad ⑦ \quad))$

　　$= 0^2 - 6 \times 0 + 12 = 12$

問題 12.1

次の極限値を求めよ.

(1) $\displaystyle\lim_{x \to 0} \frac{x}{2}$
　　　　　(2) $\displaystyle\lim_{x \to 0} \frac{(x+3)^2 - 9}{x}$
　　　　　(3) $\displaystyle\lim_{x \to 0} 55$

(4) $\displaystyle\lim_{x \to 10} \frac{x^2 - x - 30}{30}$
　　　　(5) $\displaystyle\lim_{x \to 4} (2x - 8)$
　　　　(6) $\displaystyle\lim_{x \to 0} \frac{(x+4)^3 - 64}{x}$

例題 12.5　関数の極限値を求める（連続関数とは限らない）

次の極限値を求めよう.

(1) $\displaystyle\lim_{x \to 5} (2x + 1)$
　　　　　(2) $f(x) = \begin{cases} 2x + 1 & (x \neq 5) \\ 0 & (x = 5) \end{cases}$ とするとき, $\displaystyle\lim_{x \to 5} f(x)$

(3) $\displaystyle\lim_{x \to 0} (-x^3 - 3)$
　　　　(4) $f(x) = \begin{cases} -x^3 - 3 & (x < 0) \\ x^3 - 3 & (x > 0) \end{cases}$ とするとき, $\displaystyle\lim_{x \to 0} f(x)$

解答

(1) $\displaystyle\lim_{x \to 5} (2x + 1) = 11$
　　　　(2) $\displaystyle\lim_{x \to 5} f(x) = 11$
　　　　(3) $\displaystyle\lim_{x \to 0} (-x^3 - 3) = -3$

(4) $\displaystyle\lim_{x \to 0} f(x) = -3$

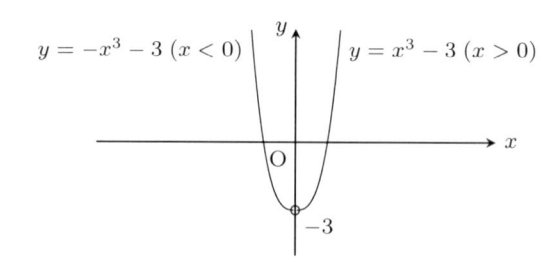

問題 12.2

次の極限値を求めよ.

(1) $\displaystyle\lim_{x \to -2} \frac{x-5}{x^2+3}$
　　　　　(2) $f(x) = \begin{cases} \dfrac{x-5}{x^2+3} & (x \neq -2) \\ 1 & (x = -2) \end{cases}$ とするとき, $\displaystyle\lim_{x \to -2} f(x)$

(3) $\displaystyle\lim_{x \to 0} (-x)$
　　　　(4) $f(x) = \begin{cases} -x & (x < 0) \\ x & (x > 0) \end{cases}$ とするとき, $\displaystyle\lim_{x \to 0} f(x)$

例題 12.6　関数の極限値を求める（因数分解を用いる）

$\displaystyle \lim_{x \to 1} \frac{x^2 - 1}{x - 1}$ を求めよう.

解答

そのまま x に 1 を代入すると，分母も分子も 0 になってしまう．分母と分子をそれぞれ $x - 1$ で割ると，下記のようになることがわかる.

$$\lim_{x \to 1} \frac{x^2 - 1}{x - 1} = \lim_{x \to 1} \frac{(x + 1)(x - 1)}{x - 1} = \lim_{x \to 1} ((\quad ⑧ \quad)) = 2$$

例題 12.7　関数の極限値を求める（有理化を用いる）

$\displaystyle \lim_{x \to 1} \frac{\sqrt{x + 1} - \sqrt{2}}{x - 1}$ を求めよう.

解答

そのまま x に 1 を代入すると，分母も分子も 0 になってしまう．分母と分子にそれぞれ $\sqrt{x + 1} + \sqrt{2}$ をかけると，下記のようになることがわかる.

$$\lim_{x \to 1} \frac{\sqrt{x + 1} - \sqrt{2}}{x - 1} = \lim_{x \to 1} \frac{(\sqrt{x + 1} - \sqrt{2})(\sqrt{x + 1} + \sqrt{2})}{(x - 1)(\sqrt{x + 1} + \sqrt{2})} = \lim_{x \to 1} \frac{(x + 1) - 2}{(x - 1)(\sqrt{x + 1} + \sqrt{2})}$$
$$= \lim_{x \to 1} \frac{1}{(\quad ⑨ \quad)} = \frac{1}{2\sqrt{2}}$$

問題 12.3

次の極限値を求めよ.

(1) $\displaystyle \lim_{x \to 3} \frac{x^2 - 9}{x - 3}$

(2) $\displaystyle \lim_{x \to -2} \frac{x^2 + 3x + 2}{x + 2}$

(3) $\displaystyle \lim_{x \to 2} \frac{x - 2}{x^2 + 9x - 22}$

(4) $\displaystyle \lim_{x \to -4} \frac{\sqrt{x + 5} - 1}{x + 4}$

(5) $\displaystyle \lim_{x \to 4} \frac{x - 4}{\sqrt{x} - 2}$

(6) $\displaystyle \lim_{x \to 1} \frac{\sqrt{x} - 1}{x^2 - 5x + 4}$

12.2　関数の傾きと微分の関係

関数の**平均変化率**について考察しよう．グラフの傾き具合のようなものである.

平均変化率

a を含むある区間 I で定義された関数 $y = f(x)$ について，x が a から $a + h$ まで変わるときの平均変化率は次で求められる.

$$\frac{y \text{ の増加量}}{x \text{ の増加量}} = \frac{f(a + h) - f(a)}{h}$$

例題 12.8　1 次関数の平均変化率を求める

1 次関数 $y = 2x$ については，グラフが直線なので平均変化率はどこにおいても同じはずである．たとえば，x が 1 から 3 まで変わるときの平均変化率を求めてみよう．

このとき，グラフ上の点 $(1, 2)$ は点（　⑩　）へ変化している．そして，x 軸方向へ（横へ）は $(3 - 1 =) 2$ だけ増加していて，y 軸方向へ（縦へ）は $(6 - 2 =) 4$ だけ増加していることがわかる．つまり，

$$\text{平均変化率} = \frac{y \text{ の増加量}}{x \text{ の増加量}} = \frac{6 - 2}{3 - 1} = (\quad ⑪ \quad)$$

となる．**この平均変化率「2」はグラフの直線上のどの 2 点をとって考えても同じであり，直線の傾きと一致する．**

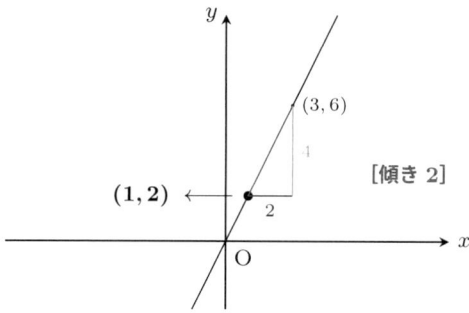

例題 12.9　2 次関数の平均変化率を求める（x の増加量 $= 2$）

2 次関数 $y = x^2$ については，そのグラフは直線ではない．このような場合，平均変化率はどうなるか考えよう．まずたとえば，x が 1 から 3 まで変わるときの平均変化率を求めてみよう．

このとき，グラフ上の点 $(1, 1)$ は点（　⑫　）へ変化している．そして，x 軸方向へ（横へ）は $(3 - 1 =) 2$ だけ増加していて，y 軸方向へ（縦へ）は $(9 - 1 =) 8$ だけ増加していることがわかる．つまり，ここでは

$$\text{平均変化率} = \frac{y \text{ の増加量}}{x \text{ の増加量}} = \frac{9 - 1}{3 - 1} = (\quad ⑬ \quad)$$

となる．**この平均変化率「4」は，グラフ上の点 $(1, 1)$ と点 $(3, 9)$ を結ぶ直線の傾きと一致する．**平均変化率は，グラフ上のどの 2 点をとって考えるかによって異なる．

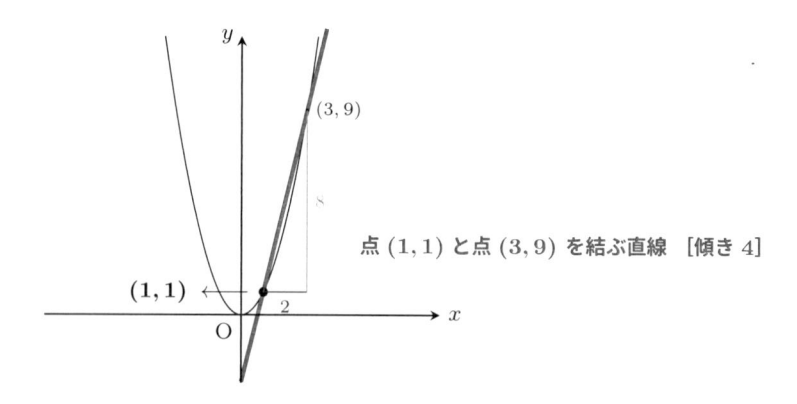

例題 12.10　2 次関数の平均変化率を求める（x の増加量 $= 1$）

2 次関数 $y = x^2$ について，つぎは x が 1 から 2 まで変わるときの平均変化率を求めてみよう．

このとき，グラフ上の点 $(1, 1)$ は点（　⑭　）へ変化している．そして，x 軸方向へ（横へ）は $(2 - 1 =) 1$ だけ増加していて，y 軸方向へ（縦へ）は $(4 - 1 =) 3$ だけ増加していることがわかる．つまり，ここでは

$$\text{平均変化率} = \frac{y \text{ の増加量}}{x \text{ の増加量}} = \frac{4 - 1}{2 - 1} = （\quad ⑮ \quad）$$

となる．**この平均変化率「3」は，グラフ上の点 $(1, 1)$ と点 $(2, 4)$ を結ぶ直線の傾きと一致する．**

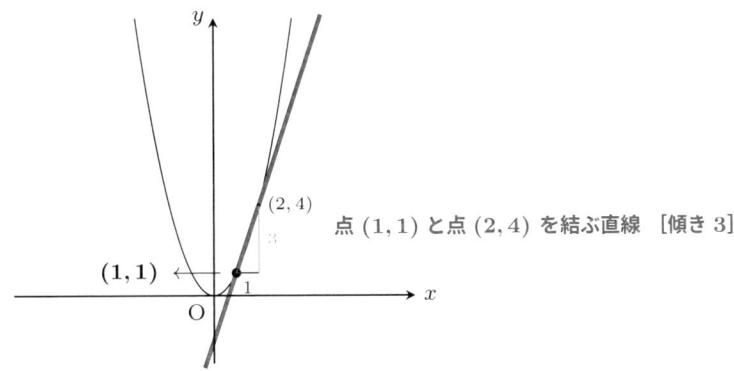

点 $(1, 1)$ と点 $(2, 4)$ を結ぶ直線　[傾き 3]

例題 12.11　2 次関数の平均変化率を求める（x の増加量 $\to 0$）

上の 2 つの例においては，2 次関数 $y = x^2$ について，グラフ上の点 $(1, 1)$ からの平均変化率を計算した．その際，x 軸方向へ（横へ）の増加量を 2 から 1 へ小さくしていったが，これをもっと小さくしていくことを考えよう．

グラフ上の点 $(1, 1)$ からの変化を考える．x 軸方向へ（横へ）の増加量を h とするとき，点 $(1, 1)$ は点（　⑯　）へ変化している．この h をどんどん小さくしていくとしよう．

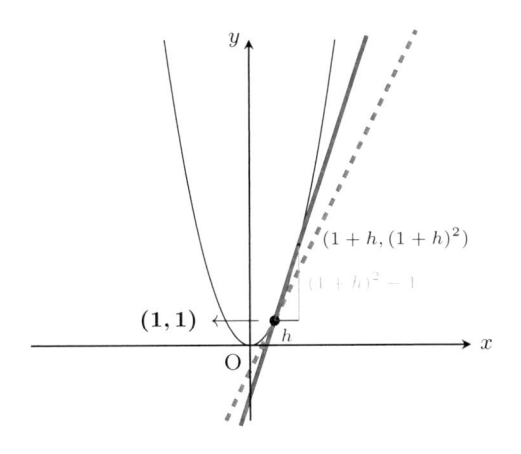

x の増加量 h を 0 に近づけると，

「点 $(1, 1)$ と点 $(1 + h, (1 + h)^2)$ を結ぶ直線（図の実線）」は
「点 $(1, 1)$ における接線（図の点線）」に近づいていく

x 軸方向へ（横へ）は h だけ増加していて，y 軸方向へ（縦へ）は $(1 + h)^2 - 1$ だけ増加して

193

いることがわかる．つまり，ここでは

$$\text{平均変化率} = \frac{y \text{ の増加量}}{x \text{ の増加量}} = \frac{(1+h)^2 - 1}{h} = \frac{1 + 2h + h^2 - 1}{h} = (\quad ⑰ \quad)$$

となる．**この平均変化率「$2 + h$」は，グラフ上の点 $(1,1)$ と点 $(1+h,(1+h)^2)$ を結ぶ直線の傾きと一致する．**

　h を 0 に近づけると，点 $(1+h,(1+h)^2)$ が点 $(1,1)$ に近づいていく．そして，「グラフ上の点 $(1,1)$ と点 $(1+h,(1+h)^2)$ を結ぶ直線」は「グラフ上の点 $(1,1)$ における接線」に近づいていく．h を 0 に近づけていったときの平均変化率の極限値が存在するならば，それは点 $(1,1)$ における接線の傾きである．ここで，

$$\lim_{h \to 0}(2 + h) = (\quad ⑱ \quad)$$

なので，平均変化率の極限値「2」が存在することが確認できる．よって，**関数 $y = x^2$ のグラフ上の点 $(1,1)$ における接線の傾きは「2」であることがわかる．**

　なおこのとき，関数 $y = x^2$ は $x = 1$ において**微分可能**であるという．また，この極限値「2」のことを，関数 $y = x^2$ の $x = 1$ における**微分係数**という．

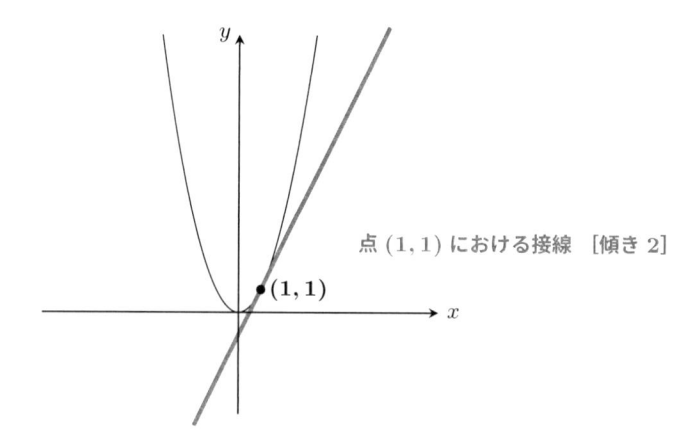

点 $(1,1)$ における接線　[傾き 2]

(1, 1)

微分係数

ある区間 I を定義域とする関数 $y = f(x)$ は，I の点 a に対して，極限値

$$\lim_{h \to 0}\frac{f(a+h) - f(a)}{h}$$

が存在するとき，$x = a$ において微分可能であるといわれる（I が閉区間であり点 a が I の端点ならば，h が片側のみから 0 に近づくときの $\dfrac{f(a+h) - f(a)}{h}$ の極限値が存在するとき，$x = a$ において微分可能であるといわれる）．このとき，その極限値のことを $f'(a)$ であらわし，関数 $y = f(x)$ の $x = a$ における**微分係数**とよぶ．

　そして，区間 I を定義域とする関数 $y = f(x)$ は，I の各点で微分可能であるとき，**I 上で微分可能**，または，**微分可能な関数**であるといわれる．

　グラフが各点でなめらかにつながっているような関数は，微分可能な関数であるといえる.

　関数 $y = f(x)$ が $x = a$ において微分可能であるということは，グラフ上の点 $(a, f(a))$ において（x 軸に垂直でない）接線がひととおりに引けるということである（グラフがなめらかということである）. このとき，**微分係数 $f'(a)$ はその接線の傾きをあらわす**のである.

　なお，関数 $y = f(x)$ が $x = a$ において微分可能なら，$x = a$ において連続である（グラフがなめらかならつながっているということである）.

補足 12.2（連続なのに微分可能ではない関数の例）

たとえば，関数 f を次のように定めるとき，$\displaystyle \lim_{h \to 0} \frac{f(0+h) - f(0)}{h}$ は存在しない.

$$f(x) = \begin{cases} -x & (x < 0) \\ x & (x \geq 0) \end{cases}$$

関数 $y = f(x)$ は点 $x = 0$ では微分可能ではなく，グラフ上の点 $(0, 0)$ においては接線が引けない（微分可能でない点では接線について考えない）.

関数が連続でも微分可能とは限らない（グラフがつながっていてもなめらかとは限らない）のである.

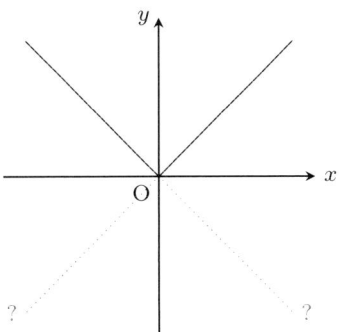

なお，そもそも接線とはなにかというと，次のように，微分係数が存在するときのみに考えられるものである.

接線

一般に，$y = f(x)$ を $x = a$ において微分可能な関数とするとき，そのグラフ上の点 $(a, f(a))$ を通り，この点における傾きが $f'(a)$ である直線を，この関数の点 $(a, f(a))$ における接線とよぶ. それがあらわす 1 次関数の式を接線の式といい，次のように書くことができる.

$$y = f'(a)(x - a) + f(a)$$

例題 12.12　2 次関数の接線の式を求める

関数 $y = x^2$ の点 $(1, 1)$ における接線の式を求めよう.

解答

例題 12.11 より, 関数 $y = x^2$ の点 $(1, 1)$ における接線の傾きは 2 であることがわかっている. よって, 求める接線の式は

$$y = 2(x - 1) + 1$$

である. これを整理すると, (　⑲　) となる.

例題 12.13　2 次関数の微分係数を求め, 接線の式を求める

関数 $y = x^2$ の $x = 3$ における微分係数を求めよう.

解答

$f(x) = x^2$ とおくと, 求める微分係数は次のように計算される.

$$f'(3) = \lim_{h \to 0} \frac{f(3 + h) - f(3)}{h} = \lim_{h \to 0} \frac{(3 + h)^2 - 3^2}{h} = \lim_{h \to 0} \frac{9 + 6h + h^2 - 9}{h} = \lim_{h \to 0} (6 + h) = 6$$

つぎに, この関数の点 $(3, 9)$ における接線の式を求めよう.

上より, 関数 $y = x^2$ の $x = 3$ における微分係数は 6 である. これより, この関数の点 $(3, 9)$ における接線の傾きは 6 であることがわかる. よって, 求める接線の式は

$$y = 6(x - 3) + 9$$

である. これを整理すると, (　⑳　) となる.

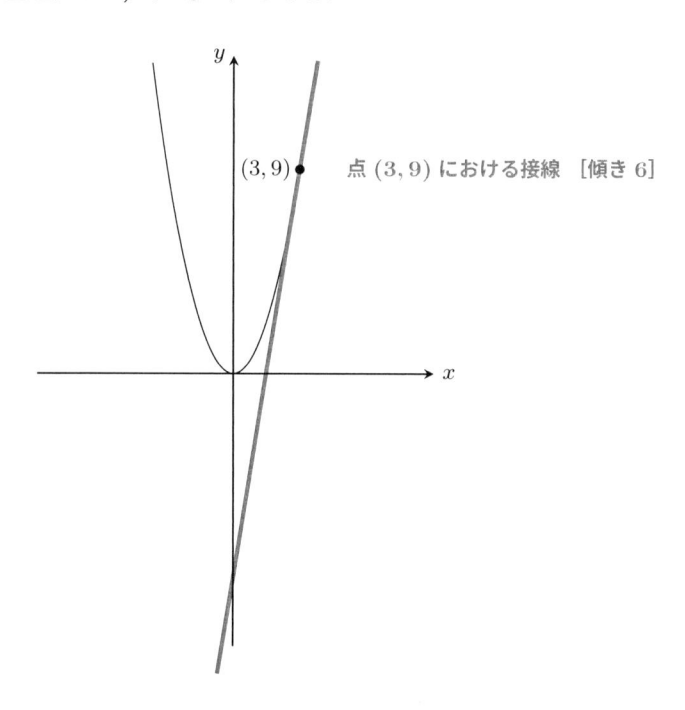

点 $(3, 9)$ における接線　[傾き 6]

問題 12.4

関数 $y = x^2$ の $x = -2$ における微分係数を求めよ.

問題 12.5

関数 $y = x^2$ の点 $(-2, 4)$ における接線の式を求めよ.

問題 12.6

関数 $y = x^2 + 3x$ の $x = 10$ における微分係数を求めよ.

問題 12.7

関数 $y = x^2 + 3x$ の点 $(10, 130)$ における接線の式を求めよ.

問題 12.8

関数 $y = 12x + 10$ の $x = a$ (a は定数) における微分係数を求めよ.

12.3 Excel による演習

Excel を使って微分係数の近似値を求め, また, それを用いて接線のグラフを作成してみよう.

例題 12.14 微分係数の近似値を求める

Excel で関数 $y = x^2$ のグラフを作成し, $x = 1$ における微分係数の近似値を求めよう.

まず, セル A1 に「x」, セル B1 に「y」, セル C1 に「接点 x 座標」, セル D1 に「接点 y 座標」, セル E1 に「微分係数」と入力しよう. セル範囲 A2:A102 に, x の値として -10, -9.8, $\cdots$, 9.8, 10 を用意する. そのため, セル A2 に「-10」, セル A3 に「-9.8」と入力し, その範囲 A2:A3 を 102 行目まで下にオートフィルする.

セル B2 には「=A2^2」と入力し, これを 102 行目まで下にオートフィルする.

そして, そのままセル範囲 B2:B102 が選択されている状態で, 挿入タブの (グラフグループにある)[折れ線/面グラフの挿入]の「2-D 折れ線」の「折れ線」を選ぶ.

作成されたグラフが選択されたまま, グラフのデザインタブの (データグループにある)[データの選択]をクリックする.「データソースの選択」ダイアログボックスが出てくるので, 横 (項目) 軸ラベルの「編集」をクリックする. A 列の該当箇所 (A2:A102) をドラッグして表示させて「OK」を押す. すると, グラフの横軸の値が A 列の値に変わる.

グラフのサイズやレイアウトなどは自由に変更しよう.

つぎに, セル C2 に「1」, セル D2 に「=C2^2」, セル E2 に「=((C2+0.1)^2-D2)/0.1」と入力する. すると, 関数 $y = x^2$ の $x = 1$ における微分係数の近似値 2.1 が, セル E2 に計算される.

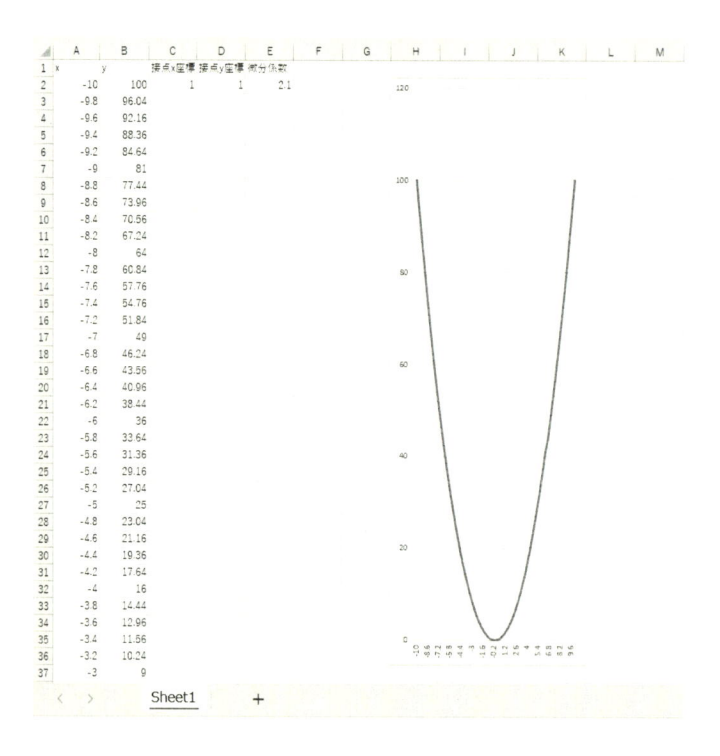

補足 12.3

本来，関数 $y = x^2$ の $x = 1$ における微分係数は，$f(x) = x^2$ とおくと，

$$f'(1) = \lim_{h \to 0} \frac{f(1+h) - f(1)}{h} = \lim_{h \to 0} \frac{(1+h)^2 - 1^2}{h} = \lim_{h \to 0} \frac{1 + 2h + h^2 - 1}{h}$$
$$= \lim_{h \to 0} (2 + h) = 2$$

と計算される．上の例では，微分係数の近似値を「=((C2+0.1)^2-D2)/0.1」で求めているので，$h = 0.1$ としているということである．

h をもっと 0 に近づけると，計算結果が微分係数 2 に近づくことが確認できる．

以下の問題においては，すでに作成したファイルを使用してもいい．

問題 12.9

Excel で関数 $y = x^2$ の $x = 3$ における微分係数の近似値を求めよ．

問題 12.10

Excel で関数 $y = x^2$ の $x = -2$ における微分係数の近似値を求めよ．

例題 12.15　接線のグラフを作成する

例題 12.14 のファイルを使用し，関数 $y = x^2$ の点 $(1, 1)$ における接線のグラフを作成しよう．

まず，セル F1 に「接線」と入力する．

ここで一般に，$y = f(x)$ を $x = a$ において微分可能な関数とするとき，そのグラフ上の点 $(a, f(a))$ における接線の式は

$$y = f'(a)(x - a) + f(a)$$

と書くことができる．

よって，セル F2 には「=$E$2*(A2-$C$2)+$D$2」と入力し，これを 102 行目まで下にオートフィルする（「$」記号はオートフィルする際に固定したい行番号または列番号の直前に付ける．F4 キーを押すことによって入力される）．

そして，セル範囲 B1:B102 を選択し，Ctrl キーを押しながらセル範囲 F1:F102 を選択する．そのうえで，挿入タブの（グラフグループにある）[折れ線/面グラフの挿入]の「2-D 折れ線」の「折れ線」を選ぶ．

作成されたグラフが選択されたまま，グラフのデザインタブの（データグループにある）[データの選択]を使って，グラフの横軸の値を A 列の値に変更させる．

グラフのサイズやレイアウトなどは自由に変更しよう．

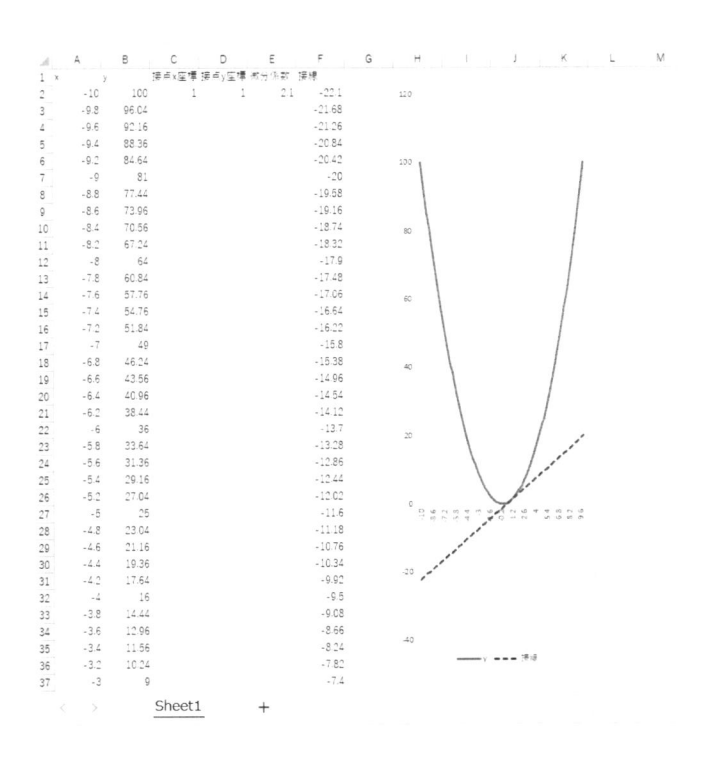

問題 12.11

Excel で関数 $y = x^2$ の点 $(5, 25)$ における接線のグラフを作成せよ.

問題 12.12

Excel で関数 $y = x^2$ の点 $(-7, 49)$ における接線のグラフを作成せよ.

問題 12.13

Excel で関数 $y = x^3$ の点 $(1, 1)$ における接線のグラフを作成せよ.

例題 12.16　接線のグラフについて接点を変化させる 1

例題 12.15 のファイルを使用し, 関数 $y = x^2$ の各点 $(a, f(a))$ $(a = 0, 1, 2, \cdots, 10)$ における接線のグラフを, スピンボタンで a の値を $0, 1, 2, \cdots, 10$ に変化させることにより作成しよう.

まず, リボンに開発タブを表示させよう. そのために, ファイルタブの (「その他...」の)「オプション」から「リボンのユーザー設定」を選択する. 右側にある「開発」にチェックを入れる.

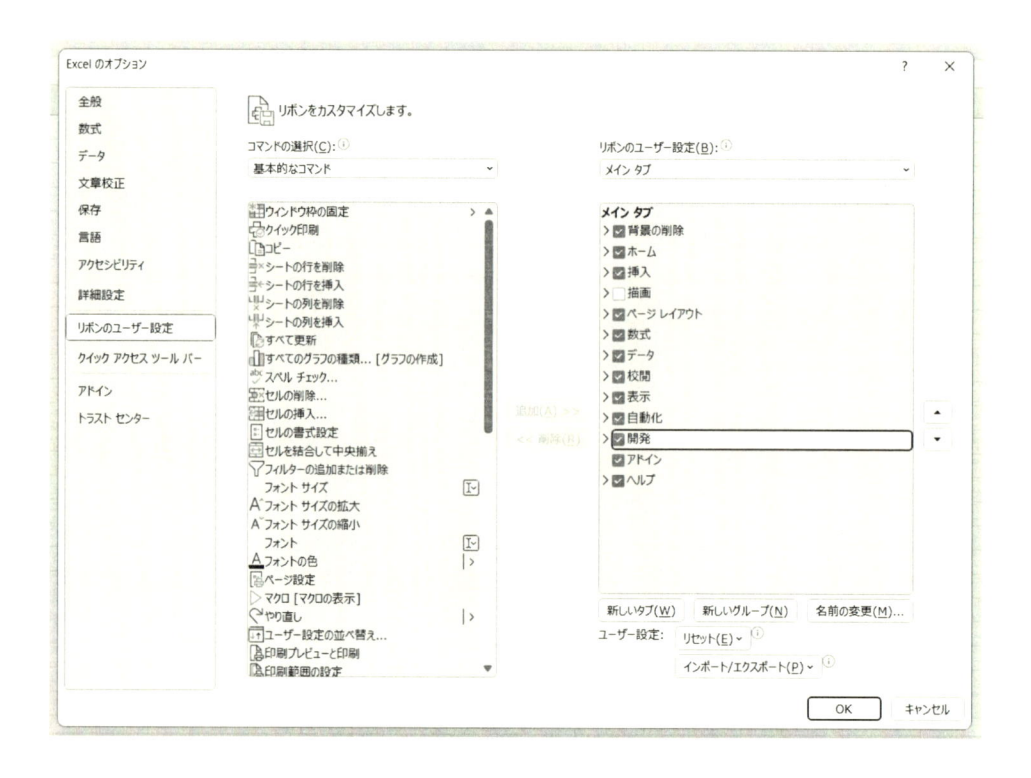

すると, リボンに開発タブが表示される. そこから (コントロールグループにある) [挿入] をクリックし,「スピンボタン (フォームコントロール)」を選択する.

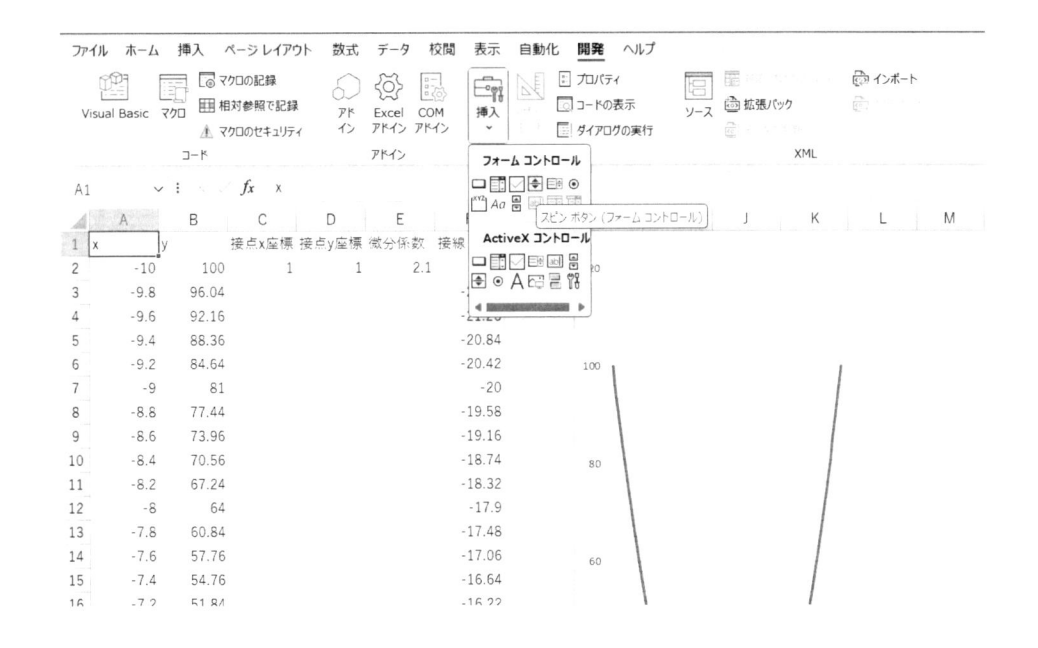

適当な場所をドラッグして，スピンボタンを挿入しよう．

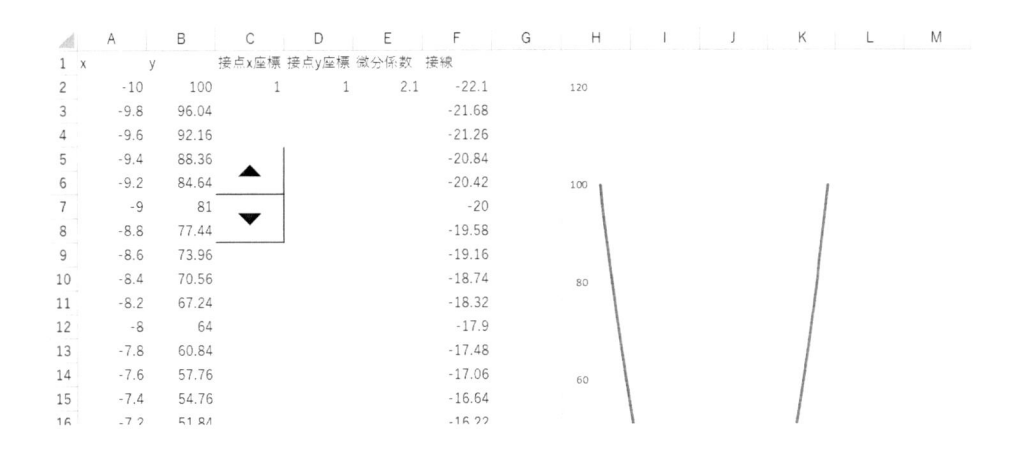

スピンボタンの上半分 ▲ を押すたびに，

関数 $y = x^2$ の点 $(0, f(0))$ における接線のグラフ

▶　関数 $y = x^2$ の点 $(1, f(1))$ における接線のグラフ

▶　関数 $y = x^2$ の点 $(2, f(2))$ における接線のグラフ

$$\vdots$$

▶　関数 $y = x^2$ の点 $(10, f(10))$ における接線のグラフ

というように，変化させるようにしたい．

　そのため，まず挿入したスピンボタンを右クリックし，「コントロールの書式設定」を選択する．

　「コントロールの書式設定」ダイアログボックスが出てくるので,「リンクするセル」を入力するところにカーソルをおいて, セル C2 をクリックして指定する. そして, 最小値は「0」, 最大値は「10」, 変化の増分は「1」にしてから OK ボタンを押そう.

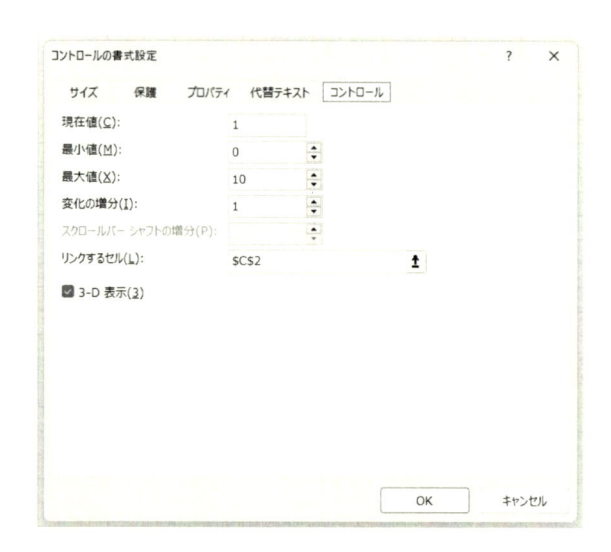

　すると, スピンボタンをクリックするとセル C2 の値が変化することが確認できる. 任意の値にして保存しよう.

問題 12.14

関数 $y = x^3$ の各点 $(a, f(a))$ $(a = 0, 1, 2, \cdots, 10)$ における接線のグラフを, スピンボタンで a の値を $0, 1, 2, \cdots, 10$ に変化させることにより作成せよ.

例題 12.17　接線のグラフについて接点を変化させる 2

　関数 $y = x^2$ の各点 $(a, f(a))$ $(a = -10, -9, -8, \cdots, 10)$ における接線のグラフを, スピンボタンで a の値を $-10, -9, -8, \cdots, 10$ に変化させることにより作成しよう.

　例題 12.16 のファイルにおいて, スピンボタンを右クリックし,「コントロールの書式設定」を選択する.

　「コントロールの書式設定」ダイアログボックスが出てくるので,「リンクするセル」を入力するところにカーソルをおいて, セル C3 をクリックして指定しなおす. さらに, 最大値を「20」に変更してから OK ボタンを押そう.

　つぎに, セル C2 を「=-10+C3」と入力しなおす.

　すると, スピンボタンをクリックするとセル C3 の値が $0, 1, 2, \cdots, 20$ に変化し, それにともない, セル C2 の値が $-10, -9, -8, \cdots, 10$ に変化することが確認できる.

　セル C3 のフォントの色は白にし, 任意の値にして保存しよう.

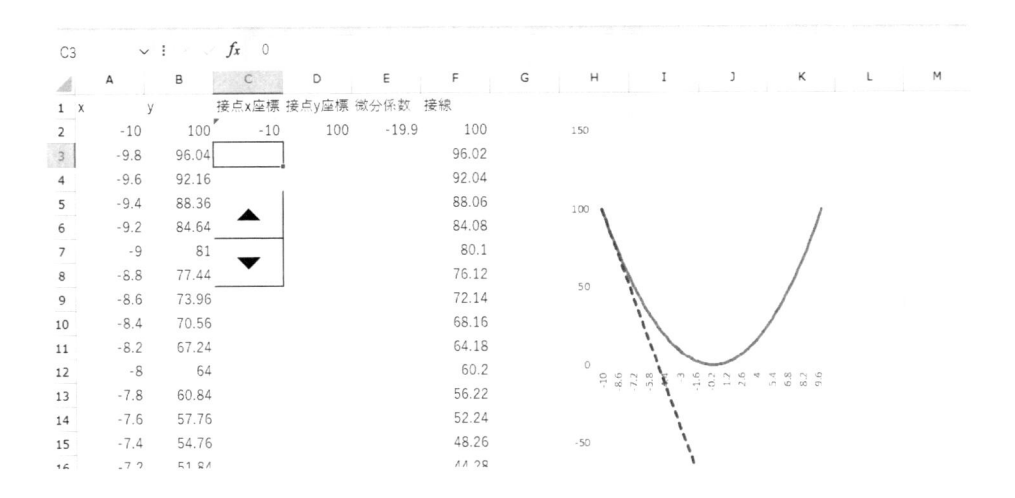

問題 12.15

関数 $y = x^3$ の各点 $(a, f(a))$ $(a = -10, -9, -8, \cdots, 10)$ における接線のグラフを，スピンボタンで a の値を $-10, -9, -8, \cdots, 10$ に変化させることにより作成せよ．

問題 12.16

関数 $y = x^3 - 28x + 48$ の各点 $(a, f(a))$ $(a = -10, -9, -8, \cdots, 10)$ における接線のグラフを，スピンボタンで a の値を $-10, -9, -8, \cdots, 10$ に変化させることにより作成せよ．

第13章
1変数関数の微分法

　本章では，まずは，導関数というのは定義域の各点 x の値に応じて微分係数 $f'(x)$ の値を対応させる関数であることを理解し，導関数を定義にしたがって求める．導関数を求めることを微分するという．微分すると，関数の増減が把握でき，本書ではあつかわないが，もう一度微分すれば，導関数の増減まで把握でき，グラフの凹凸もわかるのである．

　また，多項式関数の微分公式と微分の線型性を使って，導関数を求める演習をおこなう．そして，3次関数，4次関数，5次関数について，導関数を求め増減表をつくり，それをもとにグラフを作成できるようになろう．

　関数を微分することにより，最大値，最小値も求められることがあり，これは最適化問題を解く際に役に立つ．ここで，最適化問題というのは，ある条件のもとで一番いいと思われるものを求めるというような問題である．商品の売り上げを最大にするための価格を設定する問題，リターンを最大にするための投資戦略を決める問題，移動距離が最短になるような巡回路を求める問題など，多岐にわたる分野において重要な問題である．このような問題は，関数の最大値を求める問題または最小値を求める問題に帰着することが多いのである．

13.1　導関数

前章において，関数 f の $x = a$ における微分係数

$$f'(a) = \lim_{h \to 0} \frac{f(a + h) - f(a)}{h}$$

を考えた．たとえば，$f(x) = x^2$ とすると，

$$f'(1) = \lim_{h \to 0} \frac{f(1 + h) - f(1)}{h} = \lim_{h \to 0} \frac{(1 + h)^2 - 1^2}{h} = \lim_{h \to 0} \frac{1 + 2h + h^2 - 1}{h}$$
$$= \lim_{h \to 0} (2 + h) = 2 \quad \text{（つまり，}a = 1\text{ のとき }f'(a) = 2），}$$

$$f'(3) = \lim_{h \to 0} \frac{f(3 + h) - f(3)}{h} = \lim_{h \to 0} \frac{(3 + h)^2 - 3^2}{h} = \lim_{h \to 0} \frac{9 + 6h + h^2 - 9}{h}$$
$$= \lim_{h \to 0} (6 + h) = 6 \quad \text{（つまり，}a = 3\text{ のとき }f'(a) = 6），}$$

$$f'(-2) = \lim_{h \to 0} \frac{f(-2 + h) - f(-2)}{h} = \lim_{h \to 0} \frac{(-2 + h)^2 - (-2)^2}{h} = \lim_{h \to 0} \frac{4 - 4h + h^2 - 4}{h}$$
$$= \lim_{h \to 0} (-4 + h) = -4 \quad \text{（つまり，}a = -2\text{ のとき }f'(a) = -4）}$$

となった．このように，**a の値に応じて微分係数 $f'(a)$ の値が対応している**ことがわかった．

そこで一般に，**この対応をあらたな関数とみなす**こととする．この関数は**導関数**とよばれる．

導関数

微分可能な関数 f について，定義域の各点 x の値に応じて微分係数 $f'(x)$ の値を対応させるあらたな関数を考える．つまり，

$$f'(x) = \lim_{h \to 0} \frac{f(x + h) - f(x)}{h}$$

とするのである．この関数 f' は関数 f の**導関数**とよばれる．

また，関数 f の導関数を求めることを，関数 f を**微分する**という．

ここで，微分係数 $f'(a)$ は値であるが，導関数 f' は関数であることに注意しよう．

なお，関数 $y = f(x)$ の導関数は，f' のほかに次のようにあらわされることもある．

$$f'(x), \quad y', \quad \frac{df}{dx}, \quad \frac{d}{dx}f(x), \quad \frac{dy}{dx}$$

例題 13.1　定義にしたがって導関数を求める 1

関数 $f(x) = x^2$ の導関数を求めよう．

解答

求める導関数は，次のように計算される．

$$f'(x) = \lim_{h \to 0} \frac{f(x + h) - f(x)}{h} = \lim_{h \to 0} \frac{(x + h)^2 - x^2}{h} = \lim_{h \to 0} \frac{x^2 + 2hx + h^2 - x^2}{h}$$
$$= \lim_{h \to 0} (2x + h) = (\quad ① \quad)$$

ここで，このように $f'(x) = 2x$ となることより，たとえば，

$$f'(1) = 2 \times 1 = 2, \quad f'(3) = (\quad ②\quad), \quad f'(-2) = (\quad ③\quad)$$

となる．これらはたしかに，上記で計算した各微分係数とそれぞれ一致することが確認できる．

例題 13.2　導関数を求め，その結果を用いて微分係数を求める

関数 $f(x) = \dfrac{1}{x}$ の導関数を求め，その結果を用いて $x = 10$ における微分係数と $x = -10$ における微分係数をそれぞれ求めよう．

解答

求める導関数は，次のように計算される．

$$f'(x) = \lim_{h \to 0} \frac{f(x+h) - f(x)}{h} = \lim_{h \to 0} \frac{\dfrac{1}{x+h} - \dfrac{1}{x}}{h} = \lim_{h \to 0} \frac{x - (x+h)}{hx(x+h)}$$

$$= \lim_{h \to 0} \frac{-1}{x(x+h)} = (\quad ④\quad)$$

つまり，$f'(x) = -\dfrac{1}{x^2}$ となるので，次がわかる．

$$f'(10) = -\frac{1}{10^2} = -\frac{1}{100}, \quad f'(-10) = (\quad ⑤\quad)$$

> **問題 13.1**
>
> 関数 $f(x) = x^3$ の導関数が $f'(x) = 3x^2$ であることを示し，その結果を用いて $x = -3$ における微分係数と $x = 10$ における微分係数をそれぞれ求めよ．

> **問題 13.2**
>
> 関数 $f(x) = \sqrt{x}$ の導関数は $f'(x) = \dfrac{1}{2\sqrt{x}}$ であることを示せ．

例題 13.3　定義にしたがって導関数を求める 2

関数 $f(x) = 11x$ の導関数を求めよう．

解答

求める導関数は，次のように計算される．

$$f'(x) = \lim_{h \to 0} \frac{f(x+h) - f(x)}{h} = \lim_{h \to 0} \frac{11(x+h) - 11x}{h} = \lim_{h \to 0} \frac{11x + 11h - 11x}{h} = (\quad ⑥\quad)$$

以上より，関数 $f(x) = 11x$ の導関数は $f'(x) = 11$ であることがわかった．ここで，「11」を他の数に変えても同様のことが成り立つことを次の問題で確認しよう．

> **問題 13.3**
>
> 関数 $f(x) = ax$（a は定数）の導関数は $f'(x) = a$ であることを示せ.

例題 13.4　定義にしたがって導関数を求める 3

関数 $f(x) = 11$ の導関数を求めよう.

解答

求める導関数は，次のように計算される.

$$f'(x) = \lim_{h \to 0} \frac{f(x+h) - f(x)}{h} = \lim_{h \to 0} \frac{11 - 11}{h} = \lim_{h \to 0} 0 = (\quad ⑦ \quad)$$

以上より，関数 $f(x) = 11$ の導関数は $f'(x) = 0$ であることがわかった. ここで，「11」を他の数に変えても導関数は $f'(x) = 0$ になることを次の問題で確認しよう.

> **問題 13.4**
>
> 関数 $f(x) = a$（a は定数）の導関数は $f'(x) = 0$ であることを示せ.

以上から，

- $(x^2)' = 2x$
- $\left(\dfrac{1}{x}\right)' = -\dfrac{1}{x^2}$　つまり　$(x^{-1})' = (-1)x^{-2}$
- $(x^3)' = 3x^2$
- $(\sqrt{x})' = \dfrac{1}{2\sqrt{x}}$　つまり　$\left(x^{\frac{1}{2}}\right)' = \dfrac{1}{2}x^{-\frac{1}{2}}$
- $(ax)' = a$　　（a は定数）
- $(a)' = 0$　　（a は定数）

となることがわかった. なお一般にも，次が成り立つ.

微分公式

$f(x) = x^a$ について，$f'(x) = ax^{(a-1)}$　　（a は任意の実数）

この公式より，たとえば次のことがわかる.

$a = 4$ とすると，$f(x) = x^4$ について，$f'(x) = 4x^{(4-1)} = 4x^3$

$a = -2$ とすると，$f(x) = x^{-2}$ について，$f'(x) = (-2)x^{(-2-1)} = -2x^{-3} \left(= -\dfrac{1}{2x^3}\right)$

$a = -\dfrac{1}{3}$ とすると，$f(x) = x^{-\frac{1}{3}}$ について，$f'(x) = -\dfrac{1}{3}x^{\left(-\frac{1}{3}-1\right)} = -\dfrac{1}{3}x^{-\frac{4}{3}} \left(= -\dfrac{1}{3x\sqrt[3]{x}}\right)$

また，次が成り立つ.

微分の線型性

a, b を定数とし，$f(x)$, $g(x)$ を微分可能な関数とするとき，関数 $a\,f(x) + b\,g(x)$ の導関数は，$a\,f'(x) + b\,g'(x)$ となる.

たとえば，次のように計算される.

$$(12x^2 + 10x^3)' = 12 \times (x^2)' + 10 \times (x^3)' = 12 \times 2x + 10 \times 3x^2 = 24x + 30x^2$$

例題 13.5 　関数を微分する

次の関数を微分しよう.

(1) $f(x) = x^5$ 　　　　(2) $f(x) = x^{-10}$ 　　　　(3) $f(x) = \dfrac{1}{\sqrt{x}}$

(4) $f(x) = -\dfrac{2}{5}$ 　　(5) $f(x) = 7x^2$ 　　　(6) $f(x) = 5\sqrt[5]{x}$

(7) $f(x) = x^3 - 4x^2 - 2x$ 　　(8) $f(x) = \dfrac{3}{x^2} + 9$ 　　(9) $f(x) = -\dfrac{1}{3x^3} - \dfrac{1}{2x^2} - \dfrac{1}{x}$

解答

(1) $f'(x) = 5x^{(5-1)} = 5x^4$

(2) $f'(x) = -10x^{(-10-1)} = -10x^{-11}$

(3) $f(x) = x^{-\frac{1}{2}}$ より，$f'(x) = -\dfrac{1}{2}x^{\left(-\frac{1}{2}-1\right)} = -\dfrac{1}{2}x^{-\frac{3}{2}}$ $\left(= -\dfrac{1}{2x^{\frac{3}{2}}} = -\dfrac{1}{2x^1 x^{\frac{1}{2}}} = -\dfrac{1}{2x\sqrt{x}}\right)$

(4) $f'(x) = 0$

(5) $f'(x) = 7 \times 2x^{(2-1)} = 14x$

(6) $f(x) = 5x^{\frac{1}{5}}$ より，$f'(x) = 5 \times \dfrac{1}{5}x^{\left(\frac{1}{5}-1\right)} = x^{-\frac{4}{5}}$ $\left(= \dfrac{1}{x^{\frac{4}{5}}} = \dfrac{1}{\left(x^{\frac{1}{5}}\right)^4} = \dfrac{1}{\sqrt[5]{x^4}}\right)$

(7) $f'(x) = 3x^{(3-1)} - 4 \times 2x^{(2-1)} - 2 = 3x^2 - 8x - 2$

(8) $f(x) = 3 \times x^{-2} + 9$ より，$f'(x) = 3 \times (-2)x^{(-2-1)} + 0 = -6x^{-3}$ $\left(= -\dfrac{6}{x^3}\right)$

(9) $f(x) = -\dfrac{1}{3}x^{-3} - \dfrac{1}{2}x^{-2} - x^{-1}$ より，

$$f'(x) = -\frac{1}{3} \times (-3)x^{(-3-1)} - \frac{1}{2} \times (-2)x^{(-2-1)} - (-1)x^{(-1-1)} = x^{-4} + x^{-3} + x^{-2}$$
$$\left(= \frac{1}{x^4} + \frac{1}{x^3} + \frac{1}{x^2}\right)$$

問題 13.5

次の関数を微分せよ.

(1) $f(x) = x^8$

(2) $f(x) = x^{-3}$

(3) $f(x) = \sqrt[3]{x}$

(4) $f(x) = 2\sqrt{2}$

(5) $f(x) = \dfrac{3}{10}x^{10}$

(6) $f(x) = x^5 + x^4 + x^3 + x^2 + x + 1$

(7) $f(x) = 6x^5 - \dfrac{1}{3}x^3 + 9x$

(8) $f(x) = \dfrac{2}{x^4} + \dfrac{1}{x^2} - \dfrac{2}{\sqrt{x}} - 1$

(9) $f(x) = x - 3x^{\frac{4}{5}} + \dfrac{1}{2}x^{\frac{1}{5}} + x^{-\frac{3}{5}} + \dfrac{3}{4}$

13.2　関数の増減とグラフ

関数 $y = f(x)$ が $x = a$ において微分可能であるとき, 微分係数 $f'(a)$ はグラフ上の点 $(a, f(a))$ での接線の傾きをあらわした.

ここで, 接線の傾きが負の値であれば, グラフはそこでは右下がりであり, 接線の傾きが正の値であれば, グラフはそこでは右上がりである.

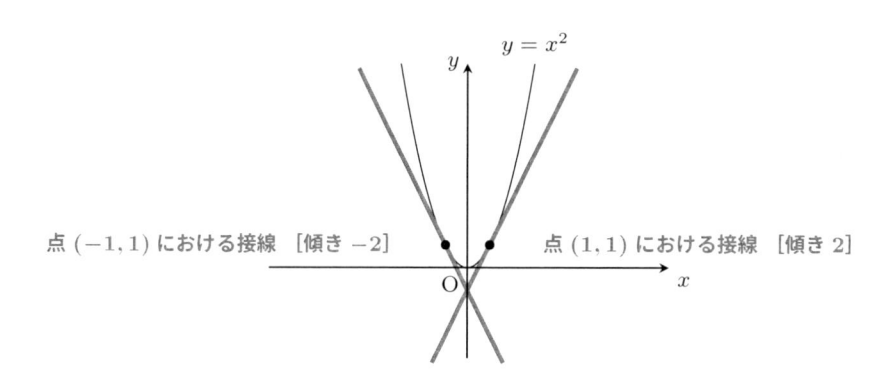

つまり, **関数 $y = f(x)$ は, $f'(x) < 0$ である区間では減少し, $f'(x) > 0$ である区間では増加する**ということになる.

例題 13.6　微分係数の符号と関数の増減との関係をたしかめる

2 次関数 $f(x) = x^2$ について, $f'(x) < 0$ である区間では減少し, $f'(x) > 0$ である区間では増加することを確認しよう.

解答

微分すると, $f'(x) = 2x$ となる. よって, $f'(x)$ は $x = 0$ で符号が変化する.

(i)　$x < 0$ であるような x については $f'(x) (= 2x) < 0$ (接線の傾きが負) であり, $f(x) = x^2$ は減少する.

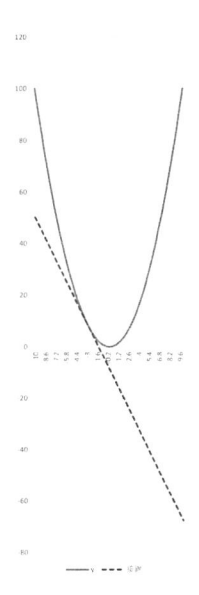

図 13.1　例題 12.17 で作成したグラフ（接点 x 座標を -3 にしている）

(ii)　$x = 0$ であるときは，$f'(0)\,(= 2 \times 0) = 0$（接線の傾きが 0）である．また，$f(0) = 0^2 = 0$ である．

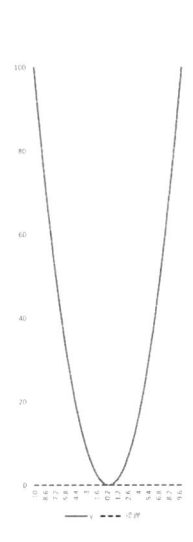

図 13.2　例題 12.17 で作成したグラフ（接点 x 座標を 0 にしている）

(iii)　$x > 0$ であるような x については $f'(x)\,(= 2x) > 0$（接線の傾きが正）であり，$f(x) = x^2$ は増加する．

211

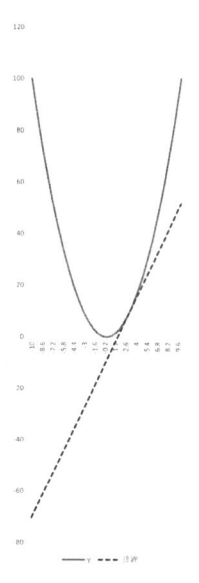

図 13.3　例題 12.17 で作成したグラフ（接点 x 座標を 3 にしている）

このことを次のように表にまとめよう.

x	$\cdots$	0	$\cdots$
$f'(x)$	$-$	0	$+$
$f(x)$	$\searrow$	0	$\nearrow$

このような, 関数の増減についてまとめた表を**増減表**という.

例題 13.7　増減表をつくりグラフをかく 1

3 次関数 $f(x) = x^3 - 3x^2$ について, 増減表をつくろう. また, それを参考にグラフを作成しよう.

解答

微分すると, $f'(x) = (\quad ⑧ \quad)$ となる. これは,

$$f'(x) = 3x(x - 2)$$

と変形できる. よって, $x = 0$ または $x = 2$ のときに $f'(x)$ は 0 になる.

(i)　$x < 0$ であるような x については $f'(x) > 0$（接線の傾きが正）であり, $f(x) = x^3 - 3x^2$ は増加する.

(ii)　$x = 0$ であるときは, $f'(0) = 0$（接線の傾きが 0）である. また, $f(0) = 0^3 - 3 \times 0^2 = 0$ である.

(iii)　$0 < x < 2$ であるような x については $f'(x) < 0$（接線の傾きが負）であり,

$f(x) = x^3 - 3x^2$ は減少する.

(iv) $x = 2$ であるときは，$f'(2) = ($ ⑨ $)$（接線の傾きが 0）である．また，$f(2) = 2^3 - 3 \times 2^2 = ($ ⑩ $)$ である．

(v) $x > 2$ であるような x については $f'(x) > 0$（接線の傾きが（ ⑪ ））であり，$f(x) = x^3 - 3x^2$ は増加する．

このことを増減表にまとめよう．

x	$\cdots$	0	$\cdots$	2	$\cdots$
$f'(x)$	$+$	0	$-$	0	$+$
$f(x)$	$\nearrow$	0	$\searrow$	-4	$\nearrow$

以上より，グラフは下記のようになる．

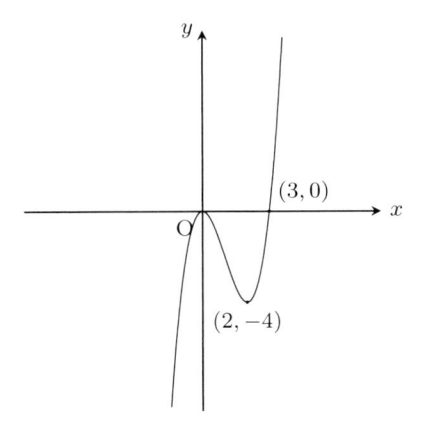

ここで，$f(x) = x^3 - 3x^2$ について，$f(x) = 0$ となるような 0 以外の x を求めると，

$$f(x) = x^2(x - 3) = 0$$

より，$x = 3$ となる．よって，グラフは点（ ⑫ ）を通ることがわかる．

問題 13.6

3 次関数 $f(x) = -\dfrac{2}{9}x^3 + x^2$ について，増減表をつくり，それを参考にグラフを作成せよ．

以上においては，導関数 $f'(x)$ が 0 になるような x で，$f'(x)$ の符号変化が起こることを確認できた．

しかし，次の例のように，導関数 $f'(x)$ が 0 になるような x の前後でも，$f'(x)$ の符号が変わらないこともあることに注意しよう．

例題 13.8　増減表をつくりグラフをかく 2

3 次関数 $f(x) = \dfrac{x^3}{6} - x^2 + 2x$ について，増減表をつくり，それを参考にグラフを作成しよう．

解答

微分すると，$f'(x) = ($ ⑬ $)$ となる．これは，

$$f'(x) = \frac{1}{2}(x^2 - 4x + 4) = \frac{1}{2}(x - 2)^2$$

と変形できる．

(i)　$x = 2$ であるときは，$f'(2) = ($ ⑭ $)$（接線の傾きが 0）である．また，$f(2) = \dfrac{2^3}{6} - 2^2 + 2 \times 2 = ($ ⑮ $)$ である．

(ii)　それ以外の x については $f'(x) > 0$（接線の傾きが正）であり，$f(x) = \dfrac{x^3}{6} - x^2 + 2x$ は増加する．

これより増減表は次のようになる．

x	$\cdots$	2	$\cdots$
$f'(x)$	$+$	0	$+$
$f(x)$	$\nearrow$	$\dfrac{4}{3}$	$\nearrow$

以上より，グラフは下記のようになる．

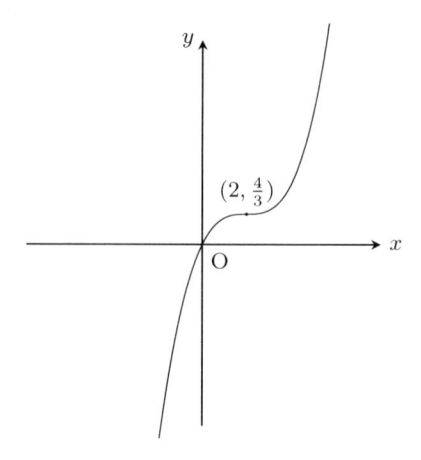

ここで，$f(x) = \dfrac{x^3}{6} - x^2 + 2x$ について，$f(x) = 0$ となるような x を求めると，

$$f(x) = \frac{x}{6}\left(x^2 - 6x + 12\right) = 0$$

より，$x = 0$ となる（$x^2 - 6x + 12$ は変形すると $(x - 3)^2 + 3$ となるので 0 にはならない）．よって，グラフは点（ ⑯ ）を通ることがわかる（解答おわり）．

また，次の例のように，導関数 $f'(x)$ が 0 になるような x が存在しないこともある．

例題 13.9 増減表をつくりグラフをかく 3

5 次関数 $f(x) = x^5 + 2x$ について，増減表をつくり，それを参考にグラフを作成しよう．

解答

微分すると，$f'(x) = 5x^4 + 2$ となる．よって，$f'(x)$ はつねに正であり，0 にはならないことがわかる．これより，増減表およびグラフは下記のようになる．

x	$\cdots$
$f'(x)$	$+$
$f(x)$	$\nearrow$

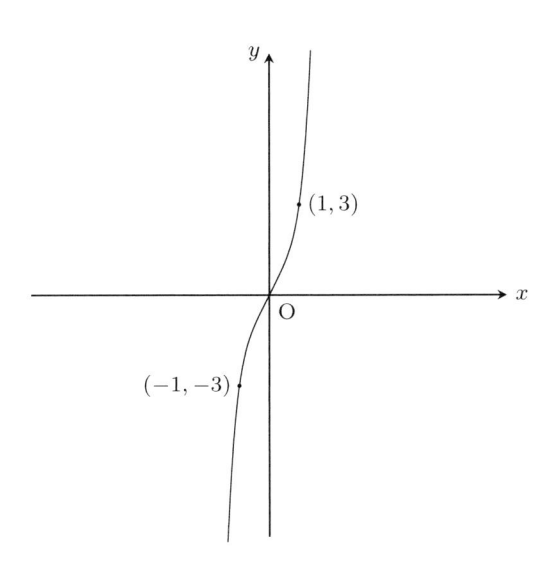

ここで，$f(x) = x^5 + 2x$ について，たとえば，$f(1) = 1^5 + 2 \times 1 = 3$，また，$f(-1) = (-1)^5 + 2 \times (-1) = -3$ となるので，グラフは点（ ⑰ ），および，点（ ⑱ ）を通る．

また，$f'(x) \, (= 5x^4 + 2)$ が 0 となるような x は存在しないが，$f'(x)$ がもっとも 0 に近くなるような x は 0 なので，グラフの傾きは $x = 0$ でもっともおだやかになることがわかる．

問題 13.7

4 次関数 $f(x) = \dfrac{x^4}{2} - 2x^3$ について，増減表をつくり，それを参考にグラフを作成せよ．

13.3 Excelによる演習

Excelを使って微分係数の近似値を求め，それを用いて導関数のグラフを作成してみよう．

例題 13.10　微分係数の近似値を求めることにより導関数のグラフを作成する 1

Excelで関数 $y = x^2$ の導関数のグラフを，微分係数の近似値を求めることにより作成しよう．

まず，セル A1 に「x」，セル B1 に「y」，セル C1 に「微分係数」と入力しよう．セル範囲 A2:A202 に，x の値として $-10, -9.9, \cdots, 9.9, 10$ を用意する．そのため，セル A2 に「-10」，セル A3 に「-9.9」と入力し，その範囲 A2:A3 を 202 行目まで下にオートフィルする．

セル B2 には「=A2^2」と入力し，これを 202 行目まで下にオートフィルする．

つぎに，セル C2 に「=(B3-B2)/0.1」と入力し，これを 201 行目まで下にオートフィルする．すると，関数 $y = x^2$ の x を A 列の値にしたときの各微分係数の近似値が，C 列に計算される．

そして，セル範囲 C2:C202 を選択し，挿入タブの（グラフグループにある）[折れ線/面グラフの挿入]の「2-D 折れ線」の「折れ線」を選ぶ．

作成されたグラフが選択されたまま，グラフのデザインタブの（データグループにある）[データの選択]をクリックする．「データソースの選択」ダイアログボックスが出てくるので，横（項目）軸ラベルの「編集」をクリックする．A 列の該当箇所（A2:A202）をドラッグして表示させて「OK」を押す．すると，グラフの横軸の値が A 列の値に変わる．

グラフのサイズやレイアウトなどは自由に変更しよう．

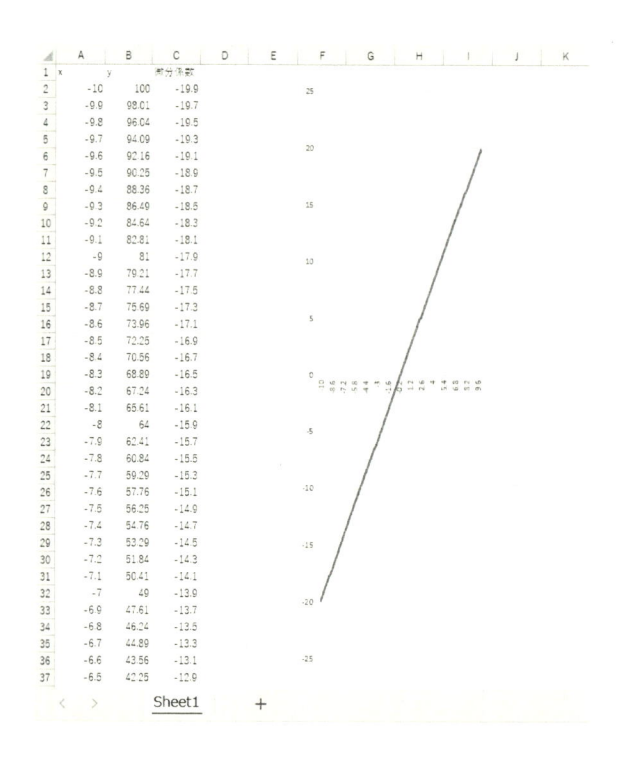

補足 13.1

本来，関数 $y = x^2$ の $x = a$ における微分係数は，$f(x) = x^2$ とおくと，

$$f'(a) = \lim_{h \to 0} \frac{f(a+h) - f(a)}{h} = \lim_{h \to 0} \frac{(a+h)^2 - a^2}{h} = \lim_{h \to 0} \frac{a^2 + 2ah + h^2 - a^2}{h}$$
$$= \lim_{h \to 0} (2a + h) = 2a$$

と計算される．上の例では，微分係数の近似値を「$=$**(B3-B2)/0.1**」で求めているので，$h = 0.1$ としているということである．

h をもっと 0 に近づけると，計算結果が微分係数 $2a$，つまり，

$a = -10$ のときは，微分係数 $(2 \times (-10) =) -20$，

$a = -9.9$ のときは，微分係数 $(2 \times (-9.9) =) -19.8$，

$a = -9.8$ のときは，微分係数 $(2 \times (-9.8) =) -19.6$，

$a = -9.7$ のときは，微分係数 $(2 \times (-9.7) =) -19.4$，

$a = -9.6$ のときは，微分係数 $(2 \times (-9.6) =) -19.2$，

$\qquad \vdots$

に近づくことが確認できる．

以下の問題においては，すでに作成したファイルを使用してもいい．

問題 13.8

Excel で関数 $y = x^3$ の導関数のグラフを，微分係数の近似値を求めることにより作成せよ．

問題 13.9

Excel で関数 $y = x^4$ の導関数のグラフを，微分係数の近似値を求めることにより作成せよ．

問題 13.10

Excel で関数 $y = x^5$ の導関数のグラフを，微分係数の近似値を求めることにより作成せよ．

問題 13.11

Excel で関数 $y = \dfrac{x^4}{4} - x^2$ の導関数のグラフを，微分係数の近似値を求めることにより作成せよ．

例題 13.11　微分係数の近似値を求めることにより導関数のグラフを作成する 2

　例題 13.10 のファイルを使用し，関数 $y = \dfrac{1}{x}$ $(x \neq 0)$ の導関数のグラフを，微分係数の近似値を求めることにより作成しよう．

　まず，セル B2 を「=A2^(-1)」に入力しなおし，これを 202 行目まで下にオートフィルする．

　$x = 0$ のときの y の値は存在しないので，セル B102 の値を消去する．それにともない，セル C101，セル C102 の値も消去しよう．

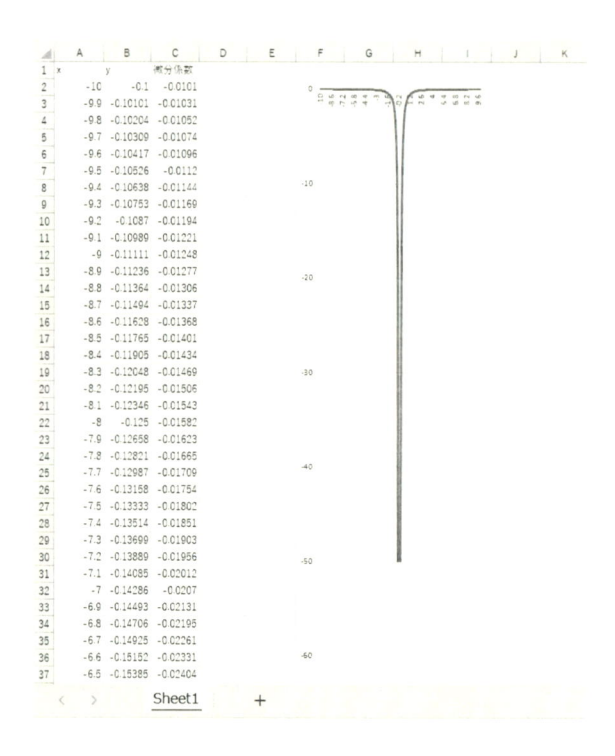

問題 13.12

Excel で関数 $y = \dfrac{1}{x^2}$ $(x \neq 0)$ の導関数のグラフを，微分係数の近似値を求めることにより作成せよ．

問題 13.13

Excel で関数 $y = \dfrac{1}{x^3}$ $(x \neq 0)$ の導関数のグラフを，微分係数の近似値を求めることにより作成せよ．

例題 13.12　微分係数の近似値を求めることにより導関数のグラフを作成する 3

　例題 13.11 のファイルを使用し，関数 $y = \sqrt{x}$ の導関数のグラフを，微分係数の近似値を求めることにより作成しよう.

　A 列の値を 0 以上にしたいので，セル範囲 A2:C101 を削除しよう（範囲選択して右クリックし，「削除」，「上方向へシフト」を選択する）．ここで，削除後のセル A2 が「0」の表示になっていなかったら「0」と入力しなおそう.

　セル B2 に「=A2^(1/2)」と入力し，これを 102 行目まで下にオートフィルする.

　また，セル C2 には「=(B3-B2)/0.1」と入力しよう（セル C3 を上にドラッグすればいい）.

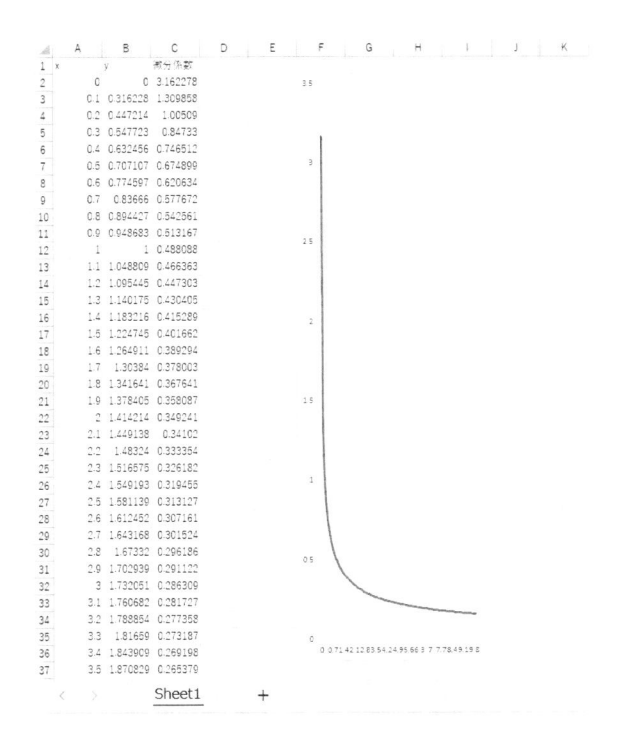

問題 13.14

Excel で関数 $y = \sqrt[3]{x}$ の導関数のグラフを，微分係数の近似値を求めることにより作成せよ.

問題 13.15

Excel で関数 $y = \sqrt[4]{x}$ の導関数のグラフを，微分係数の近似値を求めることにより作成せよ.

第 **14** 章

1変数関数の積分法

　本章では，まず，不定積分を求める演習をおこなう．ここでは，連続関数のみを対象とし，不定積分とは「微分の逆」である原始関数の全体であるとして話を進める．そして，グラフの下側（グラフと x 軸との間）の図形を，幅が 1 の長方形の集まりで近似し，長方形の幅を限りなく 0 に近づけ長方形を限りなく増やしたときの，長方形の面積の和の極限値を考える．その極限値が定積分であるとし，それが図形の面積をあらわしていることを理解する．

　積分は図形の面積をあらわすものなので，その応用範囲はとても広い．たとえば，横軸を時間，縦軸を速さとし，グラフの下側の図形を「時間 × 速さ」をあらわす長方形の集まりと考えると，積分の値は走行距離ということになる．また，横軸を時間，縦軸を電力とし，グラフの下側の図形を「時間 × 電力」をあらわす長方形の集まりと考えると，積分の値は電力量ということになる．

　ある瞬間の変化の割合を求める方法が微分法であり，瞬間的ななにかの量を積み重ねることで累積量を求める方法が積分法である．微分積分は，変化がある現象をとらえるためになくてはならないものなのである．

14.1　不定積分

以下であつかう関数は，連続関数に限るとする.

まず，**原始関数**というのは「微分の逆操作」で求められるものである.

原始関数

ある区間上に定義された関数 f について，その導関数が f となるような関数 F（定義域は f と共有）が存在するとき，F を f の原始関数という.

たとえば，関数 $f(x) = 2x$ に対して，$F(x) = x^2$ とすると，$F'(x) = 2x$ より

$$F'(x) = f(x)$$

となる. よって，$F(x) = x^2$ は $f(x) = 2x$ の原始関数である. 同様に，$F(x) = x^2 + 1$ についても $F'(x) = (\quad ① \quad)$ なので，$F(x) = x^2 + 1$ は $f(x) = 2x$ の原始関数である. さらに，

$$F(x) = x^2 + 定数$$

の形のものはどれも $f(x) = 2x$ の原始関数であることがわかる.

このように，一般に関数 f に対して，原始関数が存在するのであれば，たくさん存在するのである. そして，このとき，このたくさん存在する原始関数をまとめて書いた

$$F(x) + C \quad （F は f の原始関数のひとつ，C は任意の定数）$$

は f の（原始関数全体としての）不定積分とよばれる. これを $\displaystyle\int f(x)\,dx$ とあらわすことにする. つまり，

$$\int f(x)\,dx = F(x) + C$$

とする. 関数 f の不定積分を求めることを，関数 f を**積分する**という. ここで，任意の定数 C は**積分定数**とよばれる. 積分定数はどんな文字を使ってもいい.

たとえば，$F(x) = x^2$ は $f(x) = 2x$ の原始関数のひとつなので，

$$\int 2x\,dx = x^2 + C$$

となる. 実際，$(x^2 + C)' = 2x$ となることがたしかめられる.

補足 14.1（積分定数について）

不定積分においては，定数分のちがいがあっても「等しい」とみなすことに注意しよう.
たとえば，$\displaystyle\int 2x\,dx = x^2 + C$ の両辺に 1 をたしてみると，

$$\int 2x\,dx + 1 = x^2 + C + 1$$

となる. 右辺のなかの $C + 1$ は任意の定数をあらわすので積分定数とみなせる. よって，こ

れをあらたに C' とおきかえることが可能である．つまり，C' を積分定数として，

$$\int 2x\,dx + 1 = x^2 + C'$$

と書くことができる．ここで，この右辺は $\int 2x\,dx$ のことなので，

$$\int 2x\,dx + 1 = \int 2x\,dx$$

となり，定数「1」分のちがいがあっても「等しい」とみなされていることがわかる．

例題 14.1　不定積分を求める 1

次の不定積分を求めよう．

(1) $\displaystyle\int 1\,dx$ 　　　　(2) $\displaystyle\int 3x^2\,dx$ 　　　　(3) $\displaystyle\int 4x^3\,dx$

(4) $\displaystyle\int x\,dx$ 　　　　(5) $\displaystyle\int x^2\,dx$ 　　　　(6) $\displaystyle\int x^3\,dx$

解答

(1) $\displaystyle\int 1\,dx = x + C$ 　　（実際，$(x + C)' = 1$ となることがたしかめられる）

(2) $\displaystyle\int 3x^2\,dx = x^3 + C$ 　　（実際，$(x^3 + C)' = ($　②　$)$ となることがたしかめられる）

(3) $\displaystyle\int 4x^3\,dx = x^4 + C$ 　　（実際，$(($　③　$))' = 4x^3$ となることがたしかめられる）

(4) $(x^2)' = 2x$ より，$\left(\dfrac{1}{2}x^2\right)' = x$ である．よって，$\displaystyle\int x\,dx = \dfrac{1}{2}x^2 + C$

(5) $(x^3)' = 3x^2$ より，$\left(\dfrac{1}{3}x^3\right)' = ($　④　$)$ である．よって，$\displaystyle\int x^2\,dx = \dfrac{1}{3}x^3 + C$

(6) $(x^4)' = 4x^3$ より，$\left(($　⑤　$)\right)' = x^3$ である．よって，$\displaystyle\int x^3\,dx = \dfrac{1}{4}x^4 + C$

以上から，

$$\int 1\,dx = x + C, \quad \int x\,dx = \frac{1}{2}x^2 + C, \quad \int x^2\,dx = \frac{1}{3}x^3 + C, \quad \int x^3\,dx = \frac{1}{4}x^4 + C$$

となることがわかった．なお一般にも，次のように計算される．

積分公式

$$\int x^a\,dx = \frac{1}{a+1}x^{(a+1)} + C \quad (a \text{ は } -1 \text{ ではない実数})$$

この公式より，たとえば次のことがわかる．

$a = 5$ とすると，$\displaystyle\int x^5\,dx = \dfrac{1}{5+1}x^{(5+1)} + C = \dfrac{1}{6}x^6 + C$

$a = -2$ とすると，$\displaystyle\int x^{-2}\,dx = \frac{1}{-2+1}x^{(-2+1)} + C = -x^{-1} + C$

$a = -\dfrac{1}{3}$ とすると，$\displaystyle\int x^{-\frac{1}{3}}\,dx = \frac{1}{-\frac{1}{3}+1}x^{(-\frac{1}{3}+1)} + C = \frac{1}{\frac{2}{3}}x^{\frac{2}{3}} + C = \frac{3}{2}x^{\frac{2}{3}} + C$

また，次のように計算することができる．

積分の線型性

a，b を定数とし，$f(x)$，$g(x)$ を原始関数をもつ関数とするとき，次が成り立つ．
$$\int (a\,f(x) + b\,g(x))\,dx = a\int f(x)\,dx + b\int g(x)$$

たとえば，次のように計算される．

$$\int (3\,x^5 + 5\,x^{-2} - x^{-\frac{1}{3}})\,dx = 3\int x^5\,dx + 5\int x^{-2}\,dx - \int x^{-\frac{1}{3}}\,dx$$
$$= 3 \times \frac{1}{5+1}x^{(5+1)} + 5 \times \frac{1}{-2+1}x^{(-2+1)} - \frac{1}{-\frac{1}{3}+1}x^{(-\frac{1}{3}+1)} + C = (\quad ⑥ \quad)$$

問題 14.1

次の不定積分を求めよ．

(1) $\displaystyle\int 5x^4\,dx$ 　　　　(2) $\displaystyle\int 6x^5\,dx$ 　　　　(3) $\displaystyle\int x^4\,dx$

(4) $\displaystyle\int x^{-6}\,dx$ 　　　　(5) $\displaystyle\int x^{\frac{1}{4}}\,dx$ 　　　　(6) $\displaystyle\int x^{-\frac{2}{3}}\,dx$

例題 14.2　不定積分を求める 2

次の不定積分を求めよう．

(1) $\displaystyle\int (x^{100} + x^{10} + x)\,dx$ 　　(2) $\displaystyle\int \frac{1}{x^5}\,dx$ 　　(3) $\displaystyle\int (\sqrt{x} + 1)\,dx$

(4) $\displaystyle\int -\frac{1}{\sqrt{x}}\,dx$ 　　(5) $\displaystyle\int \left(3 - \frac{6}{x^2} - \frac{9}{x^3}\right)\,dx$ 　　(6) $\displaystyle\int (-2x^2 + 7x^{-3} + x^{-\frac{2}{3}})\,dx$

計算がおわったら，結果を微分して検算してみよう．

解答

(1) $\displaystyle\int (x^{100} + x^{10} + x)\,dx = \frac{1}{100+1}x^{(100+1)} + \frac{1}{10+1}x^{(10+1)} + \frac{1}{1+1}x^{(1+1)} + C$

$\displaystyle\qquad = \frac{1}{101}x^{101} + \frac{1}{11}x^{11} + \frac{1}{2}x^2 + C$

(2) $\displaystyle\int \frac{1}{x^5}\,dx = \int x^{-5}\,dx = \frac{1}{-5+1}x^{(-5+1)} + C = -\frac{1}{4}x^{-4} + C \quad \left(= -\frac{1}{4x^4} + C\right)$

(3) $\displaystyle\int (\sqrt{x} + 1)\,dx = \int (x^{\frac{1}{2}} + 1)\,dx = \frac{1}{\frac{1}{2}+1}x^{(\frac{1}{2}+1)} + x + C = \frac{1}{\frac{3}{2}}x^{\frac{3}{2}} + x + C = \frac{2}{3}x^{\frac{3}{2}} + x + C$

$$\left(= \frac{2}{3}x^1 x^{\frac{1}{2}} + x + C = \frac{2}{3}x\sqrt{x} + x + C\right)$$

(4) $\displaystyle\int -\frac{1}{\sqrt{x}}\,dx = -\int x^{-\frac{1}{2}}\,dx = -\frac{1}{-\frac{1}{2}+1}x^{(-\frac{1}{2}+1)} + C = -\frac{1}{\frac{1}{2}}x^{\frac{1}{2}} + C = -2x^{\frac{1}{2}} + C$
$(= -2\sqrt{x} + C)$

(5) $\displaystyle\int \left(3 - \frac{6}{x^2} - \frac{9}{x^3}\right)dx = \int \left(3 - 6x^{-2} - 9x^{-3}\right)dx = 3\int 1\,dx - 6\int x^{-2}\,dx - 9\int x^{-3}\,dx$

$= 3x - 6 \times \dfrac{1}{-2+1}x^{(-2+1)} - 9 \times \dfrac{1}{-3+1}x^{(-3+1)} + C = 3x + 6x^{-1} + \dfrac{9}{2}x^{-2} + C$

$\left(= 3x + \dfrac{6}{x} + \dfrac{9}{2x^2} + C\right)$

(6) $\displaystyle\int (-2x^2 + 7x^{-3} + x^{-\frac{2}{3}})\,dx = -2\int x^2\,dx + 7\int x^{-3}\,dx + \int x^{-\frac{2}{3}}\,dx$

$= -2 \times \dfrac{1}{2+1}x^{(2+1)} + 7 \times \dfrac{1}{-3+1}x^{(-3+1)} + \dfrac{1}{-\frac{2}{3}+1}x^{(-\frac{2}{3}+1)} + C$

$= -2 \times \dfrac{1}{3}x^3 + 7 \times \dfrac{1}{-2}x^{-2} + \dfrac{1}{\frac{1}{3}}x^{\frac{1}{3}} + C = -\dfrac{2}{3}x^3 - \dfrac{7}{2}x^{-2} + 3x^{\frac{1}{3}} + C$

問題 14.2

次の不定積分を求めよ.

(1) $\displaystyle\int -\frac{5}{x^3}\,dx$

(2) $\displaystyle\int \frac{3\sqrt{x}}{2}\,dx$

(3) $\displaystyle\int (1 + x^2 + x^3)\,dx$

(4) $\displaystyle\int \left(\frac{3}{x^2} - \frac{2}{\sqrt{x}}\right)dx$

(5) $\displaystyle\int (x^{-4} - x^{-\frac{1}{4}})\,dx$

(6) $\displaystyle\int \left(\frac{2}{x^5} + \frac{7}{x^8}\right)dx$

14.2 積分と面積の関係

例題 14.3 図形を長方形の集まりで近似する

たとえば,関数 $f(x) = x$ について,そのグラフと $x = 0$, $x = 10$ および x 軸で囲まれた図形の「大きさ」の求め方を次のように考えよう.この「大きさ」を S とおくことにする.

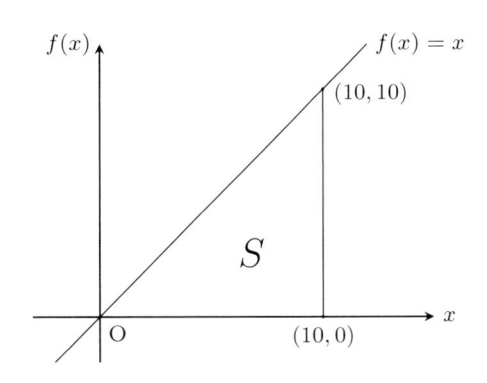

　まず，下図のように，この図形を幅が 1 の 10 個の長方形の集まりで近似しよう．ただし，一番左の長方形は高さ $0\,(= f(0))$ の長方形とする．

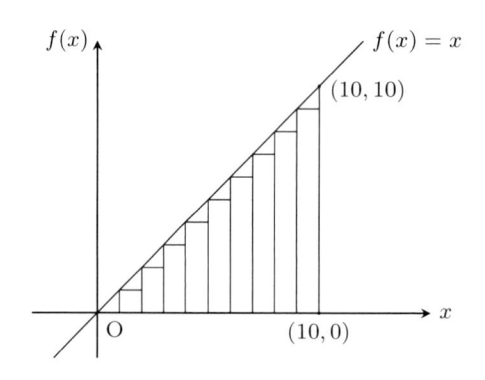

　長方形の面積（幅 × 高さ）は左から順番にそれぞれ

$$1 \times f(0),\ \ 1 \times f(1),\ \ 1 \times f(2),\ \ 1 \times f(3),\ \ 1 \times f(4),$$
$$1 \times f(5),\ \ 1 \times f(6),\ \ 1 \times f(7),\ \ 1 \times f(8),\ \ 1 \times f(9)$$

となる．これらの面積の和は，S に近似していると考えられる．

　いまは幅が 1 の 10 個の長方形に等分割したが，幅が 0.1 の 100 個の長方形に等分割すると，それらの面積の和はもっと S に近くなる．そして，分割をどんどん細かくしていって，長方形の幅を限りなく 0 に近づけていくと，それらの面積の和は限りなく S に近づくであろう．

　この極限値は，関数 f の 0 から 10 までの **定積分** とよばれ，次のようにあらわされる．

$$\int_0^{10} f(x)\,dx$$

　ここで，F を f の原始関数のひとつ（つまり，$F' = f$）とすると，

$$\int_0^{10} f(x)\,dx = F(10) - F(0)$$

が成り立つことが知られている．たとえば，$F(x) = \dfrac{x^2}{2}$ とすると，これは $f(x) = x$ の原始関数のひとつなので，

$$F(10) - F(0) = \frac{10^2}{2} - \frac{0^2}{2} = (\quad ⑦ \quad)$$

となる．よって，次のようになる．

$$\int_0^{10} f(x)\,dx = 50$$

定積分

$a < b$ とし，区間 $[a, b]$ において連続である関数 f について，上記のような「$[a, b]$ 上での関数 f のグラフと x 軸との間の図形を，限りなく細かく等分割された長方形の集まりで近似したときのそれらの面積の和の極限値」は

$$\int_a^b f(x)\, dx$$

と書かれ，a から b までの定積分とよばれる（この極限値の厳密な定義は省略する）．このなかの a は下端，b は上端とよばれる．

$a > b$ の場合においても，次によって a から b までの定積分が定義される．

$$\int_a^b f(x)\, dx = -\int_b^a f(x)\, dx$$

さらに，任意の関数 f に対し，次のようにすると決められている．

$$\int_a^a f(x)\, dx = 0$$

そして，区間 $[a, b]$ 上で連続である関数 f の原始関数のひとつを F とすれば，

$$\int_a^b f(x)\, dx = F(b) - F(a)$$

が成り立つことが知られている．

補足 14.2（面積とは）

長方形の面積は「幅 × 高さ」で計算されるものとすればいいが，一般の図形に対してそもそも面積とはなにか，というのは単純な問題ではなく，定義を要することである．

$a < b$ とし，区間 $[a, b]$ において連続である関数 f について，$f(x) \geq 0$ であるとする．このとき，$[a, b]$ 上でのそのグラフと x 軸との間の図形の面積は，上記のように極限で定められた定積分 $\int_a^b f(x)\, dx$ の値によって求められるものである．

ここで，関数 $f(x) = x$ について，定積分 $\int_0^{10} f(x)\, dx$ の値を，「区間 $[0, 1]$ 上での関数 f のグラフと x 軸との間の図形を，限りなく細かく等分割された長方形の集まりで近似したときのそれらの面積の和の極限値」として計算してみよう．

原点 O と点 $(10, 0)$ の間を n 等分すると，その等分点の x 座標は

$$\frac{10}{n},\ \frac{10}{n}2,\ \frac{10}{n}3,\ \cdots,\ \frac{10}{n}(n-1)$$

となる．

227

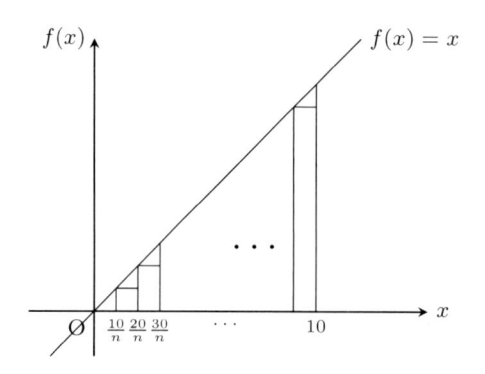

よって，上図において長方形の面積（幅 × 高さ）は左から順番にそれぞれ

$$\frac{10}{n} \times f(0), \quad \frac{10}{n} \times f\left(\frac{10}{n}\right), \quad \frac{10}{n} \times f\left(\frac{10}{n}2\right), \quad \frac{10}{n} \times f\left(\frac{10}{n}3\right), \quad \cdots, \quad \frac{10}{n} \times f\left(\frac{10}{n}(n-1)\right)$$

となる．ただし，一番左の長方形は高さ $0 \,(= f(0))$ の長方形とする．

これらの長方形の面積の和は

$$\frac{10}{n} \times f(0) + \frac{10}{n} \times f\left(\frac{10}{n}\right) + \frac{10}{n} \times f\left(\frac{10}{n}2\right) + \frac{10}{n} \times f\left(\frac{10}{n}3\right) + \cdots + \frac{10}{n} \times f\left(\frac{10}{n}(n-1)\right)$$

$$= \frac{10}{n} \times 0 + \frac{10}{n} \times \frac{10}{n} + \frac{10}{n} \times \frac{10}{n}2 + \frac{10}{n} \times \frac{10}{n}3 + \cdots + \frac{10}{n} \times \frac{10}{n}(n-1)$$

$$= \frac{10^2}{n^2}\left(1 + 2 + 3 + \cdots + (n-1)\right)$$

$$\left(\text{一般に，}1 + 2 + 3 + \cdots + m = \frac{m(m+1)}{2} \text{ なので} \downarrow\right)$$

$$= \frac{10^2}{n^2}\left(\frac{(n-1)n}{2}\right) = \frac{10^2}{n^2}\left(\frac{n^2 - n}{2}\right) = \frac{10^2}{2}\left(\frac{n^2 - n}{n^2}\right) = \frac{10^2}{2}\left(1 - \frac{1}{n}\right)$$

となる．ここで，n を限りなく大きくすると，$\dfrac{1}{n}$ は 0 に近づくので，$\dfrac{10^2}{2}\left(1 - \dfrac{1}{n}\right)$ は $\dfrac{10^2}{2}$，つまり，50 に近づくことがわかる．これより，

$$\int_0^{10} f(x)\,dx = 50$$

であることが確認できる．ちなみに，下図のようなはみ出る長方形の面積の和は

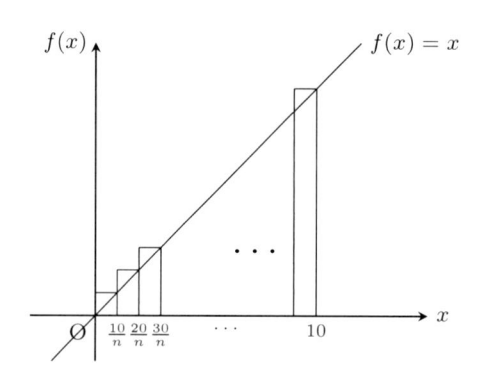

$$\frac{10}{n} \times f\left(\frac{10}{n}\right) + \frac{10}{n} \times f\left(\frac{10}{n}2\right) + \frac{10}{n} \times f\left(\frac{10}{n}3\right) + \cdots + \frac{10}{n} \times f\left(\frac{10}{n}n\right)$$

$$= \frac{10}{n} \times \frac{10}{n} + \frac{10}{n} \times \frac{10}{n}2 + \frac{10}{n} \times \frac{10}{n}3 + \cdots + \frac{10}{n} \times \frac{10}{n}n$$

$$= \frac{10^2}{n^2}(1 + 2 + 3 + \cdots + n)$$

$$\left(\text{一般に, } 1 + 2 + 3 + \cdots + m = \frac{m(m+1)}{2} \text{ なので↓}\right)$$

$$= \frac{10^2}{n^2}\left(\frac{n(n+1)}{2}\right) = \frac{10^2}{n^2}\left(\frac{n^2+n}{2}\right) = \frac{10^2}{2}\left(\frac{n^2+n}{n^2}\right) = \frac{10^2}{2}\left(1 + \frac{1}{n}\right)$$

となり，n を限りなく大きくすると，これも $\dfrac{10^2}{2}$，つまり，50 に近づくことがわかる.

なお上の例について，三角形の面積を求める公式（底辺 $\times$ 高さ $\div 2$）を使って S を求めると，

$$S = 10 \times 10 \div 2 = 50$$

となり，結果が一致することがたしかめられる.

例題 14.4　定積分の値が図形の面積をあらわすことをたしかめる

関数 $f(x) = x$ について，$\displaystyle\int_0^5 f(x)\,dx$ を求めよう.

解答

たとえば，$F(x) = \dfrac{x^2}{2}$ は $f(x) = x$ の原始関数のひとつなので，次のようになる.

$$\int_0^5 f(x)\,dx = F(5) - F(0) = \frac{5^2}{2} - \frac{0^2}{2} = (\quad ⑧ \quad)$$

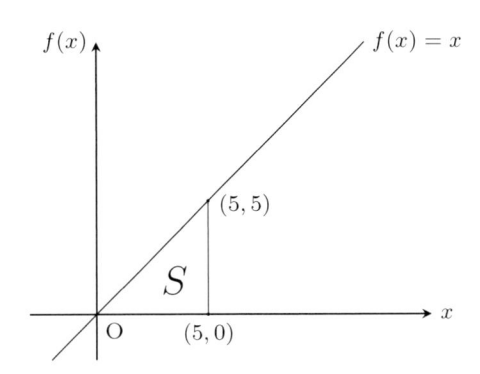

なお上記では，関数 f の独立変数を x としたが，ほかの文字（t など）にしても定積分の値は同じであることに注意しよう.

$$\int_0^5 f(x)\,dx = \int_0^5 f(t)\,dt$$

229

例題 14.5　上端が変数である定積分を計算する

関数 $f(t) = t$ について, $\displaystyle\int_0^x f(t)\,dt$ を求めよう.

解答

たとえば, $F(t) = \dfrac{t^2}{2}$ は $f(t) = t$ の原始関数のひとつなので, 次のようになる.

$$\int_0^x f(t)\,dt = F(x) - F(0) = \frac{x^2}{2} - \frac{0^2}{2} = (\quad ⑨ \quad)$$

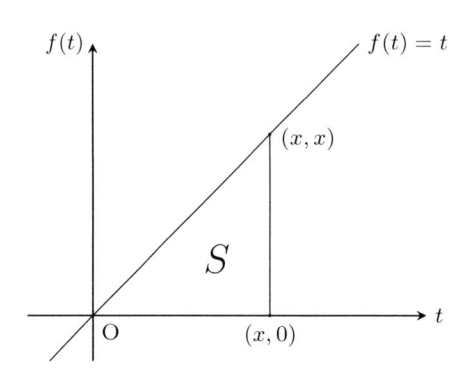

補足 14.3（不定積分とは）

本来, 不定積分は, 微分とは独立に以下のように定積分から定義される.

f を閉区間 I 上の連続関数とするとき, I の点 a, x について, 定積分

$$\int_a^x f(t)\,dt$$

を x についての関数とみなし,（a を基点とする）f の不定積分とする.

つまり, 不定積分とは, 面積を定める定積分を「変数化」したものなのであり, 定積分の下位概念である. 不定積分と原始関数は互いにまったく別の概念なのである.

連続関数の不定積分は, 原始関数でもあることが知られている.

問題 14.3

関数 $f(x) = \dfrac{x^2}{3}$ について，$\displaystyle\int_0^6 f(x)\,dx$ を求めよ．

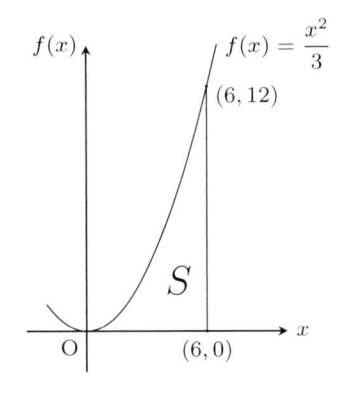

問題 14.4

関数 $f(t) = \dfrac{t^2}{3}$ について，$\displaystyle\int_0^x f(t)\,dt$ を求めよ．

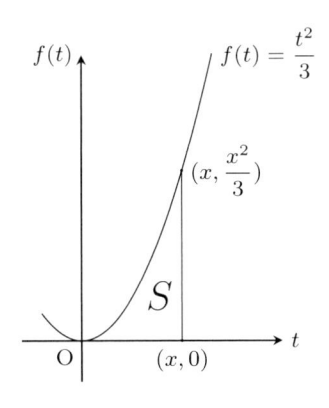

14.3　定積分

前節で書いたように，区間 $[a, b]$ 上で連続である関数 f の原始関数のひとつを F とすれば，

$$\int_a^b f(x)\,dx = F(b) - F(a)$$

が成り立つことが知られている．

　ここで，このなかの $F(a) - F(b)$ を $\left[F(x)\right]_a^b$ と表記することもある．たとえば，$F(x) = x^2$ は $f(x) = 2x$ の原始関数のひとつなので，

$$\int_0^1 2x \, dx = F(1) - F(0) = 1^2 - 0^2 = 1$$

となるが，これを次のように表記することもある．

$$\int_0^1 2x \, dx = \left[x^2 \right]_0^1 = 1^2 - 0^2 = 1$$

なお，a, b を定数とし，$f(x)$, $g(x)$ を区間 $[c, d]$ 上で連続な関数とするとき，次のように計算することができる．

$$\int_c^d (a \, f(x) + b \, g(x)) \, dx = a \int_c^d f(x) \, dx + b \int_c^d g(x)$$

例題 14.6　定積分の値を求める 1

次の定積分を求めよう．

(1) $\displaystyle\int_1^2 3x^2 \, dx$　　　　　　(2) $\displaystyle\int_2^3 3x^2 \, dx$　　　　　　(3) $\displaystyle\int_1^2 3x^2 \, dx + \int_2^3 3x^2 \, dx$

(4) $\displaystyle\int_1^3 3x^2 \, dx$　　　　　　(5) $\displaystyle\int_3^1 3x^2 \, dx$　　　　　　(6) $\displaystyle\int_1^1 3x^2 \, dx$

解答

(1) $\displaystyle\int_1^2 3x^2 \, dx = \left[x^3 \right]_1^2 = 2^3 - 1^3 = 7$　　　　(2) $\displaystyle\int_2^3 3x^2 \, dx = \left[x^3 \right]_2^3 = 3^3 - 2^3 = 19$

(3) $\displaystyle\int_1^2 3x^2 \, dx + \int_2^3 3x^2 \, dx = ($　⑩　$)$　　　　(4) $\displaystyle\int_1^3 3x^2 \, dx = \left[x^3 \right]_1^3 = ($　⑪　$)$

(5) $\displaystyle\int_3^1 3x^2 \, dx = \left[x^3 \right]_3^1 = ($　⑫　$)$　　　　(6) $\displaystyle\int_1^1 3x^2 \, dx = \left[x^3 \right]_1^1 = ($　⑬　$)$

以上から，

$$\int_1^3 3x^2 \, dx = \int_1^2 3x^2 \, dx + \int_2^3 3x^2 \, dx, \quad \int_1^3 3x^2 \, dx = - \int_3^1 3x^2 \, dx, \quad \int_1^1 3x^2 \, dx = 0$$

となることがわかった．一般にも，次が成り立つ．

$$\int_a^b f(x) \, dx = \int_a^c f(x) \, dx + \int_c^b f(x) \, dx, \quad \int_a^b f(x) \, dx = - \int_b^a f(x) \, dx, \quad \int_a^a f(x) \, dx = 0$$

例題 14.7　定積分の値を求める 2

次の定積分を求めよう．

(1) $\displaystyle\int_{-2}^2 (1 + x^2 + x^4) \, dx$　　　(2) $\displaystyle\int_2^3 \frac{144}{x^3} \, dx$　　　(3) $\displaystyle\int_1^4 (3\sqrt{x} - 11) \, dx$

解答

(1) $\displaystyle\int_{-2}^2 (1 + x^2 + x^4) \, dx = \left[x + \frac{1}{2+1} x^{(2+1)} + \frac{1}{4+1} x^{(4+1)} \right]_{-2}^2 = \left[x + \frac{1}{3} x^3 + \frac{1}{5} x^5 \right]_{-2}^2$

$$= 2 + \frac{2^3}{3} + \frac{2^5}{5} - \left(-2 + \frac{(-2)^3}{3} + \frac{(-2)^5}{5}\right) = 2 + \frac{8}{3} + \frac{32}{5} - \left(-2 - \frac{8}{3} - \frac{32}{5}\right) = \frac{332}{15}$$

(2) $\displaystyle\int_2^3 \frac{144}{x^3}\,dx = \int_2^3 144 x^{-3}\,dx = \left[\frac{144}{-3+1}x^{(-3+1)}\right]_2^3 = -72 \times \left[\frac{1}{x^2}\right]_2^3 = -72 \times \left(\frac{1}{3^2} - \frac{1}{2^2}\right)$

$\qquad = -8 + 18 = 10$

(3) $\displaystyle\int_1^4 (3\sqrt{x} - 11)\,dx = \int_1^4 (3x^{\frac{1}{2}} - 11)\,dx = \left[\frac{3}{\frac{1}{2}+1}x^{(\frac{1}{2}+1)} - 11x\right]_1^4 = \left[\frac{3}{\frac{3}{2}}x^{\frac{3}{2}} - 11x\right]_1^4$

$\qquad = \left[2x^{\frac{3}{2}} - 11x\right]_1^4 = 2 \times 4^{\frac{3}{2}} - 11 \times 4 - \left(2 \times 1^{\frac{3}{2}} - 11 \times 1\right) = 2 \times (4^{\frac{1}{2}})^3 - 44 - \left(2 \times (1^{\frac{1}{2}})^3 - 11\right)$

$\qquad = 2 \times 2^3 - 44 - \left(2 \times 1^3 - 11\right) = -19$

問題 14.5

次の定積分の値を求めよ.

(1) $\displaystyle\int_{-2}^{2} (3x - x^3)\,dx$ 　　　　(2) $\displaystyle\int_{4}^{2} \frac{12}{x^4}\,dx$ 　　　　(3) $\displaystyle\int_{1}^{9} \left(15\sqrt{x} + \frac{3}{\sqrt{x}}\right)dx$

14.4　Excelによる演習

Excelを使って定積分の近似値を求め，それを用いて不定積分のグラフを作成してみよう.

例題 14.8　定積分の近似値を求めることにより不定積分のグラフを作成する

関数 $f(t) = t$ について，$\displaystyle\int_0^x f(t)\,dt$ （0を基点とする f の不定積分）のグラフを，Excelでその近似値を求めることにより作成しよう.

まず，セルA1に「t」，セルB1に「f(t)」，セルC1に「定積分」と入力しよう. セル範囲A2:A102に，t の値として $0, 0.1, \cdots, 9.9, 10$ を用意する. そのため，セルA2に「0」，セルA3に「0.1」と入力し，その範囲A2:A3を102行目まで下にオートフィルする.

セルB2には「=A2」と入力し，これを102行目まで下にオートフィルする.

つぎに，セルC2に「0」と入力する. セルC3に「=C2+0.1*B2」と入力し，これを102行目まで下にオートフィルする.

すると，x をA列の値にしたときの各 $\displaystyle\int_0^x f(t)\,dt$ の近似値が，C列に計算される.

そして，セル範囲C2:C102を選択し，挿入タブの（グラフグループにある）［折れ線/面グラフの挿入］の「2-D折れ線」の「折れ線」を選ぶ.

作成されたグラフが選択されたまま，グラフのデザインタブの（データグループにある）［データの選択］をクリックする.「データソースの選択」ダイアログボックスが出てくるので，横（項目）軸ラベルの「編集」をクリックする. A列の該当箇所（A2:A102）をドラッグして表示させて「OK」を押す. すると，グラフの横軸の値がA列の値に変わる.

グラフのサイズやレイアウトなどは自由に変更しよう.

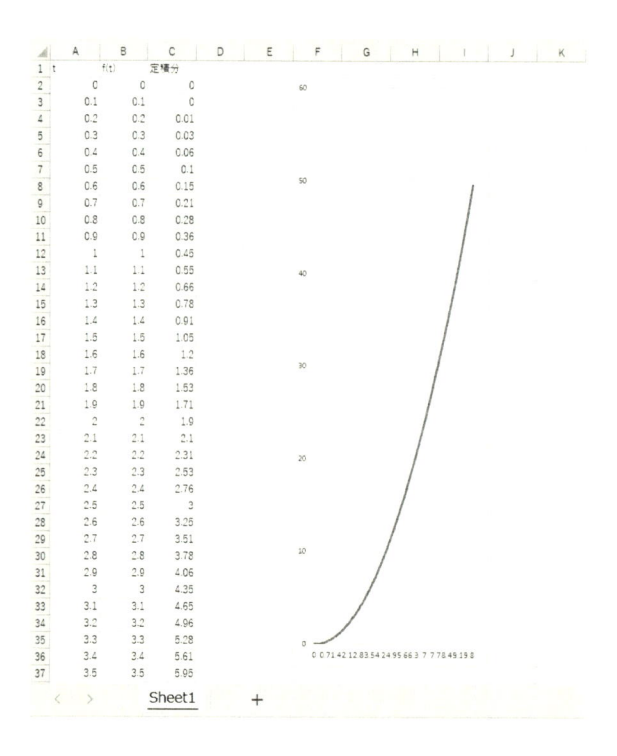

補足 14.4

上の例では，

セル C2（$x = 0$ のとき）は「0」つまり $\displaystyle\int_0^0 f(t)\,dt$ の値，

セル C3（$x = 0.1$ のとき）は「セル C2 $+ 0.1 \times f(0)$」つまり $\displaystyle\int_0^{0.1} f(t)\,dt$ の近似値，

セル C4（$x = 0.2$ のとき）は「セル C3 $+ 0.1 \times f(0.1)$」つまり $\displaystyle\int_0^{0.2} f(t)\,dt$ の近似値，

セル C5（$x = 0.3$ のとき）は「セル C4 $+ 0.1 \times f(0.2)$」つまり $\displaystyle\int_0^{0.3} f(t)\,dt$ の近似値，

$\vdots$

というように，幅が 0.1 の長方形の面積をつぎつぎに加えていっている．

ここでは幅が 0.1 の長方形に等分割しているが，「分割をどんどん細かくしていって，長方形の幅を限りなく 0 に近づけていったときのそれらの面積の和の極限値」が定積分の値である．

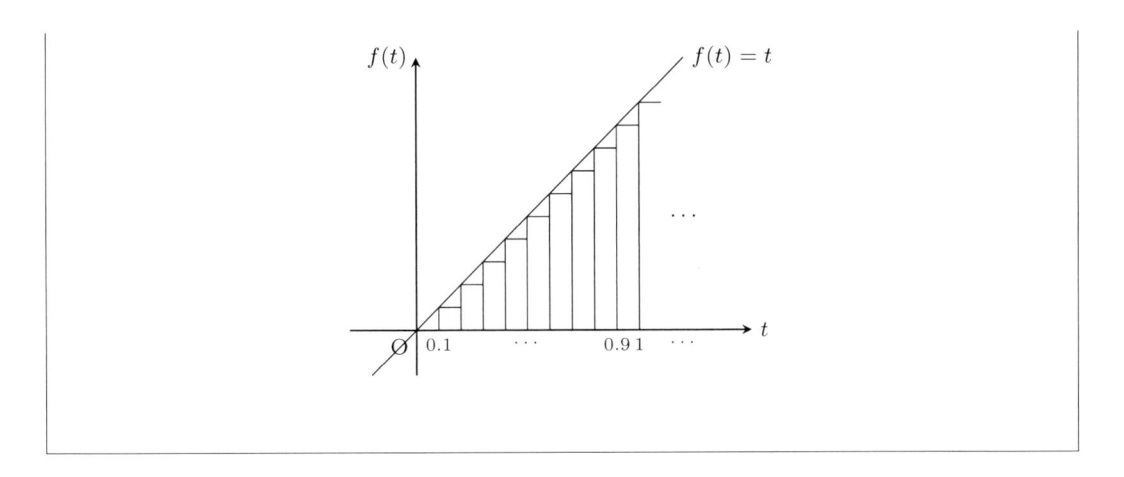

以下の問題においては，すでに作成したファイルを使用してもいい.

問題 14.6

関数 $f(t) = t^2$ について，$\displaystyle\int_0^x f(t)\,dt$（0を基点とする f の不定積分）のグラフを，Excel でその近似値を求めることにより作成せよ.

問題 14.7

関数 $f(t) = t^3$ について，$\displaystyle\int_0^x f(t)\,dt$（0を基点とする f の不定積分）のグラフを，Excel でその近似値を求めることにより作成せよ.

問題 14.8

関数 $f(t) = t^4$ について，$\displaystyle\int_0^x f(t)\,dt$（0を基点とする f の不定積分）のグラフを，Excel でその近似値を求めることにより作成せよ.

問題 14.9

関数 $f(t) = \sqrt{t}$ について，$\displaystyle\int_0^x f(t)\,dt$（0を基点とする f の不定積分）のグラフを，Excel でその近似値を求めることにより作成せよ.

問題 14.10

関数 $f(t) = \sqrt[3]{t}$ について，$\displaystyle\int_0^x f(t)\,dt$（0を基点とする f の不定積分）のグラフを，Excel でその近似値を求めることにより作成せよ.

問題 14.11

関数 $f(t) = \sqrt[4]{t}$ について，$\displaystyle\int_0^x f(t)\,dt$（0 を基点とする f の不定積分）のグラフを，Excel でその近似値を求めることにより作成せよ．

第15章

まとめの演習

第1章から第14章までのまとめの演習をおこなう.

問題 15.1（第 1 章）

$\dfrac{{}_5\mathrm{P}_3 \times {}_5\mathrm{C}_3}{5!}$ の値を求めよ．

問題 15.2（第 1 章）

6 つの数字 $0, 1, 2, 3, 4, 5$ のなかから異なる 3 つの数字を選んでできる 3 けたの整数は何通りあるか答えよ（ヒント： 3 けたの整数なので，百の位は 0 以外，つまり，$1, 2, 3, 4, 5$ の 5 通りのどれかでなければならない）．

問題 15.3（第 1 章）

$(a+b)^5$，つまり，$(a+b)(a+b)(a+b)(a+b)(a+b)$ について，まず a^5, a^4b, a^3b^2, a^2b^3, ab^4, b^5 の係数を ${}_n\mathrm{C}_k$ の形であらわした展開式を書け．そのあと，それぞれの係数を数値にした展開式を書け．

問題 15.4（第 1 章）

6 つの数字 $1, 2, 3, 4, 5, 6$ のなかから異なる 3 つの数字を選んで小さい順に並べてつくる 3 けたの整数は何通りあるか答えよ．

問題 15.5（第 2 章）

次の集合をすべての元を書き並べる方法であらわせ．

(1) $A = \{\, n \mid n\, は自然数,\ 0 < n < 5 \,\}$

(2) $B = \{\, n \mid n\, はある整数の 2 乗であらわされる数,\ 0 < n < 30 \,\}$

(3) $C = \{\, x \mid x\, は実数,\ x^4 = 16 \,\}$

(4) $D = \{\, x \mid x\, は実数,\ x^2 - 11x + 30 = 0 \,\}$

問題 15.6（第 2 章）

集合 A を次のようにするとき，A の部分集合をすべて求めよ．

$A = \{3, 6, 9\}$

問題 15.7（第 2 章）

全体集合 U を $U = \{0, 1, 2, 3, 4, 5, 6, 7, 8, 9, 10\}$ とし，集合 A, B, C を次のようにする．

$A = \{0, 2, 4, 6, 8, 10\}$,　$B = \{0, 1, 2, 3, 4\}$,　$C = \{0, 4, 8\}$

このとき，次の集合を求めよ．

(1) $A \cap B$	(2) $A \cup B$	(3) $\overline{A}$	(4) $\overline{B \cup C}$	(5) $\overline{B} \cap \overline{C}$
(6) $A - B$	(7) $B - A$	(8) $A \cup C$	(9) $\overline{A} \cap C$	(10) $\overline{C - A}$

問題 15.8（第 2 章）

試験 A と試験 B を両方とも受験した 100 人の学生のうち，試験 A だけに合格した人数は 60，どちらも不合格だった人数は 10 であった．このとき次を求めよ．

(1) 少なくともどちらかの試験に合格した人数　　　　(2) 試験 B に合格した人数

問題 15.9（第 3 章）

サイコロを振ったときに 5 以下の目が出る確率を求めよ.

問題 15.10（第 3 章）

サイコロを 2 回振ったときに出る目の数の和が 5 以下になる確率を求めよ.

問題 15.11（第 3 章）

サイコロを 2 回振ったときに出る目の数の和が 6 以上になる確率を求めよ.

問題 15.12（第 3 章）

赤玉 4 個, 白玉 1 個の合計 5 個入っている袋から同時に玉を 2 個取り出すとき, どちらも赤玉である確率と, 赤玉と白玉の 1 つずつになる確率をそれぞれ求めよ.

問題 15.13（第 3 章）

サイコロを振って 1 以外の目が出たとき, その目が 3 以上である確率を求めよ.

問題 15.14（第 4 章）

あるクラス全員が受けたテストの平均点が 57.25 点であり, 中央値が 52.5 点であり, 最頻値が 55 点であった. また, 点数の合計は 1145 点であり, 一番大きい点数を除いた平均点は 55 点であった. このとき, このクラスの人数, および, 一番大きい点数を求めよ.

問題 15.15（第 4 章）

速さ 60 km/時 で 1 時間, 速さ 40 km/時 で 1 時間移動したときの平均の速さ（単位：km/時）を求めよ.

問題 15.16（第 4 章）

行きは速さ 60 km/時, 帰りは速さ 40 km/時 で移動したときの往復での平均の速さ（単位：km/時）を求めよ.

問題 15.17（第 4 章）

次の 8 つのデータの平均値, 中央値, および, 最頻値を求めよ.

46, 89, 46, 90, 93, 46, 59, 83

問題 15.18（第 5 章）

次の 6 つのデータの平均値, それぞれの偏差, 分散, および, 標準偏差を求めよ.

8, 10, 4, 7, 5, 8

問題 15.19（第 5 章）

次の 7 つのデータの標準偏差を求めよ.

-7, -4, 1, -6, 3, 0, -8

問題 15.20（第 5 章）

標準偏差が $\dfrac{1}{100}$ であるデータの分散を求めよ. また, 分散が 1 であるデータの標準偏差を求めよ.

問題 15.21（第 6 章）

あるクラスの 5 人についての計算テストの点数と漢字テストの点数はそれぞれ下記のようであった.

	計算テスト	漢字テスト
A	7	4
B	4	6
C	5	8
D	1	10
E	3	7

図 15.1　計算テストの点数と漢字テストの点数

このとき，計算テストの点数についてのそれぞれの偏差を求めよ. また，漢字テストについてのそれぞれの偏差を求めよ.

問題 15.22（第 6 章）

問題 15.21 のデータにおける A, B, C, D, E のそれぞれについて，「計算テストの偏差 × 漢字テストの偏差」を計算せよ.

問題 15.23（第 6 章）

問題 15.21 のデータにおいて，中間テストの点数と期末テストの点数の共分散を求めよ.

問題 15.24（第 6 章）

問題 15.21 のデータにおいて，中間テストの点数の標準偏差と期末テストの点数の標準偏差をそれぞれ求めよ.

問題 15.25（第 6 章）

問題 15.21 のデータにおいて，中間テストの点数と期末テストの点数の相関係数を求めよ.

問題 15.26（第 7 章）

$a = \begin{pmatrix} 34 \\ -35 \end{pmatrix}$, $b = \begin{pmatrix} -56 \\ 65 \end{pmatrix}$ とするとき，次のベクトルを求めよ.

(1) $(11a + 15b) - (7a + 11b)$ 　　　　　　(2) $-4(a - b) - (-4a - 6b)$

問題 15.27（第 7 章）

次のベクトルの内積を求めよ.

(1) $\begin{pmatrix} 8 \\ -6 \end{pmatrix} \cdot \begin{pmatrix} -10 \\ 8 \end{pmatrix}$ 　　　(2) $\begin{pmatrix} 2/11 \\ 5/11 \end{pmatrix} \cdot \begin{pmatrix} 3/11 \\ 7/11 \end{pmatrix}$ 　　　(3) $\left(\begin{pmatrix} 5 \\ 0 \\ 0 \end{pmatrix} + \begin{pmatrix} 0 \\ 3 \\ 1 \end{pmatrix} \right) \cdot \begin{pmatrix} 2 \\ 2 \\ 7 \end{pmatrix}$

(4) $3 \left(\begin{pmatrix} 10 \\ 20 \\ -3 \end{pmatrix} - 10 \begin{pmatrix} 4 \\ 5 \\ 0 \end{pmatrix} \right) \cdot (-1) \left(- \begin{pmatrix} -10 \\ 1 \\ 9 \end{pmatrix} - 9 \begin{pmatrix} 0 \\ 1 \\ 0 \end{pmatrix} \right)$

問題 15.28（第 7 章）

次のベクトルの大きさを求めよ.

(1) $-10 \begin{pmatrix} -\sqrt{2} \\ \sqrt{2} \end{pmatrix}$ 　　(2) $\dfrac{1}{12} \begin{pmatrix} 7 \\ 11 \\ -3 \end{pmatrix}$ 　　(3) $\begin{pmatrix} 55 \\ -33 \\ 110 \end{pmatrix}$ 　　(4) $\dfrac{1}{2} \left(\begin{pmatrix} -30 \\ -24 \\ -27 \end{pmatrix} + \begin{pmatrix} 36 \\ 28 \\ 29 \end{pmatrix} \right)$

問題 15.29（第 8 章）

$A = \begin{pmatrix} 3 & -4 \\ -5 & 1 \\ 2 & -2 \end{pmatrix}$, $B = \begin{pmatrix} -4 & 0 \\ 1 & 5 \\ 2 & -1 \end{pmatrix}$, $C = \begin{pmatrix} -3 & 1 \\ 5 & -2 \end{pmatrix}$ のとき, 次を計算せよ. ただし, 積が定義されないときは「積は定義されない」と書け.

(1) $5A - 2B$ 　　(2) AC 　　(3) CA 　　(4) $(A + 3B)C$

問題 15.30（第 8 章）

$X = \begin{pmatrix} 1 \\ -2 \\ 3 \end{pmatrix}$, $Y = \begin{pmatrix} -4 & 5 & -6 \end{pmatrix}$, $Z = \begin{pmatrix} 1 & 0 & 1 \\ 0 & 1 & 0 \\ 1 & 0 & 1 \end{pmatrix}$ のとき, 次を計算せよ. ただし, 積が定義されないときは「積は定義されない」と書け.

(1) XY 　　(2) XYZ 　　(3) YZ 　　(4) YX 　　(5) ZY 　　(6) ZX

問題 15.31（第 8 章）

積 AB は定義されるが積 BA は定義されないような, 行列 A, B の例を 3 組あげよ.

問題 15.32（第 9 章）

1 次関数 $y = ax + b$ のグラフが 2 点 $(2, 3)$, $(-1, -21)$ を通るとき, a と b の値をそれぞれ求めよ. また, この 1 次関数のグラフをかけ.

問題 15.33（第 9 章）

次の関数のうち, グラフが 2 点 $(2, -11)$, $(-12, 10)$ を通るものをすべて選べ.

(1) $-3x + 2y = -16$ 　　(2) $3x - 2y = -28$ 　　(3) $3x + 2y = -28$

(4) $3x - 2y = 28$ 　　(5) $3x + 2y = -16$

問題 15.34（第 9 章）

2 次関数 $y = -\dfrac{1}{2}x^2 - 2x + 6$ のグラフの頂点を求め, 対応する x と y の値の組 (x, y) を, xy 座標平面上に点として表示することにより, グラフをかけ.

問題 15.35（第 9 章）

頂点が $(-3, 6)$ で, 点 $(-2, 4)$ を通る放物線があらわす 2 次関数の式を求めよ.

問題 15.36（第 10 章）

次の値を求めよ.

(1) 5^{-2} (2) 7^0 (3) 4^{-3} (4) 10^{-10}

問題 15.37（第 10 章）

次の値を求めよ.

(1) $25^{\frac{1}{2}}$ (2) $81^{\frac{1}{4}}$ (3) $216^{\frac{1}{3}}$ (4) $100000000^{\frac{1}{4}}$

問題 15.38（第 10 章）

次の値を求めよ.

(1) $4^{\frac{3}{2}}$ (2) $125^{-\frac{2}{3}}$ (3) $1000000^{\frac{5}{6}}$ (4) $\left(\dfrac{1}{8}\right)^{-\frac{1}{3}}$ (5) $\left(\dfrac{4}{25}\right)^{-\frac{1}{2}}$

問題 15.39（第 10 章）

関数 $y = \left(\dfrac{3}{2}\right)^x$ について，対応する x と y の値の組 (x, y) を，いくつか自分で選び，xy 座標平面上に点として表示することにより，グラフをかけ.

問題 15.40（第 11 章）

次の値を求めよ.

(1) $\log_{10} 10000000$ (2) $\log_5 1$ (3) $\log_{25} \dfrac{1}{25}$ (4) $\log_3 \dfrac{1}{27}$

(5) $\log_{10} \sqrt{10}$ (6) $\log_2 4\sqrt{2}$ (7) $\log_9 3$ (8) $\log_{\sqrt{3}} 9$

問題 15.41（第 11 章）

次の値を求めよ.

(1) $\log_2 20 + \log_2 6 - \log_2 30$ (2) $2\log_3 2 - \log_3 108$

(3) $\log_{10} 150 + 2\log_{10} 3 - \log_{10} 135$ (4) $\log_3 \dfrac{27}{\sqrt{3}} - \log_3 6\sqrt{2} + \log_3 2\sqrt{6}$

(5) $(\log_3 \sqrt{5}) \cdot (\log_5 7) \cdot (\log_7 3)$ (6) $(\log_2 3 + \log_{16} 9)(\log_3 4 + \log_9 16)$

問題 15.42（第 11 章）

関数 $y = \log_{10} x$ について，対応する x と y の値の組 (x, y) を，いくつか自分で選び，xy 座標平面上に点として表示することにより，グラフをかけ.

問題 15.43（第 11 章）

関数 $y = \log_{\frac{1}{5}} x$ について，対応する x と y の値の組 (x, y) を，いくつか自分で選び，xy 座標平面上に点として表示することにより，グラフをかけ.

問題 15.44（第 12 章）

関数 $y = -11$ の $x = a$（a は定数）における微分係数を求めよ.

問題 15.45（第 12 章）

関数 $y = x^3$ の $x = 2$ における微分係数を求めよ.

問題 15.46（第 12 章）

関数 $y = \sqrt{x}$ の $x = 1$ における微分係数を求めよ.

問題 15.47（第 12 章）

関数 $y = -x^3 - 5x^2 + 2x - 5$ の点 $(1, -9)$ における接線の式を求めよ.

問題 13.48（第 13 章）

次の関数を微分せよ.

(1) $f(x) = x^{10}$ 　　　　　　　　　　(2) $f(x) = -x^{-12}$

(3) $f(x) = \sqrt[4]{x}$ 　　　　　　　　　(4) $f(x) = -5x^2 + x - 3$

(5) $f(x) = \dfrac{1}{x^6} + \dfrac{1}{2x^3} - \dfrac{2}{x} + \dfrac{6}{\sqrt{x}} - \sqrt{5}$ 　　　　(6) $f(x) = 1 + x^{-\frac{5}{7}} - \dfrac{5}{7}x^{-\frac{1}{5}} - 3x^{\frac{1}{3}}$

問題 15.49（第 13 章）

4 次関数 $f(x) = x^4 + 4x^3 + 4x^2 + 2$ について，増減表をつくり，それを参考にグラフを作成せよ.

問題 15.50（第 13 章）

3 次関数 $f(x) = \dfrac{x^3}{9} + x^2 + 3x$ について，増減表をつくり，それを参考にグラフを作成せよ.

問題 15.51（第 13 章）

5 次関数 $f(x) = -x^5 - x$ について，増減表をつくり，それを参考にグラフを作成せよ.

問題 15.52（第 14 章）

次の不定積分を求めよ.

(1) $\displaystyle\int (x^2 + 5x)\,dx$ 　　　　(2) $\displaystyle\int \left(\dfrac{2}{x^3} - 4x^3 \right) dx$ 　　　　(3) $\displaystyle\int \left(\dfrac{3}{\sqrt{x}} - \dfrac{1}{3} \right) dx$

問題 15.53（第 14 章）

関数 $f(t) = \sqrt{t}$ について，$\displaystyle\int_1^x f(t)\,dt$ を求めよ.

問題 15.54（第 14 章）

次の定積分の値を求めよ.

(1) $\displaystyle\int_0^1 (1 - 4x^4)\,dx$ 　　　　(2) $\displaystyle\int_{-10}^{10} \left(\dfrac{1}{x^7} + x \right) dx$ 　　　　(3) $\displaystyle\int_1^{1000} (x^{-\frac{1}{3}} + 10)\,dx$

空欄の答え

第1章

① 日本, ② 香港, ③ イギリス, ④ フランス, ⑤ ルーマニア

(①, ②, ③, ④, ⑤は順序がちがってもいい),

⑥ 香港, ⑦ イギリス, ⑧ フランス, ⑨ ルーマニア

(⑥, ⑦, ⑧, ⑨は順序がちがってもいい),

⑩ イギリス, ⑪ フランス, ⑫ ルーマニア　　(⑩, ⑪, ⑫は順序がちがってもいい),

⑬ $_5\mathrm{P}_5$, ⑭ 1, 3, 4, 5, 6, ⑮ 3, 4, 5, 6, ⑯ 10, ⑰ 10,

⑱ 化学, 生物 (または, 生物, 化学), ⑲ 化学, 地学 (または, 化学, 地学),

⑳ 生物, 地学 (または, 地学, 生物)　　(⑱, ⑲, ⑳は順序がちがってもいい),

㉑ 2, ㉒ 3, ㉓ 3

第2章

① $\in$, ② $\notin$, ③ $\in$, ④ $\{2,4,6,8,12,18\}$, ⑤ $\{2,3,4,6,8,9,12,15,18\}$,

⑥ $\{2,3,4,6,8,9,12,15,18\}$, ⑦ $\{6\}$, ⑧ $\{6\}$, ⑨ $\{6\}$, ⑩ $\{$ あ, き, ひ, め, ま $\}$,

⑪ $\{$ あ, き, ひ, め, ま $\}$, ⑫ $\{$ あ, ひ, め $\}$, ⑬ $\{$ ひ, め, あ $\}$, ⑭ $\{12,18\}$, ⑮ $\{3,9,15\}$,

⑯ $\{7,8,9,10\}$, ⑰ $\{3,4,5,6,7,8,9,10\}$, ⑱ 7, ⑲ $(10-7=)\,3$, ⑳ $(5+7-4=)\,8$,

㉑ $(10-4=)\,6$, ㉒ $(10-8=)\,2$, ㉓ 20, ㉔ 180, ㉕ 100, ㉖ B

第3章

① 6, ② 1, ③ $\dfrac{1}{6}$, ④ 6, ⑤ 2, ⑥ 5, ⑦ 1,

⑧ $(1,1),\ (1,3),\ (1,5),\ (3,1),\ (3,3),\ (3,5),\ (5,1),\ (5,3),\ (5,5)$, ⑨ $\dfrac{1}{2}$, ⑩ 1, ⑪ 8,

⑫ 2, ⑬ 700, ⑭ 9999

第4章

① 655, ② 12, ③ 31590, ④ 400, ⑤ $2x$, ⑥ $\dfrac{x}{200}+\dfrac{x}{600}$, ⑦ 95, 100,

⑧ 60, 65, 65, 95, 100,

⑨ 1000, 1010, 1020, 1020, 1040, 1040, 1060, 1100, 1100, 1100, 10000, 11100,

⑩ 6, ⑪ 7, ⑫ $1040+1060\,(=2100)$, ⑬ 910,

⑭ 54, 56, 56, 56, 58, 60, 62, 64, 66, 84, 96, 98, 100, ⑮ 7, ⑯ 3, ⑰ 2, ⑱ 6,

⑲ 1

第5章

① $-30,\ 15,\ -45,\ 40,\ -5,\ -5,\ 30,\ -35,\ 35,\ 0$, ② 0, ③ 0,

④ $(-30)^2+15^2+(-45)^2+40^2+(-5)^2+(-5)^2+30^2+(-35)^2+35^2+0^2$, ⑤ 413,

⑥ 7, ⑦ 700, ⑧ kg^2, ⑨ 8, ⑩ 16, ⑪ 4, ⑫ 40, ⑬ 400, ⑭ 20

第6章

① 27, 27, -18, -33, -3, ② C, D, ③ B, ④ 720, ⑤ A, E, ⑥ B, ⑦ C, ⑧ 1280,

⑨ 2880, ⑩ 16, ⑪ 24

第7章

① 22, ② 23, ③ 520, ④ 370, ⑤ $(2, 2)$, ⑥ $(2, 3)$, ⑦ $(2, 1)$, ⑧ $\begin{pmatrix} 8 \\ 3 \end{pmatrix}$, ⑨ $\begin{pmatrix} 21 \\ 7 \end{pmatrix}$,

⑩ $\begin{pmatrix} 46 \\ 19 \end{pmatrix}$, ⑪ 35, ⑫ 28, ⑬ 35, ⑭ 0, ⑮ -35, ⑯ -4, ⑰ -5, ⑱ -92, ⑲ 25

第8章

① $\begin{pmatrix} 11 & 22 & 33 \\ 44 & 55 & 66 \end{pmatrix}$, ② $\begin{pmatrix} 11 & 22 \\ 33 & 44 \\ 55 & 66 \end{pmatrix}$, ③ $\begin{pmatrix} 10 & 20 & 30 \\ 40 & 50 & 60 \end{pmatrix}$, ④ $\begin{pmatrix} -1 & -2 \\ -3 & -4 \\ -5 & -6 \end{pmatrix}$,

⑤ $\begin{pmatrix} -2 & -6 & -11 \end{pmatrix}$, ⑥ $\begin{pmatrix} 3100 \\ 3340 \end{pmatrix}$, ⑦ $\begin{pmatrix} 42000 \\ 14200 \end{pmatrix}$, ⑧ $\begin{pmatrix} 17 \\ 39 \end{pmatrix}$, ⑨ $\begin{pmatrix} 50 \\ 122 \end{pmatrix}$, ⑩ $\begin{pmatrix} 19 & 22 \\ 43 & 50 \end{pmatrix}$,

⑪ $\begin{pmatrix} 105 \\ 143 \end{pmatrix}$, ⑫ $\begin{pmatrix} 391 \\ 887 \end{pmatrix}$, ⑬ $\begin{pmatrix} 23 & 34 \\ 31 & 46 \end{pmatrix}$, ⑭ $\begin{pmatrix} 6 & 8 \\ 10 & 12 \end{pmatrix}$, ⑮ $\begin{pmatrix} 29 \\ 67 \end{pmatrix}$, ⑯ $\begin{pmatrix} 105 \\ 143 \end{pmatrix}$,

⑰ $\begin{pmatrix} 1 & 2 \\ 3 & 4 \end{pmatrix}$, ⑱ $\begin{pmatrix} 1 & 2 \\ 3 & 4 \end{pmatrix}$, ⑲ $\begin{pmatrix} 0 & 0 \\ 0 & 0 \end{pmatrix}$, ⑳ $\begin{pmatrix} 0 & 0 \\ 0 & 0 \end{pmatrix}$

第9章

① $(100 \times 2 =)\ 200$, ② $(100 \times 3 + 2000 =)\ 2300$, ③ $(2 \times 3 + 1 =)\ 7$, ④ 16, ⑤ 2, ⑥ 1,
⑦ $(0, 5)$, ⑧ $(1, -2)$, ⑨ $y = -x + 3$, ⑩ $y = -3x - 2$, ⑪ $y = \dfrac{1}{2}x - 1$, ⑫ -16, ⑬ 8,
⑭ 3, ⑮ 1, ⑯ 1, ⑰ 8, ⑱ 8, ⑲ -10, ⑳ -1

第10章

① 16, ② 4, ③ $\dfrac{1}{2}$, ④ $\dfrac{1}{8}$, ⑤ $\dfrac{1}{32}$, ⑥ $\dfrac{1}{1000}$, ⑦ 100, ⑧ $\dfrac{49}{9}$, ⑨ $\dfrac{4}{5}$, ⑩ 6, ⑪ -6, ⑫ 1,
⑬ 2, ⑭ 10, ⑮ 0.2, ⑯ $\dfrac{1}{10}$, ⑰ $\dfrac{1}{16}$, ⑱ 1, ⑲ 16, ⑳ 16, ㉑ 1, ㉒ $\dfrac{1}{16}$

第11章

① 3, ② 4, ③ 3, ④ 2, ⑤ 2, ⑥ 4, ⑦ 5, ⑧ 6, ⑨ 2, ⑩ 10, ⑪ $\log_{10} 3$, ⑫ 3, ⑬ 2,
⑭ $\dfrac{3}{2}$, ⑮ $\dfrac{4}{3}$, ⑯ $\dfrac{4}{3}$, ⑰ 2, ⑱ -4, ⑲ 0, ⑳ 4, ㉑ 4, ㉒ 0, ㉓ -4

第12章

① $\dfrac{1}{30}$, ② $\dfrac{1}{300}$, ③ 60, ④ $2x - 20$, ⑤ 4, ⑥ 0, ⑦ $x^2 - 6x + 12$, ⑧ $x + 1$, ⑨ $\sqrt{x+1} + \sqrt{2}$,
⑩ $(3, 6)$, ⑪ 2, ⑫ $(3, 9)$, ⑬ 4, ⑭ $(2, 4)$, ⑮ 3, ⑯ $(1 + h, (1 + h)^2)$, ⑰ $2 + h$, ⑱ 2,
⑲ $y = 2x - 1$, ⑳ $y = 6x - 9$

第13章

① $2x$, ② $(2 \times 3 =)\ 6$, ③ $(2 \times (-2) =) -4$, ④ $-\dfrac{1}{x^2}$, ⑤ $\left(-\dfrac{1}{(-10)^2} = \right) -\dfrac{1}{100}$, ⑥ 11,

⑦ 0, ⑧ $3x^2 - 6x$, ⑨ 0, ⑩ -4, ⑪ 正, ⑫ $(3, 0)$, ⑬ $\dfrac{x^2}{2} - 2x + 2$, ⑭ 0, ⑮ $\dfrac{4}{3}$, ⑯ $(0, 0)$,
⑰ $(1, 3)$, ⑱ $(-1, -3)$　　　（⑰と⑱は逆でもいい）

第 14 章

① $2x$,　② $3x^2$,　③ $x^4 + C$,　④ x^2,　⑤ $\dfrac{1}{4}x^4$,　⑥ $\dfrac{1}{2}x^6 - 5x^{-1} - \dfrac{3}{2}x^{\frac{2}{3}} + C$,　⑦ 50,　⑧ $\dfrac{25}{2}$,

⑨ $\dfrac{x^2}{2}$,　⑩ $(7 + 19 =)\,26$,　⑪ $(3^3 - 1^3 =)\,26$,　⑫ $(1^3 - 3^3 =)\,-26$,　⑬ $(1^3 - 1^3 =)\,0$

参考文献

[1] 松坂和夫：「集合・位相入門」，岩波書店 (2018)

[2] 岡田朋子：「エクセルで学習するデータサイエンスの基礎」，近代科学社 (2023)

[3] 東京大学教養学部統計学教室：「統計学入門」，東京大学出版会 (1991)

[4] 佐武一郎：「線型代数学 （新装版）」，裳華房 (2015)

[5] 三村征雄：「微分積分学 I」，岩波全書 (1970)

[6] 三村征雄：「微分積分学 II」，岩波全書 (1973)

著者紹介

岡田 朋子（おかだ ともこ）

名古屋工業大学非常勤講師，愛知教育大学非常勤講師を経て，現在，名古屋経済大学経営学部准教授，愛知学院大学非常勤講師．

文系学生向けの数学の講義を長年担当し，試行錯誤をくり返している．

著書に「エクセルで学習するデータサイエンスの基礎　統計学演習15講（近代科学社）」がある．

博士（数理学）（名古屋大学）

◎本書スタッフ
編集長：石井 沙知
編集：伊藤 雅英
組版協力：阿瀬 はる美
表紙デザイン：tplot.inc 中沢 岳志
技術開発・システム支援：インプレス NextPublishing

●本書の内容についてのお問い合わせ先
近代科学社Digital　メール窓口
kdd-info@kindaikagaku.co.jp
件名に「『本書名』問い合わせ係」と明記してお送りください。
電話やFAX、郵便でのご質問にはお答えできません。返信までには、しばらくお時間をいただく場合があります。なお、本書の範囲を超えるご質問にはお答えしかねますので、あらかじめご了承ください。

数理・データサイエンス・AI のための数学基礎

Excel演習付き

2024年10月11日　初版発行Ver.1.0

著　者　岡田 朋子
発行人　大塚 浩昭
発　行　近代科学社Digital
販　売　株式会社 近代科学社
　　　　〒101-0051
　　　　東京都千代田区神田神保町1丁目105番地
　　　　https://www.kindaikagaku.co.jp

ISBN978-4-7649-0717-1

近代科学社 Digital は、株式会社近代科学社が推進する21世紀型の理工系出版レーベルです。デジタルパワーを積極活用することで、オンデマンド型のスピーディでサステナブルな出版モデルを提案します。

> 近代科学社 Digital は株式会社インプレス R&D が開発したデジタルファースト出版プラットフォーム "NextPublishing" との協業で実現しています。

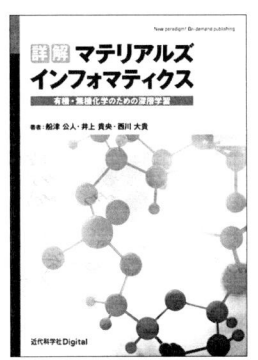
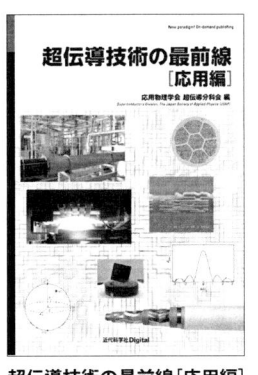

近代科学社Digital
教科書発掘プロジェクトのお知らせ

教科書出版もニューノーマルへ！
オンライン、遠隔授業にも対応！
好評につき、通年ご応募いただけるようになりました！

近代科学社 Digital　教科書発掘プロジェクトとは？

- ・オンライン、遠隔授業に活用できる
- ・以前に出版した書籍の復刊が可能
- ・内容改訂も柔軟に対応
- ・電子教科書に対応

　何度も授業で使っている講義資料としての原稿を、教科書にして出版いたします。書籍の出版経験がない、また地方在住で相談できる出版社がない先生方に、デジタルパワーを活用して広く出版の門戸を開き、世の中の教科書の選択肢を増やします。

教科書発掘プロジェクトで出版された書籍

情報を集める技術・伝える技術

著者：飯尾 淳
B5判・192ページ
2,300円（小売希望価格）

代数トポロジーの基礎
──基本群とホモロジー群──

著者：和久井 道久
B5判・296ページ
3,500円（小売希望価格）

学校図書館の役割と使命
──学校経営・学習指導にどう関わるか──

著者：西巻 悦子
A5 判・112 ページ
1,700 円（小売希望価格）

募集要項

募集ジャンル
　大学・高専・専門学校等の学生に向けた理工系・情報系の原稿

応募資格
1. ご自身の授業で使用されている原稿であること。
2. ご自身の授業で教科書として使用する予定があること（使用部数は問いません）。
3. 原稿送付・校正等、出版までに必要な作業をオンライン上で行っていただけること。
4. 近代科学社 Digital の執筆要項・フォーマットに準拠した完成原稿をご用意いただけること（Microsoft Word または LaTeX で執筆された原稿に限ります）。
5. ご自身のウェブサイトや SNS 等から近代科学社 Digital のウェブサイトにリンクを貼っていただけること。

※本プロジェクトでは、通常ご負担いただく出版分担金が無料です。

詳細・お申込は近代科学社Digitalウェブサイトへ！
URL: https://www.kindaikagaku.co.jp/feature/detail/index.php?id=1